读懂你一生的情绪
——情绪疗愈师成长手册

张迪薇◎著

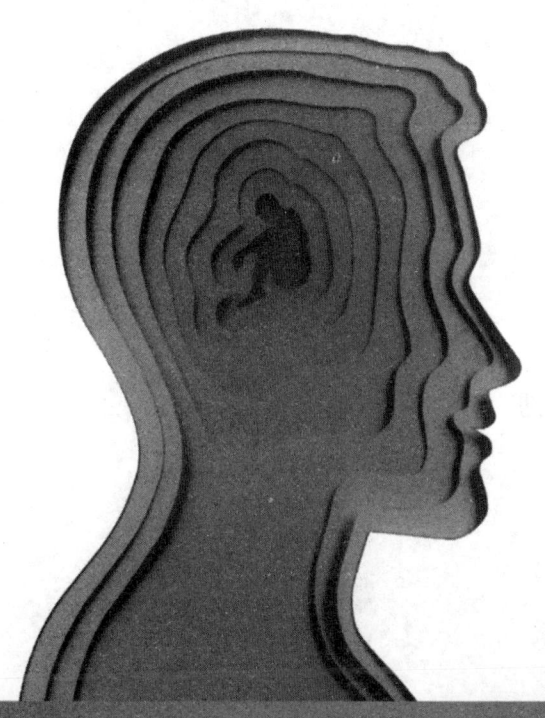

山西出版传媒集团
三晋出版社

图书在版编目（CIP）数据

读懂你一生的情绪：情绪疗愈师成长手册/张迪薇 著.--太原：三晋出版社，2023.7
ISBN 978-7-5457-2772-2

Ⅰ.①读… Ⅱ.①张… Ⅲ.①情绪—自我控制—通俗读物 Ⅳ.①B842.6-49

中国国家版本馆CIP数据核字（2023）第138461号

读懂你一生的情绪——情绪疗愈师成长手册

著　　者：	张迪薇
责任编辑：	张　路
出 版 者：	山西出版传媒集团·三晋出版社
地　　址：	太原市建设南路21号
电　　话：	0351-4956036（总编室）
	0351-4922203（印制部）
网　　址：	http://www.sjcbs.cn
经 销 者：	新华书店
承 印 者：	武汉鑫金星印务股份有限公司
开　　本：	787mm×1092mm　1/16开本
印　　张：	16.75
字　　数：	280千字
版　　次：	2023年7月第1版
印　　次：	2023年7月第1次印刷
书　　号：	ISBN 978-7-5457-2772-2
定　　价：	76.00元

如有印装质量问题，请与本社发行部联系　电话：0351-4922268

INTRODUCTION 作者简介

Sandy Cheung 张迪薇

◇ 21世纪中国紧缺人才情绪疗愈师项目发起人、申请人、负责人、总导师

◇ 21世纪中国紧缺人才艺术应用引导师项目发起人、申请人、负责人、总导师

◇ 颂钵疗愈师总导师

◇ 上海国际时尚教育中心FABA时尚商学院情绪与心理研究中心主任

◇ 上海与香港情绪心理研究院院长

专业背景

Sandy老师经常受邀参与多项心理学课题的研究与授课;曾参与过耶鲁大学博士后团队针对课题"思维show"(如何双脑同时立体化记忆)的课题研发;被邀请参加世界残疾人大会讨论课题"思考如何让残疾人疗愈残疾人的心理健康",并多次被国内外80多所各类学校邀请,已经为数十万师生提供情绪疗愈以及戏剧治疗等培训。累计个案服务至今超过了7万人次。

2015年Sandy老师在国内创办了"一竖生活"并申请了21世纪紧缺人才"情绪疗愈师"项目,截至目前已经为社会培养合格的情绪疗愈师千余名,为社会各界提供专业的情绪疗愈培训及情绪辅导服务。并受到新华社等国内外几十家媒体专访报道。

"一竖生活"掌门人Sandy Cheung作开场演讲

作为"一竖·生活"的掌门人,Sandy Cheung注意到,大部分成年人面对负面情绪时的无措很大程度上是缺少科学的工具,这也是她发起"情绪疗愈师"项目的初衷。Sandy表示,"中国现在很多人知道心理咨询师,接受度还不高,觉得没有到精神病或神经病的层面就不需要"。在她看来,情绪疗愈就像一枚创可贴,从细微处平复那些还不至于被称为疾病的情绪起伏,也更容易为大众所接受。

"情绪疗愈师"被列入21世纪紧缺人才项目

在培养了大批情绪疗愈师的同时,Sandy老师还为情绪疗愈师及社会大众提供了情绪疗愈的线上平台"情绪加油站",同时也不断地为企业输出大批量的企业情绪教练。

学员被评为情绪教练

心理疾病80%都是因为情绪而引起的,在未来Sandy老师将一直坚持情绪疗愈的事业,让人人都能够在有情绪的时候就去"情绪加油站"找专业的疗愈师疏导;让人人都能够学会情绪自我快速释放的方法;让人人都能在发生情绪的瞬间快速解决,避免爆发更大的心理疾病。

PREFACE 前言

"何为更美好的生活?"——当许多人看到堆积如山、琳琅满目的商品而兴奋为之努力。苏格拉底说过他出售的都是问题,他所使用的货币是思想与观点,他的目的是让大家不断学会提问题、看问题,成为更加睿智,更善于思考的人,让人变得更加充实。因此我们或许也会觉得是时候做些改变,以另一种类型的商品为解药来对抗现代商业社会所带来的压力与流行病(情绪病)。从历史角度解读从古至今中西方大家的情绪理论,从哲学维度提出问题,用情绪疗愈来解决问题。

CATALOG 目录

第一篇 情绪的发展与障碍

第一章 什么是情绪 …………………………………………2
- 第一节 概括 ……………………………………………2
- 第二节 情绪的解释 ……………………………………2
- 第三节 中西方专家讲情绪 ……………………………4
- 第四节 情绪的发展与障碍 ……………………………8

第二篇 情绪的成长发展史

第二章 儿童期情绪发展与障碍 ………………………13
- 第一节 胎儿的情绪发展 ………………………………13
- 第二节 婴儿的情绪发展（零至两三岁）……………14
- 第三节 幼儿的情绪发展（两三岁至五六岁）………17
- 第四节 儿童的情绪发展（六至十二岁）……………18
- 第五节 儿童情绪发展的实际研究 ……………………19
- 第六节 儿童情绪障碍 …………………………………27
- 第七节 儿童情绪障碍问题 ……………………………29

第三章 青少年期情绪发展与障碍 ……………………53
- 第一节 含义 ……………………………………………53

第二节　青少年的情绪发展理论研究 ·················· 54

　　第三节　青少年情绪心理特征 ·························· 54

　　第四节　青少年情绪类型与反应方式 ·················· 56

　　第五节　青少年情绪与性别的关系 ···················· 58

　　第六节　青少年情绪障碍 ······························ 60

　　第七节　青少年情绪障碍问题 ························ 64

第四章　成年期情绪发展与障碍 ·························· 89

　　第一节　何谓成年 ···································· 89

　　第二节　成年期的情绪发展 ···························· 92

　　第三节　成年期的情绪障碍 ···························· 92

　　第四节　成年期情绪障碍问题 ·························· 96

第五章　中年期情绪发展与障碍 ························· 118

　　第一节　何谓中年 ··································· 118

　　第二节　中年期情绪发展的理论研究 ·················· 119

　　第三节　中年期情绪障碍论述 ························ 121

第六章　老年期情绪发展与障碍 ························· 137

　　第一节　含义 ······································· 137

　　第二节　老年期情绪发展的理论研究 ·················· 138

　　第三节　老人生理机能退化情形 ······················ 141

　　第四节　老人心理变化情形 ·························· 143

　　第五节　老年期情绪障碍背景分析 ···················· 145

　　第六节　老年期情绪障碍 ···························· 147

　　第七节　老人身心症导致的情绪障碍 ·················· 157

　　第八节　老人的死亡情结 ···························· 179

第三篇 情绪与压力、精神疾患

第七章 情绪与压力 ··· 193
- 第一节 概说 ··· 193
- 第二节 压力的涵养 ··· 194
- 第三节 压力的理论研究 ··· 194
- 第四节 压力强度与持久性 ·· 202
- 第五节 压力的反应（影响） ··· 203
- 第六节 压力的根源 ··· 207
- 第七节 压力与性别 ··· 215
- 第八节 压力与年龄 ··· 217
- 第九节 压力与身心症 ·· 227

第八章 情绪疗愈与心理治疗的区别 ·· 243
- 第一节 概说 ··· 243
- 第二节 情绪疗愈师沟通技术 ·· 245

学员感想 ·· 250

第一篇
情绪的发展与障碍

第一章 什么是情绪

第一节 概括

情绪是一个非常复杂、层面既深且广的名词,几乎与任何一门学科领域都有关系。坊间对情绪的解释,若深入去探讨,会发现这些只不过是以充满哲学、道德学、现象学、行为论以及主观体念描述居多,而缺乏情绪操作性定义与客观的科学论证。

情绪是一个心理学名词,依心理学解释,是一种心理状态。若加"问题"二字,就成了情绪问题,给人的印象就是不愉快的心理状态。据研究,人们日常生活在喜、怒、哀、惧、爱、恶、欲的七情六欲中,不愉快的负面情绪居多,七情中占了七分之五。正是人生不如意之事十之八九的例证之一。

情绪是现代人类的文明病,社会经济愈进步繁荣,情绪问题就愈多。因此,研究情绪问题,不提解决方法,则研究情绪毫无意义可言。然而坊间情绪管理、控制论著不胜枚举,问题是情绪真能管理、控制吗?不无疑问。这些所谓情绪管理者,只不过是某些道德劝说而已,试看社会上的种种便知。

第二节 情绪的解释

《人类行为百科全书》解释:情绪是一种激动的情感,通常指向特定的人或事,包含了广泛的内识及组织变化。情绪感受十分难以捉摸及描述。

《新大英百科全书》将情绪解释为:以现代科学观点来说,情绪具有多种指标,包括:以语言传达的主观经验、伴随情绪发生的内在生理变化,以及可观察到的肌肉及躯体之外显行为,如表情、手势、姿势等。

荣格将情绪界定为:源于心理情境的一种骚乱状态。情绪似乎被看成不愉快的。……情绪的概念,不仅适用于心理有所感的立即反应,也适用于持续一段时间的心理状态,如焦虑、敌意、爱、羞愧等。

普拉特契克指出:情绪可被定义为是一种模式化的身体反应,不论是出于破坏、繁殖、整合、适应、防御、复原、拒绝、探究或是这些因素的某种结合,而这些反应是刺激所引出来的。

《心理学百科全书》这样写道:从19世纪起,心理学就广泛使用"情绪"这个名词,但至今仍未找到一个令人满意的定义。……只能大致同意,情绪包含:情感的主观知觉、外显行为的各种变化,以及生理状态的改变等。

格林珍娜等为了处理数以百计的情绪定义,综合各方的观点,为情绪下了一个概括的定义:情绪是一个组织复杂的主观因素和客观因素所产生的交互作用,受到神经系统和荷尔蒙系统的调节,它可以:①引起情感经验,诸如警觉、愉悦或不快乐的情感;②产生认知历程,诸如有关情绪的知觉作用、评价和分类工作;③活化一般的生理适应为警觉状态;④导致行为,这些行为通常是(但不一定是)表达的、目标导向的及适应的。

格林珍娜等虽然综合了各方的观点,包括了所有的可能性,但以后的研究学者还是必须作取舍,以自己的研究理论为基础。这其中包括各种词典及百科全书在内。

《韦氏词典》对情绪的解释有四点:①是一种生理的不安、困扰或强烈的波动。会产生感受或感性的困惑或激动。当一个人有这种强烈感受时,即可能产生生理上的失衡,而表现在神经、肌肉、内分泌、呼吸及心跳等身体上的变化,进而预备可能表现的外在行为;②是意识中的情意层面,会反应及影响到意识层面;③是一种情绪所引发的良好物质(例如,一首歌或一幅画);④是一种感受的表达,特别在强烈的感受上。

《朗文心理学及心理治疗辞典》将情绪定义为:是由刺激引发的复杂反应形态,包括神经、内脏及骨骼肌肉的变化。情绪反应的方式及强度,依所引发的刺激而定。有时令人愉快,有时则使人害怕。这种强烈感受有特定的对象(人或事),包括广泛的生理变化。

1985年版《大英百科全书》再次对情绪的定义补充说:"虽然心理学家还未找到一个简单又统一的情绪定义,但大都同意情绪的含义包括:不同的强度,对情境的知觉、身体的反应,以及前进或退缩的行为。"

《国际教育学百科全书》认为:情绪可界定为一种复杂的现象,至少包括三方面:①已经意识到的情绪感受;②脑部及神经系统出现的生理过程;③可观察的情绪表现形态,特别是脸部的表情。

德国《迈尔大辞典》中将情绪定义为：情感的波动及心灵的激动。字典中如此刻画情绪是以其字源为根据，因为"情绪"这个字源出于拉丁文，原文即具有"波动而出、蜂拥而上或是使之激动"的意义。

举世闻名的《EQ》作者丹尼尔·高曼，觉得情绪一词无确定义，心理学家与哲学家也争辩了一百多年，迄无定论，不得不在其著作中参照《牛津英语字典》的解释：情绪是心灵、感觉或情感的激动或骚动，泛指任何激烈或兴奋的心理状态。

以上是以时间的先后言明这些学者、百科全书、辞典等，对情绪一词的解释。要说这些是情绪的定义，是不切实际的，将来随着时间的推移，必有更多的解释出现。

讨论话题——附栏：植物也有情绪

中国医药导报的一篇报道《植物也有情绪》，它说：

有冤家：核桃树喜占地盘，若与苹果树种在一起，只要它们的根一接触，苹果树就会中毒死亡。

爱恭维：热情的问候能使植物增产。科学家们分组实验，培植三百株西红柿，发现在相同条件下，每天接受问候的西红柿，比另一组产量高出百分之二十二点二。

喜色彩：科学家给土壤敷上彩色塑料薄膜，结果"红色"土壤生长的西红柿增产百分之二十。

有智慧：有些植物如茅膏菜等能"吃"动物，诱捕自投罗网的昆虫，而后用特殊的器官消化这些猎物。

能自卫：有些植物具有自卫和占据地盘的能力，它们会散发出一种物质来驱赶动物和防止其他植物入侵自己的地盘。日本有种名叫冬巢菜的牧草就有这种本能。

第三节 中西方专家讲情绪

从前面情绪的概念得知，情绪是个看似简单却又异常复杂的心理学名词，自古至今，人云亦云，上至皇帝将相，下至贩夫走卒，没有人没有情绪，没有人不会受其牵制，即使是这方面的专业医生，要他正确地理解情绪，亦难尽其所有。从简单的层面分析，很难尽知情绪的具体形态，若从个别来描述，又觉得繁琐。因此，在情绪的概念下，许多个别情绪的分类、名称，古今中外也有不同，何者正确？只有待研究者自行取舍了。

一、西方学者的分类

根据《国际心理治疗、心理学、心理分析及精神病学百科全书》的归纳,早期的哲学家将情绪分类如下。

笛卡尔举出六种基本情绪,即:爱、恨、欲望、喜悦、忧伤、羡慕。

斯宾诺莎将情绪分为三种,即:喜悦、悲伤、欲望。

霍布斯指出情绪有七种:嗜好、欲望、爱、厌恶、恨、喜悦、哀伤。

西方现代的心理学家将情绪分类如下。

乔杰生提出六种基本情绪,即:恐惧、快乐、悲伤、欲望、愤怒、害羞。

汤姆金斯提出八种基本情绪,即:喜好、惊讶、喜悦、烦恼、恐惧、羞耻、厌恶、愤怒。

《EQ》一书作者丹尼尔·高曼根据专家的建议,以基本族类来区分,列举下面主要的分类。

愤怒:生气、愤恨、急怒、不平、烦躁、敌意,较极端则为恨意与暴力。

悲伤:忧伤、抑郁、忧郁、自怜、寂寞、沮丧、绝望,以及病态的严重抑郁。

恐惧:焦虑、惊恐、紧张、关切、慌乱、忧心、警觉、疑虑,以及病态的恐惧与恐慌症。

快乐:如释重负、满足、幸福、愉悦、趣味、骄傲、感观的快乐、兴奋、狂喜,以及极端的躁狂。

爱:认可、友善、信赖、和善、亲密、挚爱、宠爱、痴恋。

惊讶:震惊、讶异、叹为观止。

厌恶:轻视、轻蔑、讥讽、排拒。

羞耻:愧疚、尴尬、懊悔、耻辱。

二、中国先贤的分类

中国历代哲学思想家提到情绪的问题时,没有直接的所谓"分类"的字词,只是叙述情绪的行为表现有种种的不同。

二情说:有《周易》的"恐惧、喜悦"。

三情说:有《淮南子》的"乐、悲、怒";柳宗元的"忧、恐、欲"。

四情说:有孟子的"恻隐、羞恶、辞让、是非";董仲舒的"喜、怒、哀、乐"。

六情说:主张此说的人最多,如《左传》、荀子的"好、恶、喜、怒、哀、乐";墨子的"喜、怒、哀、乐、爱、憎";庄子的"喜、怒、哀、乐、好、恶"。其实庄子的说法无别于《左传》及荀子,只是好、恶之情排列的次序稍有不同而已。王充主张"喜、怒、哀、乐、爱、恶"之说,《白虎通义》也说:"人生有喜、怒、哀、乐、爱、恶六情。"

七情说:如孔子、王夫之的"喜、怒、哀、乐、爱、恶、欲";老子、韩愈、王阳明三人说是

"喜、怒、哀、惧、爱、恶、欲";王安石则说是"喜、怒、哀、乐、好、恶、欲"。

九情说:如《尚书》所言"宽、柔、愿、乱、扰、直、简、刚、强"。

十情说:主张此说的有两人,其中一个是王廷相,为"愤怒、忧虑、恐惧、饮食、色、好名、好功、安逸、富贵、好文章"。

中国现代学者林传鼎曾自古籍《说文解字》书中发现,描述人类情绪表现的语词有三百五十四个之多,他按其意义分为十八类,即:安静、喜悦、愤怒、哀怜、悲痛、忧愁、愤急、烦闷、恐惧、惊骇、恭敬、抚爱、憎恶、贪欲、嫉妒、激慢、惭愧、耻辱。另李心天等和徐斌综合东西方的说法,将情绪概括性地分类说明如下。

(一)原始情绪

分为快乐、愤怒、恐惧、悲哀四种,常被认是最基本或原始的情绪。它们的共同特征是目标性很强、强度大、紧张性高,但感染性程度低。引起这种情绪的情境与个体激烈地追求目标的达成度紧密联系着,但是,随着时间的转移会有较大的变化,这种变化常常以另一种形式出现,如强烈的悲哀,可以从低沉失望变成忧虑,伴着失眠、饮食减退、急躁和孤僻等,这些症状逐渐消失后,也仍留有情绪的记忆痕迹和容易激动的状态。然而强烈的悲哀也可转化为积极的意志行为,即所谓"化悲愤为力量"的正面情绪。

1.快乐。在现实生活中,常常期盼的目的达成后,紧张状态解除时的一种愉悦、松弛心情。快乐的程度和紧张、激动程度,取决于愿望满足的程度。

2.愤怒。是由于遭遇到与自己愿望相违背或愿望不能达到,且一再地受到阻碍,从而逐渐累积而产生的。

3.恐惧。是企图摆脱、逃避某种情境而又苦于无能为力的体验。

4.悲哀。与所热爱的事物丧失和所盼望的东西幻灭有关。悲哀情绪的强度依存于失去事物的价值。

(二)与感觉、知觉有关的情绪

这是由个体自身的感觉和知觉所引发的情绪,它一方面与客观的事物性质和强度有关,另一方面与当事人的主观意识状态有密切关系。这种情绪可能是愉快的或不愉快的;刺激的程度,可能是温和的或强烈的;其指向的目标,可能是积极、正面的,也可能是消极、负面的。例如,疼痛引起的情绪反应,与对疼痛原因的理解很有关系。理解它的原因和意义往往可以减轻痛苦。再如某些气味引起的厌恶情绪,往往和人的内在经验有关联,国内某些人闻臭豆腐的臭味是香,喜欢去吃;外国人闻臭豆腐的味道,避之唯恐不及。除了这些明确的经验外,某些感觉、知觉的刺激,可以引发一些感染性较高的情绪反应,如四川汶川大地震、上海教师楼火灾事件等,目睹那一幕幕悲剧发生,不少人则罹患了"创伤后压力症候群",长期感到自身不适,甚至变成忧郁症,尤其大地震后更常在灾区发生自杀潮。

(三)与自我评价有关的情绪

由于事件的成功和失败所引起的骄傲、羞耻、罪过与悔恨等情绪,乃是由于个人对自己的行为是否符合标准的自觉与认识所引起的。个人对其在人类社会中所处的环境都有自觉性,对自己的身份亦有一份自我评估。精神正常的人,可以正确地判断自己的身份和应有的责任。所以,当个人的身份、行为和责任不符时,就会产生强烈的情绪。此时,情绪往往是调适行为的重要因素。必须注意的是,人的自我评价不是与生俱来、一成不变的。

在正常的状况下,它可以随着人的活动经验和认知的提升而不断改善,但状态异常时,自我评价可能一反常态,并导致各种与自我评价有关的情绪发生重大变化。

成功与失败的情绪,不一定伴随着工作上的成就,而是产生于当个人聚焦于自己的成就时。而且这些情绪又决定于个人的抱负水准。

骄傲与羞耻,是当所要完成目标的成功或失败被认为是个人的基本成就或缺点时,就会产生这样的情绪。一般而言,一个人察觉到他的行为符合理想自我的概念时,就会产生骄傲的情绪;反之,会带来羞耻的情绪。

罪过与悔恨,引起这种情绪的主要原因,是个人察觉到在一定情境中的行为与这种情境所要求的相违背。

(四)与他人有关的情绪

人们的情绪往往是人际关系引起的,在广泛的社会交往中,个体与别人的关系有感染性和多样性。与他人有关的情境大部分是社会性极强的,如爱、憎、恨等。

爱的核心是那种受到别人吸引的情绪和欲望。在爱的情绪里,有自我体验,也可同化于别人,因而有一种牺牲、奉献感。从当事人的立场来看,爱必须是无私的,否则,不称之为爱;但从旁观者来看,是否真正无私未必尽然,那是另外一回事了。

憎、恨的情绪,志在力求摧毁所憎恨的对象。被憎恨的一定是在生活圈中被认为起主要作用的人或事,并且也只憎恨那种从心理观点来看和自己接近的人或事,但事实上并不意味憎恨者对这个接近的人或事很熟悉。

第四节 情绪的发展与障碍

一、含义

情绪发展指自出生到成年的一段时期内,个体在情绪经验及情绪表达方式上,随年龄与学得经验的增加而逐渐改变的历程。根据心理学家观察研究,人类自出生到三岁之间,情绪的发展是逐渐分化的。例如,初生婴儿只有恬静与激动的反应情绪;三个月以后始分化苦恼与愉快两种情绪;三至六个月之间出现愤怒、怨恶、恐惧三种情绪;六至十二个月间又增加得意与喜悦两种情绪;约在一岁半时,才会表现嫉妒的情绪。此后随年龄的增加,情绪经验日益复杂,终而有了"喜、怒、哀、乐、爱、恶、欲"等情绪。

情绪障碍是指个体在发展过程中,因情绪困扰而严重影响心智功能及行为反应,包括:行为异常及疾患。成因来自先天基因因素、人格特质,或后天的家庭、学校教育训练、社会环境等。

(一)成熟论

1929年,心理学家盖塞尔曾把一个婴儿放在很小的栏圈内,在此情境中共十个星期,此婴儿无特殊反应;到了二十个星期,他就有点不自在了,常常回头找人,显然有点恐惧;到了三十个星期,再把他放在栏内,他就大哭。盖塞尔认为这是机体成熟的结果。

1933年,琼斯夫妇用去牙无毒的蛇测验五十个儿童,结果发现,两岁至两岁半的幼儿,对蛇并无恐惧的反应;三岁至三岁半的,也没有特殊的反应;四岁以后的儿童,就有明显的躲避行为发生。因为在实验中,儿童并无与蛇接触的机会,既未见过蛇的图片,又未听过蛇的故事。所以,对蛇发生恐惧反应,显然是成熟的因素所致。

此外,心理学家对盲聋儿童情绪发展的研究观察,也证实人类基本情绪的发展多受成熟的支配。一个出生后既盲且聋的婴儿,不可能经由视、听学习到任何情绪的表达方式,但根据观察报告,一个十岁的盲聋儿童,在某些情境刺激下,所表现的恐惧、愤怒、愉快、欢笑、哭泣等面部表情,甚至伴随而生的姿势动作,均与正常儿童无异。

(二)学习论

情绪发展的学习论者认为,情绪的习得有四种不同的方式。

1.制约学习。行为主义心理学家华生,曾以一个发音正常的九个月大婴儿,作交替恐惧的情绪实验。该婴儿原不怕白兔,但惧怕大的声响。每当婴儿抚弄白兔之际,华生即用铁锤猛击铁条,婴儿听到此刺耳声音,便惊慌仆地,以物掩面,如此反复四五次后,该婴儿看见白兔,即使没有敲击声音,也产生害怕躲避反应。由此证明,惧怕的基本情绪,在婴儿期是学习得来的,这种学习称之为"制约学习"。

2.直接学习。这是一种察言观色的学习,人们情绪的面部表情千变万化,通过观察他人的表情,自己除学得表达方式外,也了解他人内心的情绪蕴藏着什么内涵。

3.刺激类化。恐惧情绪一旦经制约过程形成后,即会产生刺激的类化现象。如上述华生的实验,婴儿玩弄白兔,造成恐惧的情绪,以后凡是看见白色、有毛的东西,都会产生恐惧。诚如古语所云:一朝被蛇咬,十年怕井绳。

4.成年暗示。儿童害怕的情绪往往也来自成人的暗示。根据研究指出,凡是父母对某些事物产生害怕,如黑暗、闪电、毛虫等,其子女也会对该事物产生害怕。

儿童最害怕的是"鬼",这完全是从成人或较大的同伴中听来的。那种来无踪、去无影、面目狰狞、獠牙长舌、血盆大嘴,在月黑风高夜里荡来荡去的东西,莫不使儿童毛骨悚然。没有人见过,只是道听途说。

现代资讯发达,电视、电影、漫画图书,时常出现那些怪力乱神、灵异、僵尸画面,绘声绘影,对儿童恐惧情绪影响尤大,夜暗不敢单独一人走路,上厕所必须有父母陪伴,睡觉会作噩梦,不敢单独一人在房间睡觉。

情绪发展的学习论对儿童情绪发展也显现另一层意义,就是暗示情绪发展中的认知成分。

(三)阶段论

人生发展是一种历程,在整个历程中分成若干阶段,每个阶段都有不同的发展任务。情绪的发展也是如此,哪一个阶段发展不顺利,都必然带来困扰。

1.弗洛伊德的阶段论。弗洛伊德将人的一生分为五个时期。

(1)口腔期:自出生至十八个月。

(2)肛门期:自十八个月至三岁。

(3)性器期:自三岁至六岁。

(4)潜伏期:自六岁至青春期。

(5)两性期:自青春期至成年全期。

在各个阶段产生的问题,常会为日后带来各种心理障碍和异常行为。

2.埃里克森的阶段论。埃里克森将人生分为八期,强调社会和文化因素在每个年龄阶段对自我的影响。每个阶段都有一个转折点,即和某一特殊冲突有关的危机出现。此八个危机是依照成熟时间表所既定的顺序逐一产生。健康的自我发展要求与各个阶段的特殊危机相适应。如果该冲突未获圆满解决,个人将继续与之战斗、挣扎,并妨碍了健康的自我发展。此八阶段如下。

(1)对人信赖——不信赖:自出生至十二个月的婴儿期。

(2)活泼自动——羞愧怀疑:十二个月至三岁的儿童初期。

(3)自动自发——退缩内疚:三至六岁的学前期。

(4)勤奋进取——自贬自卑:六岁至青春期的就学期。

(5)自我统合——角色混淆的青年期。

(6)友爱亲密——孤独疏离的成年期。

(7)精力充沛——颓废迟滞的中年期。

(8)完美无憾——悲观绝望的老年期。

3.皮亚杰的阶段论。皮亚杰将个体自出生至儿童期结束共分为四期,他偏重于认知的发展方面,认为发展的内在动力是"失衡",因失衡而自求恢复再平衡的心理状态,因而产生了适应。适应时需要发挥个体的适应能力,因而触动其智能发展。皮亚杰的论点下难延伸解释为情绪认知论的基础,他的四个时期如下。

(1)感觉运动期:零至两岁。

(2)前运算时期:两至七岁

(3)具体运算时期:七至十一岁。

(4)形式运算时期:十一至十五岁。

它们在儿童情绪认知和教育上也颇具意义。

4.史洛夫的阶段论。史洛夫相信情绪是具组织性的,而且情绪和认知必须放在一起研究。情绪发展在本质上是有组织的,但同时也受到一般发展结构的影响。他以"组织缔造者"一词来言明情绪发展的八个阶段。相信这八个阶段足以说明在生命的前两年所发生的事情。社会的微笑是起点,这第一个组织缔造者开启了婴儿与熟悉的环境之间的关系。第二个组织缔造者是自认知和动机的发展,这使经验变得有协调性。在一岁大的时候,就存在有对视觉上不存在的物体的失去或取回的情绪反应。第三个组织缔造者是对分离的自我意识。最后一个组织缔造者是想象的游戏、角色扮演和认同等这些能力的共同发展。

史洛夫所描述的情绪发展八阶段是:①被动的无反应性;②自动地转向环境的某一定点,然后以一个社会的微笑终结;③正向的情绪,具有意识、预期和笑声,是从三至六个月大开始;④主动参与,从七至九个月大,试着引起社会反应,在这个阶段,婴儿可以意识到自己的情绪,并开始互动;⑤依附,逐渐缠着他的照顾者,最后有清楚的沟通;⑥演练,从十二至十八个月大,具有探索和支配;⑦自我概念的形成;⑧至二十四个月大时,他可以游戏、幻想和想象。史洛夫的理论曾受到学者某些质疑,认为在这些可能的阶段出现时,如何能确认婴儿有关情绪呈现?这必然要假定表情和体验是密切相连的,同时也要假定婴儿和成人的表情是相同的,但这有明显的困难。另一个困难则是表情的缺乏并不必然意味着没有体验。无论如何,除了这种同理心的推理外,还应该以其他的线索来辅助。

　　个体于发展过程中,没有一帆风顺的,必然会遭遇到很多困境,所以将它视为发展障碍,其成因及影响各个阶段都不同。

第二篇
情绪的成长发展史

第二章 儿童期情绪发展与障碍

第一节 胎儿的情绪发展

传统心理学对胎儿情绪心理少有笔墨,因胎儿的心理状态无法直接观察到。在行为上的反应,多少受到行为主义者的影响。但现代科学昌明,可以利用仪器观察胎儿在母体中的反应。例如,2003年英国科学家利用先进的超声波仪器,观察到胎儿在母亲肚子内微笑,非常清晰可爱,并利用电视在荧光幕上让全世界的人观看。

古今中外,一向重视怀孕妇女的情绪,妊娠期间情绪的好坏对子女以后的人格影响很大。例如,英国统计二次大战时,伦敦受到德国飞机轰炸期间,正怀孕中的妇女所生的孩子,其成长后出现性别行为异常(例如,同性恋或性行为异常)的比率相当高。内分泌专家指出,这是因为人类受到雄性素的影响是在母亲怀孕中期开始,到出生时结束,在此时期内,母亲受到过度的压力、服用安非他命等药物,都会影响雄性素分泌,造成未来孩子成长后的性别行为异常。

问题思考——附栏:压力对胎儿的影响

台大医院以老鼠为试验对象,对怀孕中的母鼠施以压力,造成其腹中的胎鼠雄性素分泌减少,雄性化不足,结果生出的雄性老鼠成长后,百分之七十会有雄性鼠行为,不会如正常雄鼠般受到雌鼠的吸引,反而受到雄鼠的吸引较大。

这一试验似已改变传统的观念,总以为男女行为喜好的不同是自小父母给予的教育影响,其实脑部结构在胎儿期会造成差异,影响未来性别取向及行为。

再者,研究显示,怀孕时服用毒品,胎儿也经由胎盘无条件接受,一旦离开母体,脐带这条供毒的途径被剪断后,得不到毒品,会出现新生婴儿戒断综合征,症状是:浅眠、易被惊醒、躁动不安、颤抖、哭声尖锐、腹泻、易流汗、呼吸短促、体重减轻、养不大、血中呈碱血症、易流泪等。而出现症状的时间会依当事人服食毒品的种类不同而异。临床医生指出,新生儿尿液或胎便检查,可以发现他是否接触到毒物。

不论过去或现代,人们都注意"胎教",胎儿的身、心成长,除通过脐带吸取营养外,胎儿自身有敏感的知觉,能感受到子宫外的情境。另外,借由孕妇心境的改变,引发体内良性荷尔蒙的分泌,进而强化胎儿与母亲之间的亲密感觉。胎儿自十八周开始,会有视觉、听觉,外界环境的声音对他有很大影响,研究报告指出,让胎儿听嘈杂声、音乐声、母亲的声音等三种声音做实验,结果听到母亲声音的胎儿,反应最平静。夫妻吵架,此时的胎儿会比较躁动。古典音乐,特别是巴洛克音乐,其节奏和母亲的心跳旋律相近,对胎儿有启发和安抚作用。应避免过度嘈杂的音乐。

第二节 婴儿的情绪发展(零至两三岁)

根据研究,出生婴儿对环境的反应,并无人与物的区别,被称为"无社会的有机体"。虽然成人的声音与抚慰,可使他停止啕哭,但并非表示对人发生兴趣。黑猩猩也可以推摇篮使哭泣中的主人进入梦乡。

表2-1中说明婴儿出生后不久,便显现出兴趣、苦恼、嫌恶的情绪;接下来几个月中,这些基本情绪分化为快乐、生气、惊讶、悲伤和害怕。至于自我意识、同理心、羞怯、嫉妒、屈辱、骄傲、内疚等情绪,则稍后出现。

表2-1

基本情绪的表现	大概的产生时间
兴趣	出生便呈现
新生儿的微笑(没有明显原因的自发性微笑)	
受惊反应	
苦恼(对痛的反应)	3~6周
嫌恶(对不好的气味或滋味的反应)	2~4个月
社会性微笑	5~7个月
生气、惊讶、悲痛	8~12个月
害怕	
自我知觉、同理心、羞怯、嫉妒、屈辱、骄傲、内疚	

自我知觉的意义,是了解自己和其他人、事、物的关系,再以社会的标准来衡量,开

始反省自己的行动。

有学者认为初生婴儿的情绪反应是笼统而含糊的,各种可辨认的情绪表现,是逐渐分化的结果。大约三个月以后的婴儿渐渐可以辨认。根据其观察,所得结果如下。

初生婴儿除了恬静的表情外,所谓情绪只不过是一种"兴奋"的状态而已,此后逐渐分化,出生后的三个月以内,一般的兴奋状态,分化为痛苦和喜欢两种特殊反应。首先,大约在六星期时,出现的反应是痛苦,此项反应包括哭的肌肉紧张及呼吸的短促停顿等特点。接着产生喜悦的情绪反应,此可由微笑、咯咯作声,及肌肉松弛等动作表现出来。故婴儿在六星期至两个月大时,此两种情绪——痛苦和喜悦,已能从他们生活中的表现得知。如三个月时,他能以痛苦的表情对不愉快的情境反应,但对哺乳、抚弄肢体及摇动,则以微笑和喜悦的表情作反应。自此以后,情绪便迅速发展分化。在痛苦方面,依序分化出生气、厌恶、惧怕、嫉妒;在喜悦方面,依序显出得意、对成人的喜爱、对儿童的喜爱等情绪反应。两岁时,儿童已具备各种情绪,可作各种不同情绪反应,这种发展可视作痛苦和喜悦两种情绪的分化或精细化。但情绪分化的实际情形和分化的年龄有其个别差异。心理学家林传鼎教授,曾于1947年至1948年间,在对五百多名初生至十天的婴儿进行观察研究后指出,新生儿的情绪不仅仅是"一般激动"而已,且是分化为很明显的两种基本情绪反应:一是"愉快"的情绪,代表他们生理需要获得满足;另一种是"不愉快"的情绪,表示生理需要未获得满足。

研究显示,出生两个月的婴儿,只对巨大声音或强烈的光线,以及触觉方面的强烈刺激发生反应,但是无法用害怕或不愉快等负面情绪形容,当然,婴儿更不知所以然。他还不能区别人的声音或其他的声音,但其他的声音比人的声音更强烈时,更能引起他的反应。

两个月大的婴儿能表现闻人声而转头的动作,有人在他面前出现,抚摸其身体或手腕时,他会出现喜悦的表情。

三个月大的婴儿,开始辨识人与物,了解人的存在并喜欢接近人。妈妈在身旁常表现满足、高兴、愉快情绪;妈妈离开时,便出现不悦,甚至哭的反应。

婴儿对成人的反应,是对社会知觉的第一步。此时他能够察觉常见的人的声音和面貌,渐长则能辨别他人的愤怒和友善、人声和动物声。

三个月大的婴儿,啼哭会听到人声而停止,也会因别人离去而啼哭。

四个月大的婴儿,见到别人的面孔时会笑,但这时的笑并无选择性,即无论是熟人或生人的面孔都会引起同样的笑的反应。

约五个月时,对他人的善意或愤怒能作出适当的反应。而笑开始辨别对象,只对熟悉的面孔发笑,对陌生的面孔不发笑。这时的笑已含有某种社会情绪的意义。

六个月左右,能辨别母亲的欢笑和生气责骂的声音,且有不同的情绪反应。约在此同时,开始模仿成人的简单动作,如拍手等,见到陌生人则表示畏惧、退缩。

八个月左右,能躲避愤怒的面孔,而趋向友善的陌生人。

九至十个月大的时候,开始模仿成人说话的声音,不论是高兴或愤怒的,都在模仿之列。

十一十二个月大时,自己会对着镜子发呆,且对镜子内的影像发生兴趣,却不了解这是自己的影子。

将满一周岁时,与人相处的兴趣增加,喜欢模仿他人的简单动作。但对同年龄婴儿的交往反应较对大人的反应发展迟缓。

一岁至一岁半的婴儿,其兴趣渐由物(玩具)转向与同伴合作,争夺玩具的行为逐渐减少,但当玩具被夺时,依然发生争夺现象。

一岁半以后至两岁的儿童,彼此游戏在一起的倾向加强,交往积极,逐渐形成了一个同侪团体雏形,趋向合作。

由上述婴儿期情绪行为发展过程,可以看出此时期的婴儿情绪的反应特征如下。

一、胆怯与害羞

一般来说,胆怯和害羞是一体两面,胆怯一定害羞,害羞的人没有不胆怯的。婴儿胆怯自六个月大开始出现,自九个月至满一岁的中间更为明显。心理学家称此时期为"认生时期",这个时期的儿童,乍见生人,总是板着面孔,目不转睛地注视着陌生人,接着反应出抽搐的啼哭,最后又会"哇"的一声大哭,反应出他那种惧怕的情绪。将他安置在一个陌生的环境,也会有同样的情绪反应。再者,即使见到熟人穿上他不熟悉的服装,也会有胆怯的反应。一直到一岁终了还经常有怕生的情形出现。据舒尔茨的研究,婴儿自一岁三个月至一岁八个月之间,是胆怯最明显的时期。其实婴儿对陌生人的胆怯、怕羞,只要接触不太突然,也会和陌生人熟悉起来。在成人没有表示时,婴儿非但不躲避,往往反而显示出好奇或趋向接近。成人若有明显的有意举措,则婴儿大多退缩,甚至号哭,通常是将头攒进母亲的前襟下面。

二、既竞争又合作

一岁至两岁的幼儿,和同伴玩耍时,经常喜欢抢夺对方的玩具,夺得时则引以为快、喜悦;竞争失败被夺时则以不悦来回应。不管如何竞争,玩耍游戏总少不了同伴,故又少不了合作,共同遵守玩耍游戏的规则,此时需要心平气和与对方和平共存。但通常合作的时间很短,每次不过两三分钟而已,过后又争夺起来。

三、模仿

儿童很多表情都是模仿成人或同伴而来,如挥手表示道别再见,拍手表示高兴;这是与人交往最基本的情感肢体语言,约三个月大的婴儿就能模仿这些情感表现。

第三节 幼儿的情绪发展(两三岁至五六岁)

两至三岁儿童,逐渐有了自己的意志,自我意识开始展露,特别执拗,常以"我一定要""一定不要"的语气表达自己的坚持和不接受成人的支配,展现出独立支配的愿望。此种对权威的抗拒,通常到三岁左右达到高峰,以后则对其他儿童和陌生人的消极抵抗多于父母。有些心理学家认为,此时的父母若对孩子过于柔顺,往往会导致他以后(六七岁)表现出意志薄弱、不能安心做一种工作或游戏、易受外界种种引诱等,反而难以管束。

儿童在两三岁时,常有夸张反应,这是自我意识的一种正常现象,常用语言动作等作出反应,或以沉默表示反抗,动作反应会随年龄增长而递减;语言反应却因年龄增长而递增。幼儿对成人权威的反抗在三岁时达到高峰,这个时期的反抗对青少年期前夕出现的叛逆现象而言属于第一期反抗。幼儿自第一期反抗后,到四五岁时又转变为协调的、亲切的、期望得到大人的认可。

要求社会认可。据研究指出,儿童在两三岁时就对所爱慕的人表示关心,往往不许其父母做他认为痛苦或危险的事。儿童要求大人陪伴游戏或陪着就寝时,大人若因疲乏而拒绝,儿童有时也能谅解,不再坚持。早在1937年,墨菲曾对幼稚园儿童做过同情心的实验研究,指出对于能激起一般大人同情的,如:见到有关伤痛、红肿、肉瘤、火灾以及意外遭遇等的绘画,对两岁的幼儿而言,没有任何同情的表示。但三岁的幼儿,则对于盲人、涂抹红药水的外伤,以及因红肿而感到痛苦的病人,会露出同情的反应,按墨菲的解释,幼儿的同情心反应通常是帮助他人排除不幸的起因,如用爱抚、摸、紧抱来取悦不幸者与维护不幸者,将不幸者的遭遇告诉大人或其他小孩,为了解不幸的原因而质问,以及暗示解决的方法等。但有时也能见到幼儿非同情心的反应,如咒骂不幸的人、攻击不幸的儿童,以冷冷的斜眼看人等。

争吵时发泄不满情绪。儿童间的争吵往往起因于合作游戏没有经验。当争吵时,常会有夺取他人的玩具或破坏他人的工作,以及喊叫号哭、拳打脚踢及口咬等行为出现。此种发泄为时甚短,平均三十秒钟,事过后和好欢笑如初。每隔五分钟就再来一次争吵。幼儿争吵是一时性的,且少有残存的后果。

又据格特林的研究指出，一般来说，男孩比女孩有更多争吵且更爱报复，同时男孩多用暴力，女孩多用语言争吵。争吵的次数在男孩的团体中比例最大，其次是男女混合团体，女孩的团体最少。由于争吵演变成取笑和欺凌，如：呼浑号、指责他人身体或生理的缺陷，或揪他人的头发，用针扎人等攻击行为，幼儿年龄愈大，这种行为愈多。但到五六岁左右，由于社会适应力的加强，这种行为又有减少的趋势。

好胜。赢过对方，是人类自我意识的表现，据鲁柏研究，两岁婴儿的好胜行为不太明显，到了三岁，多数的孩子好胜竞争的行为已开始出现。又据格林伯格就幼儿园儿童有关的实验报告，在两至三岁的团体中，儿童只对玩具关心，却表现不出有竞争的意图；在三岁到四岁的团体中，已开始出现竞争以期胜过对方，而且由此时起，儿童已理解到超越的意义。到四岁，已清楚地出现想要胜别人的需求。到了六岁时，几乎有百分之九十的儿童，表示出相当强烈的竞争心理。由竞争到反抗，几乎是同时出现，两者都是趋向独立自主的表征。

第四节 儿童的情绪发展（六至十二岁）

六七岁后的孩子，不再喜爱在家中独自游戏或与家人玩乐，逐渐扩大至邻里、学校，人数由少而多，增至六人、八人甚至十人的团体，俗称为帮团，孩子喜欢参加这种同侪团体的活动，在这种团体中极望被接纳，离开或受排拒便觉得不快乐，往往会因为团体利益牺牲自己的利益，无条件奉献去取得同侪的认同，所以有人称儿童末期为"帮团时期"。此时期的儿童游戏，由合作发展为竞争，喜欢在彼此规定下，从事各种竞争，格林伯格称它为"竞争的社会化"期，这时期的竞争多属于个人化；团体间的竞争，要到青春期。两性间的分化，亦以此时期为最。

此时期的儿童精力充沛，无论在游戏中、学业上、个人间都表现出竞争性。问题行为、不良适应相继而至，男孩子多将智慧作种种恶作剧，如喜欢欺负女生，妨碍她们的活动、骚扰成人或戏弄邻居。在没有正当的娱乐时，爱将时间用于赌博、吸烟，甚至尝酒或偷窃。为了显示自己，在团体中有些人做出别人不敢做的事。早在1927年，就有人曾调查过1437个小学儿童的不良行为，发现七至八岁间是出现频数最多的时期。原因是这个时期的儿童，是由个人游戏转变为团体游戏的过渡时间，因此，对团体产生忠诚情感。小领袖是这个时期这个团体的象征，自然会接受小领袖的指挥。所以，这个时期的儿童最容易接受其他儿童的暗示。

第五节 儿童情绪发展的实际研究

一、原始情绪的研究

本书前述情绪发展的阶段论中,曾将弗洛伊德的五阶段论予以说明,关于情绪的发展方面,"性"是其关键。性是弗洛伊德理论中的重要驱力,性的功能是否能发展顺利,会影响到人格发展,当然也会影响情绪发展。但弗洛依德并未在各阶级直接论述情绪问题。但依性功能发展来看,已含情绪发展。

(一)口腔期:自出生大约至十八个月

此时期的婴儿情绪,是来自纾解口腔的紧张满足感,其方法是摄取食物的口腔活动。当所需的哺育不能如愿时,即会有紧张、挫折、焦虑和不安的情绪肢体行为表现——通常以"哭"来表现。一旦获得满足,即会感到安全、温暖及愉快。换言之,这个阶段的愉快与不愉快情绪,皆依口腔活动满足与否来决定。按弗洛依德的见解,在此阶段,人类最初的性爱意识是幼儿的欲望与温柔的感觉结合的产物。在婴儿时期,对于生殖区或性区的感觉特别敏感,这是情爱感应的心理学起源。虽然由生殖区受到刺激,而发生的一种有机的、普遍的、愉快激动的,或不安的心理状态,并不等于青少年期的性爱。但婴儿的嘴唇与母亲的乳头接触,由触觉所生的愉快满足的经验,经过交替学习的过程,母亲便成了婴儿情爱反应的对象。因为母亲照顾他,时常给他以温柔抚慰和刺激,满足他种种需求和欲望,使他产生安全和愉快的情绪。

(二)肛门期:大约从十八个月至三岁

此时期幼儿的能力逐渐增加,扩充了探索的范围及兴趣,同时也面临新的要求和压力。主要是来自父母进行的排泄训练。原来此时期婴儿原始欲力的满足,主要是靠大小便排泄时所生的刺激快感,但由于父母对清洁和秩序的严格要求,因此,幼儿体会到与成人的这种关系,情绪感受会紧张、挫折或轻松、满足。

(三)性器期:约自三岁至六岁(学龄前)

此时期幼儿主要靠生殖器官获得满足,喜欢抚触自己的性器官,对于异于自己性别的双亲之一,产生更深且具有强烈占有欲的情感。如小男孩会强烈喜爱母亲,产生所谓"恋母情结",出现以父亲为竞争对手而爱母亲的现象;同理,女童以母亲为竞争对手而爱恋父亲的现象,则称为"恋父情结"。不管男女幼童,此时期心中的情绪都想将竞争对手除之而后快。但基于父母是强势者,此时期也发现自己性器官与异性不同,都有恐惧的情绪产生,男童恐惧性器官会被阉割,此称为"阉割恐惧"或阉割情结。类似的心理现象发生在女童身上,怀疑自己已被阉割,于是对男性心怀嫉妒,此种现象弗洛依德称之为"阳具妒羡"。此时期的幼童常见的情绪是情爱、恐惧、嫉妒。

(四)潜伏期:约自六岁至十一岁,儿童期结束,青春期开始前

六岁以后的儿童,兴趣扩大,由自己的身体和与父母的情感,转变到周遭的事物。此一时期从原始的欲力来看,已完全被压抑(其实并未真正忘记),呈现出一种潜伏状态,男女童之间,在情感上较前疏远,活动的兴趣多是男女分开的。

(五)两性期:青春期开始,男生约十三岁,女生约十二岁

此时期个体性器官成熟,身心上两性差异开始显著。自此以后,对性的需求兴趣转向相似年龄的异性,对异性产生浓厚的兴趣。渴望独立自主,希望与家人以外的同侪及他人有更多的接触,在行为上也进入一个所谓"狂飙期",为不成熟的"青涩苹果"。

二、恐惧情绪的研究

婴儿非习得的惧怕,通常以为大多数是由于对陌生的情境而产生,事实上并不尽然。根据研究,婴儿惧怕情绪的产生,其由于情境的陌生不如由于突然或意外情境多。例如,婴儿对于噪音未必一定诱发恐惧,但一个突然发出的大声,则往往引起惧怕。同样地,任何奇形怪状的物体,像制成标本的动物或假面具,意外出现时,均会产生惧怕。

儿童逐渐长大,会开始惧怕想象中的人物、怕孤独、怕黑暗、怕身体可能遭受伤害。不同年龄的儿童,有不同的惧怕对象,对各种情景恐惧的对象也不同。

两岁至四岁间常有暂时的恐惧,怕动物,尤其是狗。六岁左右怕黑暗。其他常见的还有恐惧雷雨和医生。

法兰西斯及路易斯两人,曾对两岁至十岁大的儿童,进行恐惧情绪的研究,发现他们各有不同的恐惧对象,但又有重叠部分,如下:

两岁:主要属于听觉的恐惧,如火车、雷声、抽水马桶的冲水声,以及吸尘器。视觉的恐惧,如深颜色、巨大的物体、水车、帽子。空间的恐惧,玩具或小床离开了原来的地方、搬家、怕掉落在阴沟里。个人的恐惧,怕妈妈出门,睡觉时怕妈妈出走、怕风、雨。动物的恐惧,特别怕野兽。

三岁:主要为空间的恐惧,怕各种动作、怕东西被搬走、怕定向转移。另外如有人从另一扇门进入室内、巨大的物品向前逼近,也会产生恐惧。

四岁:又是听觉的恐惧,尤其消防车的笛声,怕黑暗、野兽、父母外出(尤其是晚间)。

五岁:这是一个不大害怕的年龄,视觉的恐惧较多。具体的现实性恐惧,如身体上的伤害、摔跤、狗、黑暗的地方、妈妈不回家。

六岁:很害怕,尤其是听觉上的恐惧,如门铃、电话铃、粗糙单调的说话声、抽水马桶的冲水声、鸟声、虫声。对于妖怪的恐惧,如鬼、女巫。怕有人躲在床下。空间的,如怕迷路、森林。怕自己回家时,妈妈尚未回来。怕自己遭到意外、死掉。怕被人打。虽然受了大一点创伤时表现很勇敢,但对小小的一点割破皮、被刺、流血或鼻出血等却很害怕。

七岁:大多数是视觉上的恐惧,黑暗、顶楼、地窖,把人影看成鬼、女巫。怕战争、间谍、小偷。怕有人躲在壁橱或床底下。阅读、无线电、电影都能引起恐惧。各种担忧,如不受人欢迎、怕上学迟到。

八至九岁:怕自己的能力不够而失败,尤其是学业上。

十岁:动物,尤其是蛇和野兽是最怕的东西。有少数孩子怕黑暗,还有一些怕登高、怕火、怕犯人。

在惧怕的情绪发展中,有两个重要因素:一是惧怕的制约作用。在此过程中,不必一定亲身经历其境去体验,他能从父母所说的实例或讲的故事获得惧怕的知识。当儿童的记忆和想象发展到他能够想象并记忆父母所讲的恐怖事物时,就有了这类惧怕意象而形成制约反应。

另一个因素是知觉的发展。对于身边环境中的事物,婴儿不能辨别清楚。如对许多人的脸或许多动物,他就分不清。他辨别不出每一张脸有什么不同,也分不出这只动物与那只动物有什么不同。如果他已习惯于一个人的脸或一只动物,则另外一个的脸或另外一只动物,在他看来就不觉得陌生。稍长后,他渐渐会分辨某一人的脸和另外一个人的脸。因此,一个陌生人的面孔,在他看来是突然的,他就开始显示出害怕。故惧怕只在儿童的知觉能分辨熟悉和陌生时才出现。此一论点,可由以下有关惧怕情绪之研究加以说明。

1949年希伯在殖民地进行黑猩猩的观察研究发现,有些黑猩猩看见人的模型或与躯体分开的黑猩猩的头颅时,显示出恐惧;而刚出生的黑猩猩则无此反应。各个黑猩猩间的恐惧反应的差异,及由年龄不同而显示出的反应的差异,与人类对蛇的反应差异十分相似,惧怕的频率和强度随年龄的增长而增加。此项研究与上述的观点相符,即许多惧怕均视知觉发展程度而定。

以儿童为对象进行"恐惧"控制的研究曾被批评是不人道、不道德的;而且心理学家多年来一直欠缺客观的观察技术,故所得到的推理结论颇多。也有由于立场不同,同为一种事物,而由多人观察,结果往往不一;也有因为时间因素、身心状况,会影响观察结果;技术不够成熟,担任观察者的学识素养不够,结果的正确性就会受到质疑。因此,以动物做实验严格控制,似可少些这样的批评。有学者曾经以动物作"先天恐惧"的研究,他以纸板做成一只凶猛的老鹰,从许多在窝里饲养的鸟眼前掠过,小鸟会显现出恐惧的反应。当飞行的方向倒转过来,老鹰变成长脖子、短尾巴时,小鸟不再有恐惧出现。这个实验的解释是,在小鸟的早期生活中,即使没有任何明显的强化物存在(即对老鹰凶猛的印象),小鸟先天上便对凶猛的老鹰怀有恐惧的情绪,当老鹰掠过之后,这种鲜明的恐惧会强烈维持一段时间。后人对婴儿以小白兔作震撼实验,使婴儿以后见到有白毛的东西都感觉恐惧,可以说是前一实验的延伸。证明恐惧情绪是先天已具有的。

格里后来进行更精确的研究,并探讨恐惧可能是先天的或是后天获得的程度有多少。他指出可以促成恐惧的刺激被归类在四个一般范围内:①强烈的刺激;②新奇的(陌生的)刺激;③源于社会互动的某些刺激;④特别指明有特殊进化上的危险的刺激。

三、婴儿情绪语言的研究

婴儿的情绪语言,随着他身心发展而改变。一开始,哭是身体不舒服的讯号(如两个月大时是对疫苗注射;四个月大时是手臂被束缚),之后有较多的苦恼。早期的微笑是自发性的,之后代表对人愉悦,三四周大时是对高频率人声的反应,或四至六周时对点头(点个不停)的微笑。

沃尔夫指出:哭是年幼婴儿可用来表达其基本需要的最有力、有效也是唯一的方式。婴儿哭的形态有四种:①饥饿的哭,是一种规律的哭声;②愤怒的哭,不同于规律的哭,是由声带挤压出过多的空气;③疼痛的哭,没有先前的呜咽,是突然迸出的大哭;④挫折的哭,没有屏息,两三个拖长的哭声。

有学者指出:苦恼的婴儿比饥饿的婴儿哭得较久、较大声,也较不规律,而且较常会作呕或中断。

一般父母的观念常以为满足孩子哭的需要,便会宠坏了孩子。这是根据"增强原理"的解说,不无根据。其实根据其他学者的研究发现并非如此。因哭而获得抚慰的婴儿显然可以获得某种自信,知道自己的行动可产生某种反应。在接近周岁之际,如果母亲经常对婴儿的哭报以温柔的抚慰,他便较少哭泣;若母亲报以惩罚、忽视而哭得较多的孩子,他们会由其他方式进行表达,如牙牙学语、姿势和面部表情等。因此专家建议,虽然父母不需要当孩子一抽咽便立即赶来他的左右,但看来似乎在一旁给予较多回应比较少回应来得好些。

笑是人类共同的语言。几乎无人能抗拒婴儿的微笑,那是纯真的天使之笑。父母目睹婴儿初次的笑容时,内心里的喜悦无以名状,而成人对婴儿的微笑几乎都以微笑回应,甚至抚慰他。

婴儿在熟睡状态,也会有微笑的表情。有研究指出:由于中枢神经系统作用,婴儿出生后不久,便会出现自发性的微笑,它的出现无外在刺激,而且经常在熟睡中出现。

格鲁特那研究发现:婴儿在第二周时,常在喂食后微笑,并能对照顾的人的声音有所反应。之后,微笑常渐渐出现于醒着不动时;一个月大左右,微笑更加频繁,且更富社交性,会朝人发笑。此时,把他的双手握在一起,或听到熟悉的声音时会笑。第二个月中,随着视觉再认的发展,婴儿的发展更具选择性,对熟识的人比对不熟识的人笑得更多。

婴儿微笑的频率,并非每人都相同,有个别差异存在;有些婴儿微笑的频率多于其他婴儿。能对照顾者报以慷慨微笑的婴儿,彼此更能建立良好关系。而笑得较少的婴儿,和照顾者的关系也较疏远。

婴儿在四个月大左右会对种种事情发出咯咯的大笑声。如亲他的肚子、在各部位搔痒、听到各种声音、看见父母扮滑稽相,等等。有时婴儿的笑声和害怕来自相同的刺激(如朝他靠近的某一物体),同时报以害怕和笑声。

婴儿随着时间的推移,笑声更多,且对更多不同的情境发笑。一个四至六个月大的婴儿可能对声音和碰触作反应;七至九个月大的婴儿可能喜欢看父母戴可笑的面具或玩按喇叭的游戏。此种转变,有学者认为是反映出婴儿认知的发展;较大的婴儿已学会认识预期的结果,并能知觉到不符合之处。因此,笑声是婴儿对环境的一种反应。

婴儿随着动作的发展,各种情绪随之出现,加恩斯保尔和希阿特认为,这似乎是受到大脑成熟生理时钟所控制,环境因素可改变此时间表。例如,被虐待的婴儿比其他婴儿早几个月表现出害怕,很可能他们从不愉快的经验中学到了该情绪。匹兹堡大学医学院儿童精神科副教授威廉·柯汉的研究指出:婴儿发展出微笑的动作,与脑细胞的成熟健全与否有很重要的关联。他举例:一般正常的婴儿会笑的年龄是一个月大左右(范围从最小的半个月到最大的三个月),而唐氏综合征的婴儿会笑的年龄在两个月大左右(最小是一个半月,最大是四个月),相较正常婴儿慢些。

婴儿是否真正感受到这些被指称的情绪,成人无法确实知道,但婴儿的确显现出成人在感受这些情绪的种种表现,无人能否认。

四、婴儿情绪沟通的研究

婴儿都喜欢母亲抱他玩耍,逗他笑。但一再地反复进行,婴儿有时不但不笑,反而转过身来去抓母亲的头饰。聪明的母亲应该体会到孩子现在要安静。此时,若把婴儿放下来换个姿势,让婴儿安静地倚躺在妈妈的怀里,这样就可达到沟通的目的。

这种情形,楚劳尼克和捷安尼奴称之为"双向调整模式"的沟通。婴儿除了笑和哭之外,就是以肢体语言表达自己的情绪。大人们只能用心去体会,否则无从侦悉。婴儿对刺激的需要各有不同,太少会令他索然无味,引不起很多兴趣;太多的刺激令他感到受压迫。

婴儿和成人彼此向对方放出各种讯息,当成人正确地解读出了婴儿的行为,并作适当的反应时,便产生了沟通、互动。当然成人并不总是能接受或了解婴儿讯息的。当婴儿未能得到自己想要的结果时,可能一开始就会生气,以哭来表示,哭乃是继续传递讯息,以期补救该互动关系,使达到自己想完成的需求的一种方式。一般而言,互动总是在良好和不良的状态下摆荡着。婴儿从这些摆荡转换中学到如何发出讯号,以及当第一个讯号达到目的时要如何去做。

依楚劳尼克的看法,当婴儿达到与他人、物相连接,以及维持一种舒适的情绪平衡的目的时,会觉得快乐,至少也会表现出有兴趣的样子。但是如果照顾者忽略了婴儿或婴儿显示不想玩的时候,照顾者不察仍坚持要和他玩,可能会使婴儿生气或伤心。因此,双方此种互换(双向)关系很重要,因为他们彼此相互刺激。

很多研究者还发现,甚至极年幼的婴儿也能"阅读"别人表现的情绪,并据此调整自己的反应。十周大的婴儿便会对生气报以生气。三个月大时,婴儿对面无表情、无反应的母亲,会以做鬼脸、发出声音、改变姿势来反应。这显现出婴儿不只是被动地接受其他人的讯息,也能对别人的反应给予相应反应,并改变别人对他的行为。

五、婴儿情绪参考架构的研究

婴儿面临许多自己不了解也不知道如何反应的情境,往往是借着他人的反应而形成自己对某一模糊情境的了解,称为婴儿的"参照架构"。如爬行的婴儿进入一个新情境,学习寻找线索以决定某种模糊的情境是安全或是可怕的,此时显然是试着从母亲的面孔或姿势找出情绪讯号。20世纪60年代,曾有学者设计了一种"视觉悬崖"的实验研究,由玻璃覆盖的平坦地板,一方作棋盘的形式,制造出一种深度的错觉。研究发现:当落差处看起来很暗或很深时,一岁大的孩子不会朝母亲看,因为孩子自己能判断是否能通过;但是在他无法确定"悬崖"的深度时,他们会停在"边缘"朝下看,再抬头看母亲的脸。同时,母亲做以下任何一种表情:害怕、愤怒、兴趣、快乐或悲伤。这些是母亲的刻意情境,都会影响婴儿的行动。母亲显现快乐和兴趣时,婴儿大多能爬过"深渊";母亲露出生气或害怕时,爬过"深渊"的孩子极少;至于母亲露出悲伤表情时,孩子的爬行则介于其间。显然,婴儿常在感到迷惑时寻求母亲的面部表情的社会参考架构。小小的婴儿似乎就已具有某些"深度知觉",这种能力也许是与生俱来,或是出生后几个月间所学到的,这是当初视觉悬崖据以设计研究的依据。

六、儿童羞怯情绪的研究

研究者称"羞怯"是"对不熟悉事物的抑制"。哈佛大学心理学教授卡根等自1984年开始至1989年止,曾对大约四百名儿童,自两岁开始,进行五年以上的连续追踪研究,结果发现,大约有百分之十至百分之十五的被试者出现羞怯的情绪。首度出现是在二十一个月大时,大部分持续到七岁半。

七、儿童嫉妒情绪的研究

嫉妒是一种复杂的情绪,它由愤怒、惧怕及情爱三种基本情绪结合。在幼儿期嫉妒的反应与愤怒类似,典型的表现是攻击被嫉妒的对象,或自己以退化性表现,如尿床、吸吮拇指等,或装病、装恐惧等行为引人注意;或用餐时拒食,用恣情纵欲、放任行为来表达。

到了儿童期或青年期,嫉妒的表现有两种方式:一是对所嫉妒者施以攻击,如争吵、诟骂、蔑视、批评等;二是指摘其胜过自己之处的缺点,是主动反应,这种反应常伴随着继续竞争。

一般而言,独生子女的嫉妒反应格外强烈,显现出很多不正常的行为,如过分撒娇、动辄呕吐、遗尿、遗屎、夸张的痛苦,这些退化现象,都是嫉妒的表征。

嫉妒反应的强弱与次数的多寡,和性别、年龄有显著关系。根据麦克法兰等人研究二十一个月大至十四岁男女儿童嫉妒行为的结果显示:早期女性幼儿的嫉妒表现,较男性幼儿频繁;八岁以后又颠倒过来,十四岁时的表现才趋一致。就年龄说,幼儿期(三至四岁间)及青年期,是嫉妒出现的顶点。因此两时期自我意识较强,为求欲望的满足,所遭遇到的障碍也较其他时期多。

嫉妒的强弱和出生的先后亦有关系,通常年纪大的儿童比年纪小的儿童嫉妒更多。因为年纪小的儿童,未出生之前,全家的注意力都集中于年长的儿童身上,其后弟妹出生,父母的爱和关注有所转移。根据斯摩勒的研究,姐妹间互相嫉妒的最多;兄弟次之;姐弟与兄妹间更次之。

八、儿童愤怒情绪的研究

古登诺夫曾以七个月至七岁十个月的婴幼儿童为对象,由受过专业训练的母亲经一个月的观察发现以下事实:婴儿的愤怒情绪反应,主要表现是叫、哭、两足猛力撑踢、背脊硬挺或向后弯曲等。会走路的幼儿也许是站着顿足、跳跃或躺在地上两脚轮踩、蹬地板,或忍闭呼吸至面色青紫。这种倾向在一岁半至未满三岁的孩子中最为显著。可是过三岁以后,这种反应方式明显减少,代之以恶言诟骂的方式攻击对方。过了四岁,拳打脚踢的倾向又一度以某种方式再现,但不像三岁以前那样毫无边际地乱发脾气。此时恶言相向的情形,依然还是相当多。至五岁时,一切都会慢慢沉静下来,这是儿童期最安静的一段时期。

据葛赛尔的研究,儿童一过六岁又开始容易激动起来。对周遭的人们,无论在行动上或语言上,都采取一种强烈的攻击态度。有时会乱发脾气,动不动就在地上打滚、踢打、谩骂、毁坏东西、虐待小动物和年幼儿童等。这种情形,几乎每天都有。

满七岁时又是一个转机,以上所述的倾向慢慢地收敛起来,不再常发脾气,对母亲的态度比以前温顺多了。可是另一方面,兄弟间却常争吵,哪怕是一点小事,轻则口角几句,重则大打出手,互不相让。有时为自己的主张未被采取,就会反唇相讥,再三坚持,态度非常固执。

过了八岁,以上对周围攻击的态度渐渐稳定下来,身体方面的攻击逐渐减少,而语言方面的反抗却逐渐加强。有时和别人口角,也常说些令人讨厌的话。

过了九岁,以上的倾向越来越强。这时身体方面的攻击完全绝迹,你一言,我一语的口角却占绝大部分。往往以互相批评的态度来指责对方的短处,偶尔也会以半开玩笑的态度用手打人,但不会认真殴打起来。

十岁时的男孩,若和游伴相处不好则愤怒,女孩的容貌仪态被人讥笑则愤怒;同时,他们也用同样的方式来激怒他人。

到了十一岁,口角时多用刺人的语言,伤害别人的感情。此时,有人对于道德的侵害、社会的罪恶也表示愤怒。

十二岁时,有人对经常批评老师或父母的行为,表示愤怒。也常有理论的口角,计谋报复,对不如意的事喋喋唠叨不休。

另一项研究指出,儿童愤怒反应延迟的时间,亦随年龄而异。古登纳夫的研究称,在八岁以前,一般情形多在五分钟以下。另外还有从事儿童愤怒的研究者指出,幼儿园的儿童,其愤怒的时间在一分钟以下者,占百分之四十一;一分钟至五分钟的占百分之四十八;五分钟以上的占百分之十一。在家庭中,一分钟以下的占百分之十五,一分钟至五分钟的占百分之六十一,五分钟以上的占百分之二十四。而后随年龄的增长而增加,愤怒延宕时间也在逐渐加长。

儿童由愤怒至攻击行为发生的延宕时间,根据研究,与家庭社经地位有关,以美国为例,通常纽约黑人区的儿童较白人区的儿童,由愤怒导致攻击的行为延宕时间短。

第六节 儿童情绪障碍

一、成因

所谓儿童的情绪障碍,是指儿童在发展过程中所呈现出来在适应方面造成的情绪困扰。成因颇多,仅举弗洛伊德论点,其认为每个发展阶段都有不同的困扰问题。如:口腔期的婴儿,吸吮则能获得愉快的情绪,但大约在八个月大时开始断奶,这可能是"创伤性"的时刻,会带来紧张、焦虑。从八个月到十八个月,这个阶段是孩子所谓的"口腔啃嚼期"。牙齿也长出来了,开始用武器发泄他的挫折感,展开他的攻击行为。

肛门期小孩,完成断奶后,接着而来的是严格的清洁和排泄训练压力,此时,母亲又有了弟弟或妹妹。小孩需要面对现实上的入侵者,在这种情况下的小孩,他要应对双面夹击的战斗——承受成人的严苛训练,和与弟或妹争宠的压力。

大小便训练,父母会对孩子的大小便表现适时适切时给予酬赏;当有意外时,也有可能受到处罚。此时小孩也学会了如何将排泄的过程当作攻击武器来捉弄父母。他可以使父母高兴,也可以使父母失望。前者,他适时适切地排便;后者,他故意延后父母的满足,就可以轻易达到目标。如小孩在找不到任何如厕用具的情况下,要求"尿尿";或者缺乏耐心的父母在等待小孩排泄时,小孩却连坐几个小时的"马桶"仍不出来。这个时期通常称之为"肛门排出期",约六个月到三岁。在肛门保留期(约十二个月到四岁),小孩学会了控制、保存和排出粪便,也体会到排出粪便几乎会有无所不能的感觉。他几乎可以将粪便当作是送给父母的礼物——当出现在适当的时间与地点时,是相当被赞赏的礼物。他们也可以借此激怒父母,或者在不适当的时间和地点排便,打断父母的例行工作来作为惩罚。

性器期的儿童,男童有慈母情结,女童有慈父情结,男童有被"阉割"的焦虑,女童有"阳具妒羡"的心态。

潜伏期的儿童,所有与性有关的事物,都被压抑甚至压制。同性相拒,渐呈一种不当的羞耻情绪,生怕被别人耻笑,其实这是暴风雨前夕的宁静而已。

两性期的孩子,由于身心产生变化,而进入青春期。男女孩到了青春期,世称"狂飙期",所有的问题在这个时期达到高峰,不单是性的问题,也有学业、社交等困扰。

讨论话题——性教育何时开始为宜

2013年,一则新闻报道,××市一名妇女带着即将上小学的儿子,到医院求诊说,她儿子从小看色情节目,三岁时会摸女人的胸部、下体,后来还偷邻居女性内裤,担心他长大会变坏。

这名妇人告诉医生,她丈夫是军人,儿子从小和她住在娘家。她父亲没事就看色情节目,还不会说话的儿子就坐在外公身旁,两人一起看色情影带。

她说,刚开始家人都说孩子小看不懂,并不在意。但到了一岁多,儿子自己会开电视,却对卡通没兴趣,每次都转台到色情频道。

妇人说,有一天半夜里,发现三岁儿子半夜起来偷看色情节目,并玩弄阴茎。她惊觉问题严重,赶快搬离娘家。

自此以后,她儿子只要看到胸脯大的女子,就要上去抱抱,并毫不忌讳地摸对方的胸脯;进入幼儿园后,对女同学不理不睬,却不时掀女老师裙子;上课涂鸦时,别的同学画的是卡通,他几乎都是画裸女。

她表示,儿子五岁时,隔壁搬来一位单身女郎,经常裸体睡觉,她儿子不仅偷窥,还偷晒在阳台的内裤。有天被女郎抓个正着,她一再道歉才被释放;但怎么打骂都无效,过了不久又去偷。她很担心儿子长大后的变化,才带他去看诊。

医生经过多次门诊检查及咨询,发现这位男童的偏差性行为与太早接受色情信息有关,且无药可以治疗,只能施以行为疗法。

本案例以弗洛伊德论点,将作何解释?是否涉及生理的机制?有待探讨。

二、发生的机率

美国学者的调查研究:生活受到精神问题干扰的儿童,在美国大约占了学童的百分二十到百分之二十五。匹兹堡的一项研究发现,在七百八十九名七至十一岁看小儿科医生的孩子中,有百分之二十二左右有过某种精神困扰。学者还指出:男孩、黑人儿童、来自贫穷家庭的孩子,在这方面的风险特别高。此外,还有刚经历某种人生压力事件的孩子、留级的孩子、父母有难题或有精神困扰的孩子亦然。美国大约有三百万至九百万儿童有各种不同的情绪失调,单亲的孩子情绪失调不容忽视。

三、类型

儿童情绪障碍种类难以尽列,而这些情绪问题,其实也是适应问题,这是发展过程中的适应困难行为反应(情绪反应),也是某种身心症候群。

1967年,世界卫生组织(WHO)举办的"国际儿童精神疾病诊断研讨会",曾就分类与诊断进行广泛性讨论,并于1975年再作深入探讨。1979年,与会者综合讨论的意见,从儿童临床心理学的观点,将儿童的适应问题分为九大类,涵盖范围极广:①正常性变异;②适应性反应;③特殊发展性异常;④精神官能性异常;⑤行为异常;⑥人格异常;⑦身心性反应异常;⑧儿童期精神病;⑨混合性异常。

就儿童精神医学观点,儿童不良适应依性质归纳为下列症候群:①多元性症候群——如尿床、偷窃、梦魇、暴怒等一应俱备的孩子,便可肯定他具有严重的情绪困扰。如果只有一项,而其人格健全,则不成为问题;②瘫痪性症候群——有些症候一经出现,就会整个人的功能瘫痪,如深度的恐惧症;③概括性症候群——症状虽不明显,但有异常状态,如郁郁寡欢或行为粗暴;④工具性症候群——某些症候如过度的吸吮拇指、咬指甲、手淫等,以满足快感,成为一种习惯。

第七节 儿童情绪障碍问题

一、睡眠障碍

儿童早期或中期有时会产生较严重的睡眠困扰。如果这种困扰持续较长的一段时间,或许就是情绪障碍的征兆。

许多孩子有睡觉的恐惧,因为惧怕独处一室的黑暗,不是要求整夜开着灯光,就是拖延就寝时间。根据研究,四岁前的孩子有百分之二十到百分之三十,会有一段困难的入眠时间(约一小时以上),并频频在夜间唤醒父母。最糟的情况出现在两岁至四岁,这些孩子经常受到一些压力,如家庭中的某种意外或病痛,母亲抑郁或独断,或母亲在白天突然不见了。同时他们也经常和父母同睡一床,这也许是睡眠不安的反应。

哈特曼恩研究指出:三到八岁(大部分在六岁以下)的孩子中,每四个人就有一人有梦魇或夜惊。梦魇是做可怕的梦,通常是因为睡得太迟、睡前吃得太多或兴奋过度。醒来后,常能清楚回忆噩梦的内容。偶尔做噩梦不必担心,但经常性的噩梦,尤其是会导致醒来时仍存着焦虑,或许便是孩子承受过多压力的讯号。

心理学家认为夜惊与梦无关,它似乎来自沉睡中突然的醒来。孩子处在一种莫名的恐慌中,他们可能尖叫着坐起来,呼吸急促,双眼直瞪,茫然无知。也会很快地睡着,到了早晨,却不记得发生什么事,这种情形通常会自行消失。

梦魇、夜惊,以医学观点在小儿科范围内是困扰儿童睡眠的疾病。所谓"夜惊",是直接自拉丁文翻译过来的,本意是"害怕夜晚",通常发生在前三分之一夜晚,熟睡中的儿童突然坐起来惊叫，全身冒汗，历时大约三十秒到五分钟，又很快入睡，第二天问他昨晚为什么会尖叫、哭，通常回答说忘记了。这种情形常与发育上的障碍或遭遇身心创伤有关，而一般的发生率大约占百分之二至百分之五。最近的研究显示，可能与家族遗传相关，而且当儿童在发烧时，特别会引发出这种现象，吓坏了不少父母，以为是"头壳烧坏了"才会如此，其实不然。

而梦魇则是容易发生在下半夜，通常是发生在十岁以前的儿童身上，而且是和白天遭受焦虑的事有关，儿童做了很焦虑的梦之后，突然醒来，而且还可以记得梦的内容，一旦发生梦魇就醒来，其后很难再入睡了。

尚有一种与夜惊、梦魇相似的症状称之为"梦游症"，亦称夜游、梦行、睡行症，是在睡眠中迷迷糊糊下床，在室内或室外游走，或做某一件事情，然后又回到床上睡觉，一觉到天亮，好似什么都没有发生过。

梦游会发生于儿童入学后，由于日间功课紧张、同侪的冲突或嬉戏、情绪上的焦虑、害怕等。谚言："日有所思，夜有所梦。"若以弗洛伊德理论去解释，它是压抑在内心深层的潜意识，借着梦显示出来。弗洛伊德认为梦有潜性与显性之分，前者指梦的成因是由隐藏深处的潜意识动机所促生，多属"本我"层面的性冲动或攻击冲动，因受"自我"与"超我"的管制，不能直接由行为来表现，因而转化为可以被接受的另一层面，为潜性梦境，只是一种象征的事物与活动；后者指当事人所能记忆而且陈述的梦境，其中包括人、事、物以及所有的活动。梦游应属于显性梦境，但难以性冲动来分析儿童的梦。

梦游不只发生于儿童，青少年人、成人及老年人都会发生。但儿童的夜惊或梦魇可以借当事人在睡眠状态中的眼球转动侦察测知他们在作业（不能测知梦中内容），而梦游不管是小孩或大人，在其过程中无法侦知，只有靠当事人于事后回忆陈述，但有些人无法回忆。

弗洛伊德认为，梦是为潜意识中的欲望打开了阀门。

1953年，研究者首先发现婴儿的快速动眼期（REM）睡眠，从此人们开始对睡眠和梦进行仔细的研究。

研究人员在受测者的头部及眼部装许多电极，然后将电极连接多功能生理记录器，以便记录睡眠时脑电波及眼球的变化。

结果显示，人类的睡眠依眼球的变化情形，大致可分为两个时期：一个是非快速动眼期（NREM）；一个是快速动眼期（REM）。前者占整个睡眠的百分之七十至百分之七十五，后者则只占睡眠的百分之二十五左右。另外，根据脑电波所记录到的波形显示，在非快速动眼期，又可分为四个不同的阶段。

第一阶段：从入睡开始，是一个昏睡期，但仍有部分意识，时间非常短。

第二阶段：沉睡期，时间最多，约占全部非快速动眼期的一半。

第三阶段和第四阶段：均为低频率的慢速波，接着进入快速动眼期，为一个循环，时间约九十分钟。在这两个阶段，通常也是梦所发生的时期。

阶段二、三、四均完全无意识，醒来也不会记得，如同梦游者不晓得自己梦游一样。每晚依个人及睡眠时间的长短，大约会经历四至五个循环。

研究者为了了解快速动眼期对人类睡眠的重要性，于每次受测者入睡后，一进入快速动眼期时，便将他叫醒，不让他享受快速动眼期的睡眠。结果显示，受试者会逐渐缩短非快速动眼期的时间，希望能尽快进入快速动眼期。此外，每天被叫醒四至五次，几天后，会转变成为每天叫醒七八次，甚至十次，结果显示受试者无法得到快速动眼期的睡眠时，渴望获得快速动眼睡眠状态。受试者告诉实验人员，他感觉到睡眠不足、疲倦、焦虑。因此断定，快速动眼期是人类睡眠所必需且不可或缺的，而且此时期亦是人类可以回忆起梦境的做梦时期。

根据研究发现，快速动眼期睡眠，哺乳类动物和鸟都有，它们有没有梦？迄今无法证实。所以有人称"梦是奇怪而不符合逻辑的体验"。人类的梦都出现在快速动眼期，爬行动物和其他冷血动物的睡眠则没有快速动眼期，这是否暗示它们没有梦？

问题思考——附栏：老鼠真的会做梦吗？

2001年，美国《神经》杂志报道，麻省理工学院的威尔森等人为了研究老鼠是否会做梦，以一块小巧克力作为诱饵，让老鼠走入一个又一个迷宫，然后观察它们在活动时和睡眠时的神经活动，研究人员在老鼠大脑中植入不会给它造成痛苦的小电极，用以侦测它们的神经元活动。

研究人员先监测老鼠走迷宫时的神经活动方式，然后记录它们睡觉时的大脑活动。跟所有的哺乳类动物一样，老鼠在睡觉时，会经历眼睛快速运动阶段，而这一阶段对人而言与做梦有关。研究结果发现，这两种神经活动状态极其相似。研究人员甚至判断出老鼠正梦见它们跑得有多快，以及走到哪个地方。

威尔森认为，老鼠做梦也有它的目的，也是回忆白天的经历。

中国人俗称"鬼压床"的症状，是在睡眠中似醒非醒之际，突然听到外面有开门的声音或电话在响，想去开门或接电话，四肢却无法动弹，胸部有如被一块大石头压住似的非常沉重，经过一番挣扎之后，四肢又再度能够活动，大脑完全恢复清醒。这时候常会有莫名其妙的恐惧感，常归咎于梦境里的不安或屋内有某些"不干净"的东西。这是一种被称为"睡眠麻痹症候群"的睡眠障碍。多半发生在即将入睡或快要睡醒时所出现的朦胧状态及幻觉。造成的原因，一般解释是，大脑意识中心网状结构已经清醒，但指挥四肢运动的中枢却还在睡眠中。在梦境中四肢不受大脑指挥（梦游症除外）也是一种保护作用，以免身体随梦境起舞而受伤。

然而，研究发现，快速动眼睡眠从脑桥发出讯号开始，这些讯号被传送到丘脑，然后再送到大脑皮质。大脑皮质负责学习、记忆、思维及信息整理的功能。脑桥还发出讯号去关闭脊椎神经细胞，导致肢体肌肉的暂时性麻痹。如果这个时候肌肉不麻痹，可能个体会患有一种非常罕见，而且危险的疾病，叫作"快速动眼期睡眠行为紊乱症"。例如，患者梦见打球，此时肢体肌肉没有麻痹，他很可能朝着家具或其他物件猛冲过去，或者猛打睡在他身旁的人。

快速动眼睡眠刺激脑部负责学习的区域，对婴儿的正常脑部发育是很重要的，因为婴儿比成人需要更多的快速动眼睡眠。这也说明了人类在成长过程中，婴儿期每日的睡眠时间较成人长的缘故。与深度睡眠一样，快速动眼睡眠时蛋白合成也在增加，有关研究发现，快速动眼睡眠有助于个体记忆能力的发展。如教授一项需用记忆的材料后，如果剥夺受试者的非快速动眼睡眠，受试者还能记得所学过的材料，但若剥夺受试者的快速动眼睡眠，他就记不得了。

讨论话题——附栏：人不睡觉可活几天？

不吃饭，人可以活二十天；不喝水，人可以活七天；不睡觉，人只能活五天。睡眠有障碍者，不论大人、小孩，往往面色灰青、智力及记忆力下降。文献显示，睡眠障碍者每天的衰老速度是正常人的二点五至三倍。美国圣地亚哥退伍军人医院实验报告指出，一天的睡眠不足，就可导致第二天的免疫力下降，其中百分之七十八的人呈大幅度下降。

"爱丽丝梦游仙境"，这是解释儿童睡眠障碍症状的故事。爱丽丝在梦中吃下可以让她身体变大变小的蛋糕、喝下汽水后，看见的有些动物都和她以前的经验不同，形状大小都改变了。

以医学观点，在小儿科中，当儿童产生形体印象、时空扭曲，造成认知错误及形体差异，都可以称之为"爱丽丝梦游仙境症候群"，这也是睡眠上的障碍。

依照《DSM-IV》的解释，梦魇、夜惊以及梦游都属于"类睡症"。除此以外，尚有其他未注明的类睡症，是在睡眠期或睡醒之间过渡期发生的障碍。如：①快速动眼期睡眠行为障碍。快速动眼期睡眠时产生的运动活动，经常具有暴力性质。与梦游不同，这些发作多于后半夜发生，并且记得生动的梦境内容；②睡眠麻痹症。在睡眠过渡期不能执行随意性运动。这些发作可发生于正入睡之时或正醒来之时。这些发作通常伴随着极度的情绪焦虑，在某些个案中会害怕即将死去。睡眠麻痹症一般常属于昏睡症的附属症状而发生。

讨论话题——附栏：睡足八小时，有助解决问题

2004年，德国科学家证实，人在睡眠时大脑仍在忙着解决日间萦绕的问题，而经过八小时的休息，可能更容易得出正确答案，参与研究者说，这项研究被视为学者就"创意和解决问题的能力，似乎与适当的睡眠有直接的关系"这一课题获取证据。

美国国家卫生研究院睡眠失调研究所所长曾说："此研究可能在学童的成绩表现及成人的工作表现上得出重要结果。"

二、尿床

在台湾，一位写"病榻经"文章的人，写出了好友埋藏在内心二十多年的尿床噩梦：从她懂事起，便常常在夜半三更被父母厉声喊起，每从沉睡中被呵斥起来时，就意识到自己温热的下半身，在声声的责骂、羞辱中更换裤子、被单。之后，便被赶下床罚跪。此时，睡意全消，只能跪在床前低头暗自垂泪，心中无奈地呐喊：我不是故意的！谁会在被责骂、羞辱之后，一再地犯同样的错误。每到晚上就寝时，躺在床上睁着眼睛，她总是警告自己，不能睡觉，否则睡着了又会尿床。她非常害怕跪在那昏暗的床前。但怎能敌过睡意，不多久便不知不觉睡着。有时幸运没有尿床，有时却没有那么幸运，厄运一再临头。跪在那里心灰意冷，羞辱、难堪、恐惧——涌现。最糟的莫过于在伯父家做客与姊妹们同宿又尿床了。羞愧、无奈，希望不知不觉死去。

大部分三到五岁的孩子白天或夜间都尿床。据《DSM-III》指出：百分之七的五岁男孩和百分之三的五岁女孩会尿床；十岁时，男孩为百分之三，女孩为百分之二。尿床的因素，有生理因素的尿床，不到百分之一，其他百分之九十九的原因可能来自遗传和发展延宕。大约有百分之七十五尿床者也有个会尿床的近亲。同卵双生子在这方面的一致性又高于异卵双生子。生物因素也很重要，出生时较小，一两岁时睡得太多，三岁前发展较慢的孩子，对膀胱的控制发展较慢，男孩又稍晚于女孩。至于尿床的唯一情绪因素，似乎也会出现在已具有某些问题的孩子身上，特别是由于弟妹的诞生或入学而来的不安。

不管尿床的原因是来自何方，不管男孩或女孩，一经尿床，弄湿了床被、衣物，总会有被家人责骂或鞭挞的痛苦，幼小时心灵蒙上阴影，甚或有自卑的情结出现，影响到人际的交往。

三、陌生人焦虑

陌生人焦虑是对陌生人的一种小心注意。根据研究，婴儿很少在六个月之前对陌生人报以负面的反应，有些婴儿甚至对陌生人报以微笑并接近对方，只要有人在旁边，

他就会咕噜地作声,极为快乐。但到了八九个月大时,情况就不一样了,不认识的人突然接近他,或在他尚未习惯此陌生人之前便碰触他或抱起他,此时,婴儿多半会哇哇大哭。

影响婴儿对陌生人反应的因素之一,是照顾者(婴儿的母亲)对新加入者(陌生人)作何种反应。在一项研究中,让一名陌生妇人接近十个月大孩子的母亲,母亲以肯定或中性的口气和孩子谈到该妇人,婴儿也会对该妇人较友善,而且较可能靠近,递给她玩具。显然婴儿在此模糊情境中,由母亲处获得"社会参与",并根据这点采取行动。但这个研究有人认为仅止于是研究者的推论,婴儿尚无法用他自己的语言表达,所以,难以诊断此研究的正确度。

四、分离焦虑

分离焦虑是指在熟悉的照顾者离开时感到的苦恼和伤心。

婴儿和父母所形成的依附关系,对孩子的情结发展有极大的影响。当这类依附关系由于和父母分离而受到干扰时,将会造成可悲的结果。研究指出,早期便和父母分离将会导致何种结果,当视状况而定,如:使孩子与父母分开的原因、孩子由他人处得到何种照顾、孩子的年纪和成熟度、父母离开前后孩子的家族关系等。

一般而言,收养机构中的孩子,多是因为父母双亡或无力抚养,长久生活在收容机构,常显现智力功能低落,并会产生一些重大的心理困扰。

某学者曾做过一项研究,比较两所收容机构(育幼院和弃养之家)中一百三十四名儿童和三十四名在自己家中的儿童。这些收容机构最大的差别是孩子得到注意的多寡。育幼院的孩子可得到母亲或保姆的照护;而在弃养之家,每八名孩子才有一名护士。结果显示:在育幼院和家中的儿童,发展健康而良好。但在弃养之家的儿童则身高、体重低于平均数,而且发展商数下降;同时相当容易感染疾病,而且常是严重的疾病。亦有人认为造成伤害的因素是照顾者的经常变动,这种情况阻碍了"与某特殊人士早期情绪联系"的形成。

孩子父母分开所产生分离的焦虑,往往会有不良症状发生,而且是非常特殊少见的。如在云南某地一个五岁男童,据媒体报道(2000年12月6日),每当母亲向他说"Bye Bye"或"再见"时,该男童就以头撞墙、大哭。其他人甚至医生对他这样说时,也以撞墙大哭回应,迅速躲到妈妈的怀里。经精神科医生诊断证实,是患了早期分离的焦虑症。原因是自儿童很小开始,母亲要外出工作,每当离家时都向他说"Bye Bye""再见",久而久之,"Bye Bye""再见"就成了母亲离开的符号,也给他带来见不到妈妈的焦虑。制约行为反应形成后,他人对其说"再见"或"Bye Bye"时,也以撞墙回应。

婴儿期、儿童期的分离焦虑,严重时可能会发展成为分离焦虑症,这种疾患青少年期、成人、老年人也有。依《DSM-IV》诊断准则,由于离开此人或离开家族所依附的对象,有与其发展水平不合宜且过度焦虑,表现为下列各项(三项或三项以上),即为分离焦虑症:①当离开家或依附的对象之时,或只是预期要分离,即有重复发生且过度的痛苦;②持续而过度地担忧自己失去主要依附对象,或担心他们可能会受到伤害;③持续而过度地担忧极不幸的事会使自己与主要依附对象分离(如自己会走失或被绑架);④只因害怕分离而持续排斥或拒绝上学或去其他地方;⑤持续且过度地害怕或排斥一个人或无主要依附对象陪伴下留在家中,或于其他场合无熟识成人作陪;⑥持续排斥或拒绝没有主要依附对象在一旁作陪而上床睡觉,或离家在外过夜;⑦重复出现含有分离主题的梦魇;⑧当离开主要依附对象之时,或只是预期将要分离,会重复抱怨身体症状(如头痛、胸痛或呕吐)。

此症的障碍时期至少四周,不是一遇到上述情况三项就是分离焦虑症;此症也仅发生于一种广泛性发展疾患、精神分裂症,或其他精神病性疾病的病程中,且无法以惧旷症之恐慌性疾患作更佳解释;此症初发于十八岁之前,若在六岁之前发作,属于"早发型";此障碍会造成临床上重大痛苦,或损害社会、学业或其他重要领域的适应功能。

五、生病住院留医

对幼小的孩子来说,即使是短期的住院,也会造成困扰。鲍尔比研究指出,十五至三十个月大的孩子住院,会经历分离焦虑的三个阶段:①抗议。婴儿主动地以哭、叫、摇晃小床、乱蹦乱踢试图唤回母亲;②绝望。婴儿主动停止以上第一阶段的行为,变成单调或间歇性哭声,并变得退缩、不活动;由于比较安静,因此常被大人假设婴儿已接受了这种状况;③分离。孩子接受护士取代照顾的责任,并愿意吃饭、玩玩具、微笑社交。当母亲探访时,他们表情冷淡,甚至调头不予理睬。

孩子对入医院怕看医生打针,东西方文化养育出来的孩子都是一样。不过单独留下孩子(尤其幼小的孩子)一个人住医院,东方人的社会文化父母少有这样。

六、肥胖症

肥胖成为健康问题,是发生于儿童中期居多,这时期的孩子已经入学,认知能力已经有了相当程度的长进,这个时期的孩子对自己的身体外貌逐渐有了不同程度的重视。在同侪团体中,最使孩子受窘的就是胖子,通常是被嘲弄的对象。肥胖儿除了活动反应不如一般小朋友外,也已了解到肥胖是现代人的一种病症。肥胖儿有担心被戏弄的情绪,常伴随自卑、退缩,妨碍社会人际发展,也常怀疑他人背后论长道短,日子久了,不无转变为妄想症的困扰。肥胖症等到成年之后,都会有高血压、高血脂、高尿酸、高血糖的可能,是人类生命的杀手。孩子对这方面的常识与时俱增,也不免产生恐惧的情绪。即使没有这方面的知识,孩子总会知道肥胖对美观是有妨碍的。

儿童的肥胖症自1970年起,已成为美国的一个重要话题,因为六至十一岁的孩子过胖的情形日趋普遍。有一项为期六年的研究,以报名健康维持计划的将近两千六百名儿童为对象,这些年纪在十二岁以下的孩子大多来自中等阶级的白人家庭,其中八至十一岁的孩子约有百分之五点五被诊断为过胖。

过胖的因素很多,无法导出因果理论。不过一般认为来自遗传的倾向,根据统计,肥胖儿的父母约有四成都有肥胖问题,也与父母的管教态度和方式有关。

肥胖儿也是日常生活中人们谈话的材料。由北京大学公共卫生学院、中国营养学会等单位联合编写的《中国儿童肥胖报告》发布。《报告》指出,我国儿童肥胖率不断攀升,目前主要大城市0—7岁儿童肥胖率约为4.3%,7岁以上学龄儿童肥胖率约为7.3%,0—7岁肥胖儿童估测有476万,7岁以上学龄儿童超重、肥胖达3496万,加起来近4000万。如果不采取有效的干预措施,这个数据有可能还会继续上升!肥胖者会不如其他人活泼外向,更由于减肥方法不当,造成厌食、营养失衡、免疫系统受损,轻则引发各种病症,重则甚至死亡,时有所闻。

七、季节性障碍

湖北省武汉市武昌铁路医院教授张爱军的个案报告:今年四岁的小琪,一向身体好,很少生病,邻居都夸她妈妈有福气,生个儿子省心,可是,小琪也有难缠的时候,那就是一到冬天就会变得脾气暴躁,经常跟父母闹别扭,例如,让他睡觉他偏要去玩。在幼儿园里,也同样不听老师的话,还经常跟小朋友打架。可是冬天一过,他又变得乖乖的,完全换了一个人。

小琪的妈妈带他去医院检查了好几次,结果都没有异常,后来只好求助情绪疗愈师。原来小琪患的是一种叫作"季节性情绪障碍"的儿童精神疾病。

患有季节性情绪障碍的儿童,通常在每年十至十二月开始一系列的忧郁症状,持续至次年的三至五月,然后自行缓解或消失。其症状包括:情绪容易激动、动辄与人吵架、学习时注意力不集中、懒散,常有头痛、胃痛等身体上的症状。

据研究,患有季节性情绪障碍的儿童,主要是因人体的生物化学物质受光影响所致。

张爱军建议,治疗此症最好的办法,十二岁以下的儿童可用两千五百勒克斯的光线照射,冬天患童应增加户外活动,让自然光照射。

八、童年忧郁与自杀

一个正处在儿童中期的正常小孩,不管到哪里,都很容易加入另一群孩子的游玩世界中,他是一个受欢迎的孩子。一般而言,一个受欢迎的孩子,有一个共同的特征:他们喜欢合作且喜欢帮助别的孩子,他们也具有幽默感,身体方面较具吸引力、较健康、精力充沛、均衡主动、适应、可信赖、温情、体贴,而且他们是原创性的思考者(很会出点子),对自己有良好的看法,散发出自信而不显得自负或压迫他人。必要时,他会请求帮助而不觉可耻,请求别人赞同,但不会缠着别人,或做幼稚的游戏,以取悦他人。他不是那种"好好先生",但会使别人觉得和他在一起很愉快。

以上是很多心理学家研究得到的结论,是一般性的,不是个人的综合体。

相反地,不受欢迎的孩子,是每个团体不要的孩子,童年中最不幸的角色之一。他们徘徊在各团体的边缘,放学后独自回家,任何派对不会有人邀请他。他在绝望中低头不语,甚至啜泣,暗自悲叹:"没有人跟我玩,没有人喜欢我。"这样的抱怨,就是所谓:"童年的忧郁"的危险讯号,根据研究指出,大约有十分之一的学童发生没有朋友的困扰,不但对学习造成影响,更可能迫使他们尽早离开学校,或发生自伤的情况。当然,忧郁症也带来自杀。

忧郁可分为"无害"与"有害",两个阶段。无害的忧郁是一种"情感失调",从童年到成年期都很类似,但有些特色似乎和年龄有关。有害的忧郁,明显的事件就是自杀。儿童自杀案例已不足为奇,世界各国都有。如美国佛州一个八岁的男孩遭同学指控偷老师的钱,感到羞愤,两天后,他把皮带悬在床头上吊自杀死亡。

据研究指出,孩子与母亲分离,会出现一种"情感依附性忧郁症"。丧亲在儿童忧郁症中起了重要作用。儿童的成长,由完全依赖到独立自主,需要有稳定的环境,关怀和接纳。父母不和,经常吵架,虐待子女,对儿童心理伤害最大,甚至诱发儿童忧郁症。临床上儿童忧郁症的表现是:①身体症。睡眠障碍、食欲差、体重减轻、头痛、胃痛、疲乏、胸闷、夜尿等;②行为障碍。好动多动、不听话、不守纪律、冲动、反抗、捣乱、打架、人际不良、学业成绩差等;③情感障碍。情绪低落、不愉快感、哭闹不休、易发脾气、对玩耍游戏不感兴趣、自我评价很低、自认很笨、什么都不会和做不好、觉得自己丑陋、自责、孤独,有些患童还有自暴自弃、自残和自伤现象。

专家估计,每二十个美国儿童中,就有一个患有符合临床标准的"忧郁症",在他们的成长过程中反复发作。发作时情绪低落至最低点,随后又渐渐消退改善,直至下一个发作周期。

日本是一个自杀风气鼎盛的国家,人们动辄切腹自杀,据外媒报道,1994年12月日本儿童的一波自杀潮中,东京一名十岁儿童,以电线在自己的房间内自杀死亡,他留下遗书说:"我对生活感到厌倦,希望找寻另一种生活。"

不过,以往许多精神病学家和心理学家皆认为少年儿童不可能患有忧郁症,因为他们还没有成熟到能够压抑自己愤怒、生气的情绪,从而转变为忧郁症。另外,要对一个孩子作出忧郁症的诊断,困难大于成人,因为儿童根本不懂什么是忧郁症,因而也较少去寻求帮助。

美国哥伦比亚大学的一项研究指出,由于父母的疏忽或无知,以及自己家庭问题,或是自尊问题,而造成对儿童忧郁状况的冷漠。该研究指出,在那些有自杀企图的儿童中,百分之七十五患有重度忧郁症,在这些孩子的父母中,只有百分之十三的人相信自己的孩子患有忧郁症,这是因为有些家庭父母本身的情绪就不稳定或者不愿意面对孩子出现的心理问题,以致成为医生诊断和治疗上的障碍。

随着时代的进步,如今少有人否认儿童会患忧郁症,且更为大家所重视了。但是我们的情绪疗愈师更要明确,不要把忧郁情绪与忧郁症混在一起。

有学者研究指出,儿童期的忧郁是发展过程中的一种情绪不良适应征,没有朋友是其征兆之一。其他失调还包括无法获得乐趣,精神无法集中,或无法显示正常的情绪反应,经常很疲倦、少走动、常哭、睡得太多或太少,看起来郁郁寡欢,严重的分离焦虑(如惧校症),或常想及死亡或自杀等。

患忧郁症的儿童,有可能逐渐发展成为严重的精神障碍。研究显示,那些在青春发育期前就患忧郁症的孩子,与青春期后才有第一次忧郁症发作的孩子相比较,前者在成年后出现反社会行为、焦虑症和重度忧郁等疾病的比例明显较高。精神科医生也认为,如果一个孩子在青春期前就患了忧郁症,那么以后他就更容易患躁狂症,而且患忧郁症年龄愈早,以后也愈容易发展成为慢性忧郁或慢性焦虑。

综合多位从事儿童忧郁症研究的学者研究指出,儿童或成年人的忧郁,有某些证据认为,可能是源于一种生化上的倾向。忧郁症儿童的父母可能本身也是忧郁症患者,这显示遗传的关系,或者反映出这些家庭遭遇到的压力,或许是有困扰的父母所表现的不理想"亲职"的结果。

还有一个值得讨论的问题,缺乏社会交往和学业能力(成绩),是儿童忧郁症特征之一,但至目前为止,尚无人清楚分辨这种因果关系,究竟是缺乏能力导致忧郁还是忧郁导致能力缺乏?这些有待研究。唯依常识判断,互为因果皆有可能。中等及严重程度的忧郁很容易判断,轻度的忧郁则较难辨别。

儿童中期的情绪障碍呈现方式是在行为上,如说谎、偷窃、打架、损毁、不服管教等不符常规者,皆为脱轨行为,名称不一而足,这些都是因情绪骚动而表现的错误行为。

查普曼指出,几乎所有孩子都会说编造的故事,或偶然说谎,以逃避惩罚,但六七岁后仍然如此,是缺乏安全的表征,需为自己编造一些故事,以便获得他人的注意和尊重;当说谎成为习惯或明显的行为时,这可能是对父母不满而表现敌意。

讨论话题——附栏:12岁的孩子亲手杀了妈妈!

在湖南发生了一起令人心中发怵的事,一个年仅12岁的小学生竟持刀杀死自己的亲生母亲,心里是有多大的仇恨?有媒体报道,该小学生吴某康因为不满母亲的管教方式,被母亲打后心生怨恨去厨房拿着菜刀将生母砍死。

事情大概是这样子,12月2日傍晚,身为人母的陈欣(化名)又一次看到12岁的儿子吴某康在家抽烟,因而对吴某康进行了教训,并拿皮带打了他。结果这个读六年级、身高与妈妈一般高的少年,并不服妈妈的管教,直接挥刀向母,以20多刀杀死了自己的亲妈,甚至砍断了母亲的双手。

"这孩子从小由爷爷奶奶带大,被宠坏了。"死者的父亲陈某华告诉记者,"女儿是这两年回老家生二儿子,才开始带吴某康,看到他身上有不好的习惯,会去管教他。"

事后问这孩子的回答是:我就是恨她,管得太严……

九、安全问题

性侵害最使学童害怕、学校忧心、家长担心。所谓儿童安全包括:性侵害、交通事故,特别是校园性侵害事件。案情有小学女童清早到校打扫,遭醉汉强暴;男子强暴友人女儿长达八年之久;女童遭亲人强暴、校长疑对女童性骚扰,等等。特别是校园性侵害事件,是一般孩童、家长心中最怕。中国偏远地区及少数民族留守儿童,有百分之六点七以上曾遭受到性侵害。

儿童被性侵害的影响,学者指出,这种创伤的性经验所产生的影响,有实时的,如儿童对性过度好奇,不合时宜的性挑逗,不适龄的性知识;另一种现象是生气、愤怒、暴力、反抗行为,或变得极端依赖,长期的影响如性焦虑、罪恶感、无力感。

研究显示,性功能障碍的女性中有很高比例在童年时有被强暴的经验;恋童症者,在童年时也有遭性侵害的经历。至于无力感的影响是:惧怕、身体疼痛、睡眠障碍、饮食习惯改变、社会人际障碍、畏惧症、噩梦、失控感、觉得很多事不是真的,以及其他身心症。

十、惧校症

惧校症是使儿童不愿上学的不真实恐惧情绪。其原因除了在学校有不愉快或困窘的经验外,可能还有其他因素。如:在学校有失败的经验、害怕与父母分离,或是害怕失去家里的安全感。

惧校症可能是分离焦虑失调的形式之一。孩子恐惧离开父或母,甚至对学校本身比较恐惧。如果学校确实存有问题,如:一个好讥讽、缺乏爱心与耐心的老师,或校园里有恶犬或太难的功课,或在上下学途中会有来自预期或不预期的安全威胁等,那么儿童的恐惧是真实的。所以,需要改变的是学校环境,而不是孩子本身。

患惧校症的小孩,他们不是偷懒和旷课者,通常是好学生,父母也知道他们的缺席,缺席常持续一段时间。男女孩的情况类似,他们的智力在平均水准或稍高,学校功课至少中等,家庭背景各阶层都有,但似乎更多见于专业家庭。父母本身出现压抑、焦虑,家庭功能受到干扰的可能也高。研究指出,惧校症患者大多比较内向,焦虑、自我要求高。据统计有百分之一的学童有惧校症。

十一、冲突

冲突固然是冲动儿的行为特征之一,也是一般儿童期孩子的情绪障碍。心理学者曾将儿童的冲突行为分为与他人的冲突和儿童本身自己的冲突两种:①与他人的冲突。如打架、口头攻击、身体的虐待、冷酷成癖(对待同侪、动物与其他的人)、破坏性行为、易发怒、对慢性痼疾的抱怨、饶舌、搬弄是非、发誓、说谎捉弄他人、不服从、反抗与抗拒的行为以及偷窃等;②儿童本身的冲突:如自我毁灭或自杀行为、贫乏的自我概念、作弊、旷课逃学、对于学习漫不经心、低成就、做白日梦、害羞与退缩、过度紧张与焦虑和注意力分散等。

冲突的本身不是问题,而是孩子的冲突行为过后,社会给他的压力,包括老师、同学、父母甚或法律。冲突与暴力往往画等号,不管谁对谁错,别人都会给他异样的眼光,不是使当事者退缩,就是变本加厉,冲突加剧,得不到父母的谅解,学校的惩罚可能接踵而至,与同学的关系逐渐疏远,这一切的一切,难有快乐可言。

冲突与攻击几乎同义,按《DSM-IV》的解释,将其归类为儿童或青少年期发展上的障碍,是一种重复而持续的行为模式,侵犯他人基本权益或违反与其年龄相称的主要社会标准或规范。攻击的对象包括:他人的身体或动物、破坏财产(含他人的或自己的)、欺诈或偷窃,甚至严重地违反社会规范。这种行为障碍在临床上造成社会、学业或工作上的重大损害,当然攻击后也会带来严重的负面情绪障碍。心理学家认为,攻击行为是人们宣泄紧张情绪的消极方式,对孩子的成长危害极大。

十二、选择性缄默

有一些孩子语言发展正常,表达能力与同侪相等,但在某些场合他就一言不发,外表看来他很内向、害羞、木讷,甚至会被人误为自闭儿。尤其初入幼稚园小班,或刚进入小学一年级的小朋友为甚。以心理学观点,但凡一个人初入陌生环境,都有焦虑感,成人亦有此现象,经过一段时日,这种焦虑自会消失。以神经医学观点,如果小朋友在特定的社会情境,本应说话而他却不说话,保持沉默,当然在其他的情境他仍滔滔不绝说话,这种情形称为"选择性缄默"。

此类儿童会妨碍他接受教育甚至有碍他的社会沟通和人际关系。不说话不限于在刚开学的头一个月,按《DSM-IV》诊断标准,障碍总时数至少一个月。不说话并不是因为他缺乏在此社会情境说话需要的知识或身心安适。尽管此时没有使他不愉快的事,他也有充分的说话对象和机会,他就是不说话;当离开此特定情境时,他就有说不完的题材。此种障碍也无法以一种沟通疾患(如口吃)作更佳解释,也并非发生于一种广泛性发展的疾患、精神分裂症,或其他精神疾患的病程中。

一些孩子常常无缘无故地不回答别人的问题,包括父母、老师和同学。也许他是正在为某一些事发脾气、不高兴而懒得理人,这是一种暂时性的缄默;或对方的说话内容对他不利,也类似选择性缄默。这种选择性的缄默是可以理解的,但某些选择性缄默,恐怕是当事人也难以说出个所以然,它的举措往往遭到斥责、不谅解,会带给他不悦,成为他情绪上的困扰。

专家说,选择性缄默症,通常是某段时间的偶发情况,亦为严重焦虑的一种表现。应采用正向鼓励去与他人互动,不能用强迫手段,否则情况只会更坏,不会更好。

十三、目睹儿——创伤压力患者

"目睹儿"是发生家庭暴力、婚姻暴力事件时,目睹母亲(或父亲)受暴的儿童,在学术上被称为"目睹暴力儿童",简称"目睹儿"。

这类儿童有严重的情绪适应障碍,这些孩子都曾目睹父亲手中的棍棒,或紧握着的拳头疯狂地落在妈妈的身上,他瑟缩在墙角里,想跑也跑不掉,想救也救不了,连哭也不敢大声,只能暗地饮泣,这一幕很久以后还会自脑海里跳出来,成为人格上的一种创伤,后患无穷。

目睹儿是家庭暴力受害者之一,这些孩子会明显地出现对人的极度不信任,和母亲的分离焦虑、精神涣散、注意力不集中、惶恐不安、退缩、暴力行为,有些孩子会自责、羞愧,又有不想背叛爸妈任何一方的矛盾心理。

也有所谓的"创伤胶囊"(将自己的创伤包在胶囊里),明明是学校里的模范生,没有任何地方可让人挑剔,可是他却难以控制地一直流浪,原来是通过心理防卫机制,让自己觉得完美。有一个目睹儿只要一提出意见,马上就说:"对不起,我收回这句话。"明显地退缩,就怕被讨厌。可是谈到女人,又觉得女人"天生欠揍"。

老师通过戏剧治疗来处理愤怒主题时,发现受创愈深的孩子一开始总是选择大坏蛋角色,因为这样的角色,才是大人,才有权利。有时,老师扮演被坏人杀害的人,看小孩疯狂似地砍、杀,也让老师忧心。

目睹儿在精神医学上被命名为"创伤后压力疾患",按《DSM-IV》的解释如下。

第一,此人曾经历过一种创伤事件,同时具备下列两项:①此人曾经经历、目击,或被迫面对一件或多种事件,这些事件牵涉到实际发生或未发生但构成死亡的威胁或严重身体伤害,或威胁到自己及他人的身体完整性;②此人的反应包含强烈的害怕、无助感,或恐怖感受。注意,对于儿童,可能代之以混乱或激动的行为来表达。

第二,此创伤事件以一种(或一种以上)下列方式持续被再度经历:①反复带着痛苦,让回忆闯入心头,包括影像、思想或知觉等方式。注意,对于幼童,可能发生重复扮演表现此创伤主题或相关方面的游戏;②反复带着痛苦梦见此事件。注意,对于儿童,可能为无法了解内容的噩梦;③仿佛出现此创伤事件再度发生的行动或感受(包含再经历当时经历的感觉、错觉、幻觉,或是解离性瞬间经历再现,不论当时清醒还是处于物质中毒皆算在内)。注意,对于幼童,可能发生重复扮演创伤的特定内容;④暴露于象征或类似创伤事件的内在或外在某些相关情境时,感觉强烈心理痛苦;⑤暴露于象征或类似创伤事件的内在或外在某些相关情境时,有着生理反应。

第三,持续逃避与此创伤有关的刺激,并有着一般反应性麻木(创伤事件前没有),可由下列三项(或三项以上)显示:①努力逃避与创伤有关的思想、感受或谈话;②努力逃避会引起创伤的回忆活动、地方或人物;③不能回想创伤事件的重要部分;④对重要活动显著降低兴趣或减少参与;⑤疏离的感受或与他人疏远;⑥情感范围局限(如不能有爱的感受);⑦对前途悲观(如不期待有事业、婚姻、小孩,或正常寿命)。

第四,持续有惊醒度增加的症状(创伤事件前没有),由下列两项(或两项以上)显示:①难入睡或难保持睡着;②易怒或爆发愤怒;③难保持专注;④过度警觉;⑤过度的惊吓反应。

十四、多动儿

(一)名词的演变

注意力不足、过动,是孩子在成长过程中遇到的障碍,有些孩子仅有其一或二,有些则三者兼具,人们俗称它是过动症。它本身不是一种疾病,而是一种医学上的症候群。

早在19世纪末,医生们注意到类似的行为模式,出现在一些脑伤的孩童中。因为中枢神经系统受损,患者显现出过度活动和容易分心的现象。后来,在一些没有受过脑伤的孩子身上,也发现类似的行为现象。

为了更正确和深入地描述此症状,其名称也一再更改。20世纪60年代,它的学名是"轻微的脑部功能障碍"(MBD)。20世纪70年代,过度的肢体活动是当时研究观察到最显著的症状,故而,名称从MBD演变成为"过动症"。至20世纪80年代,注意力不集中被认为是这些孩子最主要的障碍,不过不是所有注意力不集中的患者都有过动的症状,因此,将它分为三种:①注意力不足且过动;②注意力不足不过动;③持续注意力不足且过动。

1988年,学者一致认为,注意力不集中、易行动和过动为此症的三个主要症状,因此,再度更名为"注意力不足/过动症"(AD/HD)。

注意力不足/过动症的孩子,不在于问题本身,而是因为注意力不集中影响到学习,因为过动而影响到他人,外在太多的刺激,影响到内在的自尊。很多过动儿从家人、同学、老师那里得到大量负面的回馈,因而发展出极为负面的自我影像,导致他们看任何事都是负面的,终于发展出给自己负面讯息的行为模式,自尊心跌到谷底,而形成一种情绪障碍。

(二)多动儿的鉴别

某些孩子在学校时觉得他过动,父母可能不赞同;某些孩子的父母为其孩子的过动烦恼不已,老师却觉得还好。究竟如何判别,根据美国《DMS-IV》解释:其俗称过动儿,正式署名是"注意缺失及决裂性行为疾患"。也有人称"注意力不足过动症候群"或"注意力缺损过动症候群",通常书写成"注意力不足/过动症",鉴别如下。

1.下面第一或第二有一项就成立。

第一,下列注意力不良的症状有六项(或六项以上)已持续至少六个月,已达适应不良,并与其发展水准不相称的程度。

注意力不足:①经常无法密切注意细节,或在学校写作业、工作或其他活动上经常粗心犯错;②在工作或游戏活动时维持注意力经常有困难;③经常看起来不专心听别人正对他(她)说的话;④经常不能照指示把事情做完,并且不能完成学校作业、家事零工或工作场所的职责(并非由于对立行为或不了解指示);⑤规划工作及活动经常有困难;⑥经常逃避、不喜欢或排斥参与须全神贯注的任务(如学校作业或家庭作业);⑦经常遗失工作或活动必备之物(如玩具、学校指定作业、铅笔、书本或文具);⑧经常容易受外界刺激影响而分心;⑨在日常活动中经常遗忘事物。

第二,下列过动/易行动的症状有六项(或六项以上)已持续至少六个月,已达适应不良,并与其发展水准不相称的程度。

过动:①经常手忙脚乱或坐时扭动不安;②在课堂或其他须好好在座位上的场合,经常离开座位;③在不适当的场合经常过度地四处奔跑或攀爬(对青少年或成人可仅限于主观感觉到不能安静);④常有困难安静地游玩或从事休闲活动;⑤经常处于活跃状态,或像"马达推动"般四处活动;⑥经常说话过多。

易行动：①经常在问题未说完时即抢说答案；②需轮流时经常有困难等待；③经常打断或侵扰他人（如贸然闯入他人的谈话或游戏）。

(三)过动儿的成因

还不完全知道注意力不足/过动症的成因，但我们确实知道它不是因为饮食、过敏。下列各项都可能造成儿童过动：①怀孕或生产不顺造成的轻微脑伤；②反射线影响胎儿，如长期暴露在电脑、电视荧幕前；③生化不平衡或脑部神经传导物质代谢异常；④低血糖。血糖缺乏易造成暴躁易怒、焦虑、紧张、心悸等现象；⑤后天性的脑炎、脑撞伤、脑瘤、发高烧后脑伤等；⑥感觉统合和脑神经生理功能失常；⑦左右脑功能不协调或相互抑制干扰；⑧某种食物中的人工添加物（如水杨酸盐）影响；⑨化学物质中毒的影响（如铅中毒）；⑩吃了过敏性的食物，产生"紧张、疲劳症候群"，变得更活跃、暴躁，加重过动程度；⑪"慢性花粉热"的过敏症，也会使儿童的行为产生变化——疲劳、易怒及骚动不安，或鼻窦炎也会造成儿童对事情的专注大打折扣；⑫重度或中度智能不足、自闭症儿童兼具过动问题；⑬家族中的遗传因素，如酒瘾、毒瘾、反社会性人格精神疾病等；⑭严重的家庭问题造成儿童强烈的不安全感，常是过动问题的催化剂；⑮父母教养方式放任或不一致；⑯在学习上忍受长期的挫折或有人际关系障碍；⑰负面情绪累积的结果，也会造成过动。

(四)过动儿的种类

从医学上的观点，过动儿大致可分为四大类。

1.器质型过动。许多科学家研究证明，此症与遗传有关。然而，并不代表注意力不足/过动症的遗传，一定是直接从父亲传给儿子，或是母亲传给女儿。根据学者的说法："有时是会隔代遗传的。这好像肤色一样，不同的肤色会出现在同一家人身上。"

同是手足兄弟，可能其中一个有注意力不足/过动症，且协调很差；有的可能是有些注意力不足/过动症，却协调很好，但伴随着其他问题。当然，也可能有的其他孩子完全没有症状。

研究结果更强烈指出，注意力不足/过动症与神经有关。耶鲁大学医学院的班奈·舒哈维兹博士说："孩子之所以患此症，大部分是因为脑神经的传导系统出问题。"脑神经传导物质为一种化学成分，负责调节脑细胞的功能，这些化学物质帮助我们的脑左右我们的行为。虽然这方面的研究已有长足的进步，但真正的原因尚不可知。美国国家心理卫生中心的医学博士爱仑·利麦金和他的同事在1990年的研究发现，过动症患者的脑子使用葡萄糖的速度，较一般人慢。

尽管其成因众说纷纭，名称一再演变，但症状始终未变。曾经大家认为只有小孩才会得此症,但现在发现有三分之二的个案会延至成人。而过动患者,又以各种不同的症状呈现,有的极为严重,什么症状都有,整个生活都被影响;有些症状轻微,几乎看不出来。大部分的医生和研究学者都同意:"某些症状是构成此急症的必要条件,但不需要所有症状统统出现。"国内的身心临床医生和学校教育心理学者,对这些所谓过动儿的症状,综合而言,"动,但成绩不错,注意力亦可集中"。

2. 障碍型过动。外表上看来并不笨,甚至聪明活泼,但学习上容易分心而学不好,造成学习障碍。

3. 刺激过多型。由于受到外界过多刺激干扰,无法主动选择,致全部接受,导致不能专心学习,形成学习困扰。

4. 刺激不足型。接受刺激反应较平常差,以致接收外界刺激少,主动找寻更多刺激导致无法安定下来。但这类型过动儿大致上说,反应快,学习力强,却喜新厌旧,有始无终。

(五)过动儿的行为特征

第一,情绪不稳,一言不合就出手打人。

第二,情绪困扰,永不满足,无自信、自卑或什么都不在乎。

第三,反社会行为,人际沟通不良,不遵守法纪,倔强、顽固、反抗,连打也不怕。曾有妈妈无奈地说:"我已经打到手软了,他还是这个样子。"

第四,手眼协调较差,平衡感弱,如完成骑脚踏车、打球、接球等精细动作困难,又如使用剪刀、系鞋带、扣纽扣、写字等亦有困难。

第五,精力旺盛,较少叫累,只有觉得无聊,才会有睡意。

第六,心浮气躁,缺乏耐性,懂了就不想多学,喜欢变化的新情境。

第七,挫折忍受力低,有意避免与人竞争,输了需要较久的时间才能释怀。

第八,引起他人注意的感觉强烈,常利用骚扰、捉弄别人等异常行为来引人注意。

第九,过动:坐不住、话多、心不在焉。

第十,行动:性急、抢话、无法等待。

第十一,分心:易受外界刺激、常忘带东西、用品常遗失、工作表现不注重细节、注意力不集中。

第十二,爆发性行为:玩得疯狂、兴奋、易怒,甚至碰撞他人、咬人、打人等。

第十三,表现出负面情绪,如退缩,眼神带着恐惧,这是在各种异常行为后常出现的情绪困扰。

(六)过动儿的发生机率

这些儿童产生的比率是男比女多,据研究是四比一,有一半以上的小孩,在四岁以前就开始发作。据统计,美国学龄儿童几乎有百分之五具有过动症。但并非每一个过动症儿童都有学习障碍的问题,只是情绪上的障碍是每个过动症小朋友不能幸免而已。

(七)过动儿的教育

美国普渡大学的博士指出,最困扰过动儿的,是一些较无趣的工作或科目,例如需要不断反复演练的功课。这些琐碎的功课,无法抓住孩子的注意力,因为这些功课较无变化。一旦注意力不集中,就容易出错,反而要花更多时间与精力去完成。同时反复做这些无趣的事时,孩子产生行为问题的机率也大增,形成恶性循环。关于这一点,特别值得教育工作者注意,身为父母者,也可作为教养过动儿的指针之一,甚至一般儿童也应避免给予那些过度反复无聊的学习材料。

十五、抽动儿(Tic)

有一些孩子常发出怪声、挤眉弄眼,成为老师和同学眼中的小捣蛋,令人讨厌,也被大家归类为过动儿,当事人也很苦恼。他不被大家欢迎和接纳,当然家长也很忧心。医院中不乏这类个案求诊,在门诊中甚至有正在幼稚园的小男孩,会不自主地骂脏话,令父母亲相当困扰,此类孩子在学校也常遭到取笑,变成不受欢迎的人。

在医学上这叫作"不自主动作"(Tic),又称"不随意动作",在临床上属于"抽动性疾患",不属于过动儿。

此种情形多发于学龄前儿童,很多见于五到十岁的小孩身上,男生机率多于女生,一般人在入睡后这些不自主的动作就会消失,但与情绪有关,这种人当情绪激动时,症状又加剧。根据文献报告,这种人出现率约千分之零点一到千分之零点五。归因不明,众说纷纭,迄无定论,有说与遗传有关,有说可能与脑内多巴胺的接收器有关。关于后者,因为八成以上的个案使用药物治疗后可以改善,但有少数人会终身受到困扰。

按《DSM-IV》解释,"Tic"是一种突发的、快速的、重复发生的、非韵律性的、刻板的运动性动作或发声。此症的鉴别标准分为三类。

(一)妥瑞氏抽动症

第一,病情中某段时间,曾出现多重运动性抽动及一种或更多发声性抽动,虽然不一定同时发生。

第二,每日抽动发生多次(通常一阵一阵地发生),在一年以上时间内几乎天天或阵发性出现,在此期间内,从无一次超过连续三个月以上的无抽动时期。

第三,此障碍造成明显痛苦,严重损害社会、职业、或其他重要领域的功能。

第四,初始于十八岁以前。

第五,此障碍并非由于一种物质使用(如精神刺激剂)或一种一般性医学状况(如亨廷顿舞蹈症或病毒感染后脑炎)的直接生理效应所造成。

(二)慢性运动性或发生性抽动

第一,病情中某段时间出现一种或多种运动性抽动或发声性抽动,但两者仅有其一。

第二,每日抽动多次,超过一年以上几乎天天或阵发性出现,在此期间内,从无一次超过连续三个月以上的无抽动时期。

第三,此障碍造成明显痛苦,严重损害社会、职业、或其他重要领域的功能。

第四,初发于十八岁以前。

第五,此障碍并非由于一种物质使用(如精神刺激剂)或一种一般性医学状况(如亨廷顿舞蹈症或病毒感染后脑炎)的直接生理效应所造成。

第六,从不曾符合妥瑞氏疾患之诊断准则。

(三)暂时性抽动

第一,一种或多种运动性抽动与发声性抽动,两者都有或仅有其一。

第二,每日抽动发生多次,至少四星期内几乎天天出现,但从无一次超过连续十二个月以上。

第三,此障碍造成明显痛苦,严重损害社会、职业、或其他重要领域的功能。

第四,此障碍并非由于一种物质使用(如神经刺激剂)或一种一般性医学状况(如亨廷顿舞蹈症或病毒感染后脑炎)的直接生理效应所造成。

第五,从不符合妥瑞氏抽动或慢性运动性或发声性抽动症的诊断准则。

从上述的诊断标准和个案可以看出,Tic本身应属一种情绪障碍,且情绪的刺激后,促使其抽动更加剧烈,带来身心方面困扰,如焦虑、退缩,进而影响到他的人际交往。

十六、刻板性动作

这是一种疑似"过动儿"的动作,但又不是过动儿;又像"不自主""不随意"动作,可是它更不属于前述的"妥瑞儿"(Tic)。这在精神医学上称为"刻板性动作",其动作常引起怀疑此孩子患了过动症或不自主性动作症。

此类孩子的行为特征是:重复、似被驱使一般,且做无功能作用的运动性行为。如握手、摇手、摇晃身体,严重时撞头、咬东西、咬自己、抓自己身上的皮肤或捶打重击自己的身体等而不知疼痛。

此类孩子的行为明显地干扰其正常活动,若未防范,必会造成自我伤害。若有智能不足,此自我伤害行为则已属相当严重。此种行为无法以一种"强迫性行为"、一种抽动、一种广泛性发展疾患表现的刻板行为或拔毛症作更佳的解释。此类行为也并非由于一种物质使用或一种一般性医学状况的直接生理效应所造成。真正的归因只有从遗传或神经生理病变去找寻线索。

此类孩子的行为即使采取防范措施不致自伤身体,也会造成他精神情绪上的障碍影响到学习、生活、人际等的正常发展。若有造成身体伤害的症状时,需要特殊的治疗(包括心理的和物理的)。当然,孩子偶有此种行为,我们不宜擅下定论,说他是一种刻板动作疾患。依《DSM-IV》所定标准,此行为须持续四周或更长时间。

十七、自闭儿

(一)名词的由来

讨论话题——附栏:她是自闭儿或自闭症

就读某小学一年级的小英(化名),生性活泼、聪明,是父母的掌上明珠,家境富裕。不知怎的,渐渐地每次放学回家后不言不语,将自己关在房间内,外人也不知她做些什么,任凭父母喊叫也不开门。晚餐时间必等父母离桌她才出来胡乱吃一点。在学校时一改往日与同学的亲密关系,对老师的反应也很冷淡,学习当然也跟着受到影响。这样自我封闭的原因她不向任何人透露。父母对这位掌上明珠的举动忧心如焚。"是不是得了自闭症?"在一知半解、半信半疑的状况下,小英被带至专业儿童心理中心进行心理治疗。

在治疗的过程中,某日,小英独自被置于"游戏治疗室"内,治疗人员在外通过"单面镜"观察小英在室内的活动情形,此时发现她正在玩布娃娃,紧抱在怀中左右摇晃着,状似怜惜,旁边还摆着三只布偶,用仇视的眼神扫视它们。

治疗师经过一番努力后,终于获知小英的心理状况。地上摆着的三只布偶,代表爸爸、妈妈和弟弟,抱着的是她自己。原因是过去她是独生女,在家中被视为至宝,妈妈近来生下弟弟,由于爸妈渐将注意力转移到弟弟身上,无形中她有被冷落的感觉,所以每天放学回家后将自己关在房间里,不肯和爸妈一起用餐,在学校中的生活,也跟着受到影响。

这是一个由嫉妒情绪而自闭的个案,不是精神医学上所说的"自闭儿",或称"自闭症"。此词最早是在1943年由美国医生肯纳所提出,全名应是"幼儿自闭症"。有人将它和智能不足混为一谈,其实它不是智能不足症。而且部分自闭儿并不全然像外界想象中那样笨,甚至部分自闭儿比一般人聪明,他的记忆、视觉动作、协调能力、空间概念发展得相当好,有些还具有某方面的特殊才能,长大后成就非凡,享誉世界。

(二)自闭儿的成因

各界对自闭儿的成因,目前为止仍不十分清楚,综合国内外文献分析,其中较被肯定的说法是,部分自闭儿是听觉神经脑干传导较慢,而且高比例的自闭儿,医生进行内耳灌水试验,结果为阴性反应,脑波测验则发现癫痫波。另外,大约有三分之一自闭儿的血清素偏高或电脑断层检查异常,这可说明自闭儿是先天性脑神经生理异常所致。研究自闭儿的专家宋维村指称,根据报告,母亲在怀孕初期六个月内感染德国麻疹,约有十分之一新生婴儿会患德国麻疹合并自闭症;患有苯酮尿症的小孩则每一百至一百五十名左右会有一名自闭症儿。部分身体疾病容易产生自闭症的"并发症",如:点头痉挛及先天性巨细胞病毒感染。

另外,统计还发现,约四分之一的自闭症小孩出生体重低于两千克,在三十六周前早产,因黄疸照光三天以上或换血,出生后待在保温箱至少三天或母亲在怀孕过程中曾因窘迫性流产而住院等。

自闭儿看不出有地域性和文化社会背景的因素,就世界各地已知的案例中,可统计归纳出,自闭儿性别男女约成五一之比,而且有百分之二十可在其二等亲祖父或父母中找出语言发展迟缓,或学习障碍的例子,此略可说明有一些遗传因素占自闭症儿的五分之一。

(三)自闭儿的异常行为

自闭症儿童的异常行为,常表现在人际关系的处理、语言沟通障碍,以及玩耍和游戏方式上。如:婴儿时期,他可能对笑没有反应,吸奶时眼睛不看人,吃饱睡足后只顾玩自己的手、不要人抱,父母走近时,很少手舞足蹈。五六个月大,大部分自闭儿不会认生,很少学习父母的行为,同时不会表现亲密行为。在游戏时自己玩自己的,无法参与别人的活动。

在语言方面,最常见的问题是语言发展滞缓、语法怪异,同时常有特殊的表达方式。有的固然发音很标准,但大多有咬字困难的情况出现。此外,这些孩子说话时语调节奏缺乏变化和情感的流露。

在玩耍时,自闭儿也不像其他正常儿童有想象力和创意。除了反复、机械式玩耍外,常喜欢看玩具周围的事物,让人误以为斜视。

此外,自闭儿常见的行为还有:只吃固定食物、睡固定地方、坐车时选固定位置、出门走固定路线等,经常出现固定仪式行为。另外,根据研究发现,有四分之一的自闭儿优势为左手不是右手。

有、无语言能力的自闭儿,对行为的表达方式不同,如:身体不适时,有语言能力的自闭儿会说些不相干的话,如:玩具车掉了、毛巾不见了,来表达自己的不适。没有语言能力的自闭儿则会哭闹、打自己、撞墙,来提醒需要关怀,常被认为无理取闹。

精神状况欠佳时,有语言能力的自闭儿,会一味要求做这、做那,一会儿要去亲戚家、一会儿要吃饼干。不会言语的自闭儿则跑来跑去、又叫又笑,使人误以为是精力旺盛。

当环境气氛不佳时,会言语的自闭儿会以抗拒行为来表达不安的情绪,如:不吃饭、不上学。不会言语的自闭儿,则以哭闹表达心中的不安。

当承受不了压力时,会语言的自闭儿会有破坏行为。没有语言能力的自闭儿会有不自主的生理反应,如:尿床、滴尿等。

上课时,自闭儿常因忘记带文具而大声喊叫,甚至紧张得不知所措而离开座位。

自闭儿大部分时间都不会主动接近别人,缺乏与人相处的方法,甚至会自言自语及答非所问。

杨景尧指出自闭儿有九大症状:①人际关系的持续减损:无视他人的存在、脱离人群等;②常把身体某部分视为新奇陌生的东西自我检查;③持续专注某些特殊事物或以奇异方式玩弄各种物品;④抗拒环境的变换,极力维持原状,如拒绝改变日常走过的路线。对日常物品的陈列,稍有异动,即感不安;⑤部分行为被怀疑为特殊知觉不正常。如对任何说话或杂音,丝毫不作反应。对他说话,他可能掩耳不闻;对眼前活动的事物,没有兴趣、没有反应;对冷、热没有反应;⑥情绪不稳定。如愤怒时尖叫、乱撕(东西)、乱跳、乱咬,难以理解的恐惧、傻笑,对真正危险又缺乏惧怕;⑦表达困难。如毫无语言,说话时支离破碎、喋喋不休,重复某些字、词或歌曲,使用一些不常使用的特殊语言等;⑧极端的过度活动或不动及特殊行为。如上上下下跑动,丝毫没有倦意,夜晚不肯睡,白天仍精力充沛;有时丝毫不动。特殊行为如摇摆、用头撞物、咬自己的手、扭曲、拍击或弯曲自己的手臂与腿、愁眉苦脸的表情,用足尖奇特式走路,不寻常的手部动作等;⑨智能功能及技巧远不及同龄孩子,但在另一方面可能有一项或多项的工作很熟练,如计算、拼图、唱歌、阅读或写作,记得很多不同的日子、人名,特殊的机械能力等。

(四)自闭儿发生的机率

自闭儿发生的机率很难估计,国外报告大约千分之一,男女比例是三到五比一。根据相关的报告,自闭症发生率约为每一万人中有五十名,男、女患者的比例约为五比一。

根据研究发现,此类儿童平均分布于社会各阶层,而且症状比较轻、较聪明的小孩,家长教育程度及社经地位也较高;症状严重而且智力较低的患者,则多来自低阶层家庭。同时,家族史中,有智能不足或学习障碍者比例也高。

(五)自闭儿的诊断

整体而言,自闭症与因日常一般特殊情境而自闭者不同,如前述因弟弟出生而自我封闭案例,她的问题起因于嫉妒情绪作祟。自闭症虽有情绪不稳定的现象,但他不会觉得自己的异常行为会使其情绪不安,只有旁人用情绪不稳定来形容当事人而已。自闭儿亦与一般智能不足儿童有别。如何正确诊断自闭儿?《DSM-IV》有一套标准。它是属于广泛性发展疾患之一。有下列1、2、3六项(或六项以上),至少两项来自1,至少各一项来自2及3者。

1. 社会性互动有质的障碍。表现于下列各项至少两项:①在使用多种非语言行为(如眼对眼凝视、面部表情、身体姿势及手势)来协助完成社会互动时有明显障碍;②不能发展出与其发展水准相称的同侪关系;③缺乏自发地寻求与他人分享快乐、兴趣或成就(如对自己喜欢的东西不会炫耀、携带,或指给别人看);④缺乏社会或情绪相互作用。

2. 沟通上有质的障碍。表现于下列各项至少一项:①口语语言的发展迟缓或完全缺乏(未伴随企图以另外的沟通方式如手势或模仿来补充);②如语言能力足够,则引发或维持与他人谈话的能力有明显障碍;③刻板、重复地使用语句,或使用特异的字句;④缺乏与其发展水准相称的多样而自发性的假扮游戏或社会模仿游戏。

3. 行为、兴趣及活动的模式相当局限、重复而刻板。表现于下列各项至少一项:①包含一种或多种刻板而局限的兴趣模式,兴趣之强度或对象两者至少有一为异常;②明显无弹性地固着于特定而不具功能性的常规或仪式行为;③刻板而重复的运动性身体动作(如手掌或手指拍打或绞扭,或复杂的全身动作);④持续专注于身体某一部分。

4. 自闭儿于三岁之前即初发。在下列各领域至少一种以上功能延迟或异常:①社会互动;②使用语言为社交沟通工具;③象征或想象的游戏。

十八、被欺负儿

这是指儿童期受到同侪、大人、学校,或社会恶势力的欺凌,无力反抗,如:受殴打、被恶作剧、遭取笑、被勒索财物、不受欢迎、被排斥、孤立、抢夺等,致心生害怕、无力感、无奈感与不公平感等。行为上,积极者去投靠帮派少年组织,以求自保,稍有不慎却成为不良少年;消极者,畏惧,不敢面对,久而久之成为一个逃避现实者,遇事退缩,或不幸地变成一个恐惧症患者,摆在眼前的是不敢去上学、逃学,不敢与人交往,社会能力贫乏。

不过,有一种现象,因为儿童时期常被欺凌,反而成为其改变现状的心理动力。历史上不乏其人。

研究结果显示,政治人物选择以政治为业,与他们幼年时曾被欺负有关。如英国外相史卓、保守党领袖丘吉尔、苏联领袖斯大林,他们小时候都是同侪欺凌的对象。

史卓坦承,在校时同学常对他恶作剧;丘吉尔记得他不受同学欢迎,有个小胖子经常骑在他的身上;斯大林的童年也不快乐,因为他手臂肌肉萎缩,经常遭人取笑。

研究显示,觉得遭人排斥或经常在操场上落泪的小孩,长大后较会寻求组织的庇护,例如,以政党或慈善团体为保护伞。而内心的不公平感也让这些幼年时受到欺凌的小孩,成人后易成为改革社会组织的一员。

英国研究者分析1970年4月所生的一万六千人资料显示,十岁时遭人欺凌的小孩,二十九岁时成为"公民参与"一员的机率,要比一般儿童高六成。被欺负的受害人因渴望报一箭之仇,在权利中力争上游,以便有朝一日也能让人尝尝苦头。据美国一项心理研究,伊拉克前总统萨达姆也是因惨淡童年而成为"邪恶且自我中心"的政治人物。

第三章 青少年期情绪发展与障碍

第一节 含义

英文 adolescence,意指未成年的青年和少年,合称青少年,是儿童过渡到成人的时期。故有人称他们是"边际公民"(marginal citizenship),意谓既不是成人也不是儿童。一般人认为青少年期始于十二三岁,结束于十八九岁或二十岁初期,个人在此时期达到性成熟:并具备了生殖能力。此时期他们的身心皆有急剧变化,常出现纷扰、紧张和不安等现象。

青少年初期是生理成熟与迅速成长时期。又称为青春期。……有三种重大改变,即基本性征与第二性征之发展,以及生理快速成长。性成熟所需时间,因性别而异,女子约为三年,男子约为二至四年。青春期从性成熟过程的发生开始,性成熟是青春期的一部分,但两者意义不同:因为青年期包括生理、心理、社会及情绪等各方面的成熟过程,不单指性一方面。

青年期生理各种改变并达到性成熟,也是一种社会化过程,所以,有学者曾说:"青年期始于生理而终于心理。"

社会化也是一种心理成熟,为人处世不应再有儿童期的问题,尤其情绪方面。心理学家认为情绪的成熟,取决于下列成就:①自我认定——认识自我;②不依赖父母——独立、自主,但不要和父母冲突及否定他们的存在;③发展出一套价值观——不是人云亦云,应有自己的观点;④形成成熟的友谊和友情关系——以一种负责任的态度发展两性关系。

第二节 青少年的情绪发展理论研究

依照前面所述,青少年应是一个成熟、理性、会完整地履行社会角色任务的人,不幸的是,他们的情绪发展并未全如心理学家所言的情绪成熟、成就吻合,我们可从历来学者研究的重点中探知一二。

第一位形成青少年期理论的西方心理学家是赫尔。青少年重大的身体变化也会导致其重大的心理变化。充满强烈与不稳定的情绪,赫尔称这个时期为人生的"狂飙期"。

弗洛伊德认为青少年期是处于一个"两性期"。生理变化唤醒了"原如欲力",它是点燃性欲的基本能源。为达到性成熟,青少年必须克服自己的"性情绪",通常以"防伪机制"或敌意来代替"性"的渴望与冲动。因此,弗洛伊德也认为青少年期的狂飙与骚乱是不可避免的现象,反抗便是青少年期的一部分。

埃里克森所言的第五个危机是青少年的写照,认为这个阶段的基本危机在"认同混淆",也是角色混淆,浑浑噩噩、情绪易变、行为混乱,这是青少年期的本质。对异己的排斥和不能容忍,也是这个时期的特色。有时也会通过"退化"行为,以逃避代替冲突,或冲动地投注于鲁莽的行为来表现混乱。

第三节 青少年情绪心理特征

狂飙期的人生,除身体方面的身高、体重、体力突然增加,发展过速而失去平衡,致有暂时性的外表不对称及动作笨拙外,还有情绪方面的不稳、神经过敏,以及性成熟所带来的迷惑与焦虑。综合学者的意见,有以下的特征。

一、挑战权威与自我感

主要对象是代表权威的人和事物,如:父母、师长、法令、禁忌等。他们标榜个性、伸张自我、不愿随俗,表现出一种标新立异的倾向。对成人的束缚和对社会习俗的拘束,常有反抗现象,与上一代的关系时有冲突。在青春初期的人,有逐渐和童年帮团份子疏远的现象,过去多沉湎于团体的活动中,对于友伴及团体的规律绝对服从;现在祈求独立,对他们的命令处处表示抗拒,心理学家称为"第二反抗期"。这一时期为时甚短,男孩约在十三四岁,女孩约在十二三岁。他们的特征,是自我与环境分离,且与环境对立,凡事尽其在我,表现强烈的自我情感。

二、对社会憧憬

自我意识强烈的情况出现一段时间后,逐渐转向扩大至社会其他方面。研究显示,约在十六七岁前后,此种意识发展最强烈,如追求时髦、衣着不入时则感到莫大痛苦。由此时开始,自觉自己是社会组织的一员,感觉到对社会的贡献,这个社会少不了他,如果缺少他,这个社会将黯然失色,对社会贡献,是自己的义务。他们一方面憧憬自己的理想,一方面以自己的价值标准来衡量一切,如果这个社会不合他的认同,就大失所望,甚至心灰意冷,乃至失去斗志。

三、歧视、自卑与优越感

研究显示,青年期的男女,对因种族、肤色及社会经济地位等,被视为社会地位低劣的人均有歧视倾向,到青年后期达到高峰,对有势力的人谄媚,对软弱无能的人骄傲,学者称这是"边际公民"的共同心理。青年人是以大人的世界为目标,他们付出一切的努力是想做大人物。此种对大人的自卑感,就变成对儿童的优越感,以及对年幼的人的鄙视心理,如:大学生欺侮中学生,中学生欺负小学生。幸灾乐祸,心胸狭隘也常见于青年人,如:对地位低微的人故意无礼,有意讲他们闲话,背后说人是非,乐见他被人排拒等,但青年后期以后逐渐好转。

四、热衷社团活动

儿童后期喜欢参加团体活动,到青年期已有改变,大多数的青年都参加以共同兴趣、爱好、社会见解以及同样社会背景的人组成的社团,过着团体的生活。

根据研究,青年期的社团组织和儿童期的帮团不同,前者的组织,人数较多,男女两性几乎相等,无意识地以建立两性间正常的社会关系为目的;后者的人数较少,都是同性的儿童,目的在于从事冒险或富刺激性的活动。青年人的社团活动,除少数固定的社交活动,如跳舞或野餐外,几乎看不到什么有意义的活动,除非是参加学校设计的。常见到他们有时围坐聊天或到饮食店去闲食,在某个团员家里听听音乐,看看电视,这一切的一切不一而足,看来似属平淡,他们却乐此不疲。在成人的意识中,青年人的谈话内容,似毫无意义,但是已发泄、纾解了他们种种情绪。

第四节 青少年情绪类型与反应方式

一、克劳的研究

克劳等研究指出,青少年的特殊情绪和反应方式有以下几点。

第一,恐惧。青少年对引起恐惧情绪的刺激物,除直接采用攻击反应外,多半会设法避开引发恐惧的情境。这种逃避的方式,多表现出一种防卫心态,有时是事先避开,有时是事后设法逃避,有时以说谎或夸张代替,总而言之,就是不愿意向同侪团体或成年人透露自己的恐惧。

第二,焦虑。焦虑的反应依序为偏差行为、白日梦、反抗、身心症及过度攻击行为。

第三,烦恼。青少年的烦恼变幻莫测,引发的因素多半是想象所致,常伴随着自卑而觉得不适。自认不易或不能适应环境,而致烦恼增加或延续。烦恼是一般性的情绪反应,和恐惧近似,但所烦恼者不如恐惧对象来得真实,持续时间也久。

第四,愤怒。愤怒的反应依序为攻击、反抗、逃避、沉默、发脾气、哭泣、闷闷不乐等。除了借某些事务转移注意力外,多半的愤怒反应为向外的攻击或向内的退缩等情绪宣泄。

第五,爱。青少年爱的对象,已减为少数的同伴或异性(尤其是异性)。常会渴望和他(她)们在一起,以及达成所爱者的期望。会尽力使所爱的人快乐,并回应他(她)们所说或所做的一切。青少年的感情颇为强烈,若不能与所爱的人经常接触,会深感不安。

第六,嫉妒。这和个人的成熟度有关。嫉妒时的反应,女生可能是倒退到出现幼儿阶段的行为。如哭诉、大哭,或者避开可能引起嫉妒的对象。情绪不成熟者甚至会采取攻击的行为。

第七,好奇心。青少年最大的好奇是关于性生理及性心理方面的发展,渴望获得更完整的有关男女关系及性适应的知识。

二、何洛克的研究

何洛克研究指出,青少年情绪有恐惧、烦恼、焦虑、愤怒、挫折感、嫉妒、好奇心、爱、悲伤、快乐等十种。反应方式如下。

第一,青少年恐惧的典型反应是,身体僵硬及尽量离开恐惧的情境。受到惊吓时会有身体僵硬、发抖、出汗、脸红,甚至脸色苍白等现象。青少年也会找些合理的借口,躲开恐惧的情境,为的是不让别人知道他的恐惧。

第二，青少年常会将烦恼的事告诉朋友或老师，甚至写信给报纸、杂志等专栏，希望借此表达方式获得同情、了解与协助。青少年很少刻意隐瞒他的烦恼，愿意让别人知道他的烦恼情绪。较之恐惧而言，烦恼的感受在他们的世界中较普遍，也较能被人接纳和公开讨论。除了向人倾诉外，青少年另一个较常见的烦恼反应是愁容满面。

第三，青少年的焦虑，是由于不满自己以及别人的种种行为，各种防卫机制把自己的不满责怪到别人身上，反社会行为、不安、心情低落及不快乐等相继出现。焦虑反应会降低青少年工作的正确度，使他们对团体的意见特别敏感。为了增进自己被社会接纳的程度，会过度依赖团体的期望而行事。

第四，青少年初期的愤怒反应多为踢或摔东西、跺脚、离开房间、甩门、不说话、把自己锁在屋内生闷气等，不少女生会大哭，逐渐地学会转以语言攻击代替身体攻击。

第五，青少年对挫折感最常见的反应是：①攻击。以身体或语言攻击对方，或以语言贬抑自己；②迁怒；③退缩。自认已无法改善挫折情境，故退缩至白日梦的世界里或想像的病痛中；④倒退。不再与挫折情境抗争，倒退至以往能满足自己需要的情境中；⑤重建的行为或重定目标。挫折感有时也能成为一种动力，使人加紧努力，或是降低抱负水准而重定目标。

第六，青少年的嫉妒反应，多以言词攻击代替肢体攻击，如：讽刺、嘲弄及背后诋毁等。情绪较不成熟的女生会哭诉或大哭。较不成熟的男生则会采取肢体攻击方式。

第七，青少年为了满足性的好奇，常会和朋友或成人讨论及询问性方面的事情。或者阅读有关书籍，他们渴望有机会直接与异性接触，以增进两性间的了解。

第八，青少年渴望和所爱的人在一起，为他做任何事，希望对方快乐，但已不敢像儿童般对所爱的人公开拥抱和接吻，以免社会不接纳而成笑柄。

第九，青少年已知悲伤不能哭泣，尤其是在别人面前，因为那是种不成熟及懦弱的表现。为了压抑悲伤的外显行为表现，青少年转而表现为另一种漠不关心的神态，如对周遭的人或事失去兴趣、自我束缚以逃避责任、无精打采、没有胃口、失眠、上课不专心等。少数青少年会有罪恶感及苦恼、悲伤。悲伤过于强烈时，可能会导致身心症疾病或企图自杀。

第十，青少年对快乐的反应较为一致，多是心情放松、微笑或大笑，有时笑声十分响亮，即使自知如此喧嚷的大笑是不成熟的表现，也仍然如此。

中外学者对青少年情绪种类和反应方式的研究结果大同小异，种类相异之处多基于研究重点不一，行为反应也因研究设计叙述不同而异。

正向的情绪：快乐、爱（尤其异性的爱）、羡慕、同情及好奇。

负向的情绪：恐惧、愤怒、烦恼、焦虑、忧郁、挫折、自卑、罪恶感、嫉妒、悲伤、寂寞、厌恶、沮丧及怨恨等。

其中中外学者共同认定的有：爱、好奇、快乐、恐惧、愤怒、烦恼、焦虑、自卑、罪恶感、嫉妒等十种。

第五节 青少年情绪与性别的关系

1939年，柴拉翁即开始进行青少年不同性别及年龄对不同事物恐惧的研究，结果发现：①不论何种恐惧，女生的次数均较男生多；②男生会随着年龄的增长而减少恐惧的次数，女生则不然，即使减少，也不显著，甚至有增加趋势（详见表3-1）。如在表中第一项"走暗路"，女生的次数由十九增至三十一。表中各项数据，女生均比男生高，即女生对表所列恐惧事项都比男生的反应强烈。

表3-1　青少年各种恐惧次数之性别及年龄（年级）差异

次数\年级性别	6 男	6 女	7 男	7 女	8 男	8 女	9 男	9 女	10 男	10 女	11 男	11 女	12 男	12 女
各种恐惧														
1.走暗路					11	19	6	15	3	17	3	24	3	31
2.路上被人跟踪					23	60	11	47	14	29	15	61	10	49
3.夜里的怪声	31	32	11	25	7	22	4	18	6	18	3	24	3	17
4.晚上单独在家					10	26	7	26	6	12	3	15	0	18
5.走在悬崖边	35	47	35	33	32	43	20	33	23	33	18	43	23	33
6.蛇	38	64	27	58	21	50	18	56	24	51	24	49	18	53
7.打雷、闪电	6	14	4	22	4	14	0	11	1	8	3	18	1	10
8.音乐课时独唱					8	15	8	15	11	24	13	22	14	28
9.噩梦					11	21	3	17	3	8	4	17	8	12
10.地震					13	69	10	31	11	28	11	42	6	47

贝登从九年级学生个人问题的研究中也发现，女生惧怕的频率确实高于男生。青少年几乎对任何活动均有不同程度的害怕，如：考试、怕在班上说话、怕某些人、怕黑暗等。

库仑曾解释在美国文化背景中女生焦虑程度较高，情绪压力的感受性较强的原因，认为女性多须扮演服从的角色，她们受到较多的监督及身体安全的照顾。因此，较不易像男生那样独立自处。

鲍威尔研究"心理适应各领域的冲突程度之年龄及性别差异"结果显示，青少年的情绪对心理适应的影响，女生早于男生；前者为十一至十二岁，后者为十三至十四岁。尤其十三岁时，女生因情绪而影响心理适应的趋势显著高于男生。因此再次证明青少年期的女生不仅情绪感受性较强，而且情绪问题较早出现。整个青年前期（约十二至十六岁），情绪对心理适应的影响程度，在男女两性上皆有渐增的趋势。

艾佛拉尔德研究发现，青少年阶段，男生必须倾向坚强，不轻易求助，甚至应拒绝外力协助。以致男生面对威胁的情境时，较多采取防卫性态度，反而更备受威胁，危害了情绪健康。此时男生表现阳刚，而女生表现阴柔，对于青少年期的女生而言，一方面要接受传统的角色期许，表现女性的行为；另一方面，今日社会中有时男性地位较高，故对自己的性别角色不太认同，同时，学校教育又教导男女平等，均享平等的机会。这种种矛盾、冲突，致使女生感受到更多的压力和焦虑。

情绪发展的性别差异理论与实证研究，卜劳迪曾予以综合研究归纳并指出以下几点。

第一，从理论上而言，女生在愤怒及罪恶感上的经验及表现，均较男生少；但在自我导向的敌意、嫉妒、羞耻感、忧郁、无助感及焦虑上的经验与表现，则较男生多。

以上系根据女权主义的精神分析论、基本驱力的精神分析论、目标—关系论，以及社会学理论综合归纳出来的论点。

实验研究证明，女生确实较易悲伤、恐慌、较少愤怒，比男生更情绪化，在罪恶感方面不亚于男生。

第二，女生的情绪导向为内向，男生则较外向。根据心理分析的观点，研究两性的防卫行为时发现。在儿童及青少年阶段，男生的防卫方向朝外，常有与人敌对的表现；女生的防卫则朝内，故表现为自责，或否认负向情绪的存在，甚至以相反的情绪代替。

第三，以生物—进化论及女权主义的精神分析论观点，指出女生对非语言的情绪线索较敏感。她们对于不明显的非语言情绪线索较男生强。

第四，女权主义的精神分析论表明，女生的情绪化表现较男生多。由对情绪表现及其规则的研究发现，男生随着年龄的增加，整个情绪的表现逐渐减少，女生年龄限制虽较少，但在负向情绪上的表现也逐渐减少。

卜劳迪认为情绪发展的性别差别，主要是情绪社会过程化中，对两性有不同的期许所致。为了应对社会及文化对性别角色的要求，男生须较理性而刚强；女生则应感性而柔弱。

从神经心理学与认知论观点还有一些研究得出，两性对情绪经验及行为的认知处理策略亦不同。男生被鼓励依靠"左脑",对情感加以分析性的思考;女生则依靠"右脑",对情感凭直觉进行思考。

讨论话题——附栏:女人的嫉妒和忍耐

女人情绪反应真的不如男性刚烈吗?其实不然,如嫉妒和忍耐情绪,往往男不如女。历代帝王后宫嫔妃争宠,手段残酷,令男性望尘莫及,这类故事不胜枚举,最有名的如唐朝的武则天、清代的慈禧。不知有多少妃子默默地忍受折磨,不敢与她争,认命了。难道妃子们没有情绪?为何这些妃子可以忍受?又使人疑惑的是,"文君新寡"的女人,难道都是为了一座"贞节牌坊"而忍受终身吗?这期间她们没有强烈的情绪反应吗?这些问题的答案,或者就是以性别差异或只有用社会文化背景才能解释。

第六节 青少年情绪障碍

一、成因

青少年期的年轻人一向被称为"青少年的反叛"。这种反叛不单限于和家庭父母的冲突,也是对成年人社会的普遍疏远,以及对社会价值观的敌视,这种敌视原因有多方面,往昔和现代也不一样。

(一)强烈的自我观念

青少年自我观念强烈,尤其对别人的反应更为敏感,即别人眼中的我;研究学者称为"镜中自我"。泰勒解释为"社会我",每个人对他人都是面镜子,可以反映出他自己的表现。所以"社会我"与情绪的关系是:想象别人眼中的自我形象,及别人对此形象的评价,从而产生自我的正负情绪,可能是愉悦、骄傲、自信,也可能是羞耻、自卑。所以,此时青少年很在意社会对自我的接纳及评价。"社会我"的发展,是触发他们情绪的重要因素之一。

(二)逻辑推理混乱不清

就皮亚杰的理论而言,青少年期是一个"形式运算期",个体能运用抽象的、合于形式逻辑的推理方式去解决问题。但此时期也是正值儿童期刚结束,进入青年期之际,身心产生巨变,难免沦入情绪化的逻辑思考。

此时期的青少年由具体至抽象,引发青少年情绪的因素,也会由过去的物质、环境或某些已发生的事件等具体因素,转变为因自己敏感、想象、推测可能会发生某种事件而爆发情绪,或夸大某种事件,甚至有时自己尚弄不清真正触动情绪的原因。这也是由于青少年缺乏细心思考,对周遭缺乏认识所致。

(三)自我迷失

社会多元化、教育普及化、思想自由化,在前途发展上,个人的"进路"和选择机会也随之增多。同时,由于社会开放,年轻人的两性交往与婚姻选择的自由,也较往昔大为增加。然而,职业与婚姻的选择,都需要有相当的基础能力,而身处在这个时代的青年人,其自我追寻与适当选择的能力,却不易获得。于是,在客观出路广阔、选择机会增多,可是主观条件不足的矛盾情境下,多数青年人对自己的前途不免感到困惑。也可以说是患了"享受自由太多,却不知所终,而为自由所困"的苦恼。过去的青少年少有遇到这种情形,可以说是这一代青少年情绪困扰难以避免的

(四)生理早熟,心智晚熟

由于社会的文明,经济繁荣,人类不必像以前那样付出极大的劳力就能获得一餐温饱。以前的青少年其生理成熟较晚,心理成熟较早,而现代人的身心发展趋势恰恰相反,根据调查研究,情形确实如此,近百年来,欧美各国女性月经初潮的平均年龄,从16.5岁,提前为12.5岁,大约每十年提前四个月。往昔生活艰苦,儿童自幼参与家中日常劳动,与成人一样工作。再者,从前人类寿命较短,有些少年十几岁即负起家庭责任,男孩成为小丈夫,女孩很多都是童养媳,这些少年心理成熟较早,凡事相忍为家,以和为贵,大人说什么,他们就听什么,都是理所当然的事。今天的青年人,物质生活不虞匮乏。营养好,医药卫生条件佳,父母照顾周到,所以身体发育普遍提前导致早熟,不但不需要从事劳力工作,也不必劳心,故而造成心智晚熟,身心发展失调。稍遇挫折,其心智能力难以驾驭所衍生的情绪冲动,这也是现代青少年情绪障碍的根源之一。

(五)社会转型与代沟

原始民族及东西方不同社会之文化背景、开发程度不同,即造成少年情绪有不同的表现,诚如米德(Mead)的研究,萨摩亚群岛(Samoa)的青少年由于所承受的社会压力较轻,故无明显的情绪障碍,精神疾病在该地几近灭迹;西方社会的青少年较重视个人在社会团体中的地位,家庭背景又影响社团地位。我国社会青少年重视升学、课业成绩、个人成就价值,务必"青出于蓝""光宗耀祖",如果只能做到"守成",就被视为"无出息"如果"一代不如一代",就得承受"败家子"的压力。

传统的农业社会,男耕女织,人际关系很少变化,生活方式是日出而作,日落而息,一切行为规范、道德标准、价值判断以及宗教信仰等,几乎都是代代相传,历久不变。因此,往昔的新生代,其成长过程是承袭父母的衣钵而成长。现代社会都市化、工业化,社

会价值多元化,因此,失去往日的连续性,父子间、母女间及师生间,其所处的环境完全不同,生活方式不同、教育程度不同,难免行为上不能尽符合双方意愿,就产生所谓"代沟"的问题,引发双方紧张与冲突的局面。现代的萨摩亚已经不是以前的萨摩亚了,他们已经逐渐受到文明社会的冲击。欧美的青少年一向个人主义色彩浓厚,代沟的意识较诸东方国家为高,代沟这个名词也是由他们创造出来的。由于西风东渐,东方的青少年也因为社会转型与代沟的结果,不免造成情绪障碍,这是从前少有的。

(六)危机的社会与危机的家庭

有人说:"除了变,世无长久物。"以这句话来形容当今社会是最恰当的。目前的社会突飞猛进,社会变迁与科技结合为青少年创造新的生活经验。婚姻的转变,家庭成员的变化,产生了家庭问题与问题家庭,学者指出有混合家庭(又称重组家庭)、钥匙家庭、药物滥用家庭、暴力家庭、虐待儿童家庭、单亲家庭、心理异常家庭、少数族群家庭、同性恋家庭、父母管教不一致家庭等。学校教育文化方面则有教师风气、学生风气、教学内容等。社会公众人物的性态度,政治人物的尔虞我诈,巧取豪夺,口是心非树立坏榜样。药物毒品的发现与诱惑,难以自拔。这样的变迁,对青少年而言更是危机四伏,难以应对。

二、类型

青少年情绪障碍多属于一种"适应障碍",又称为"不良适应""适应不良""适应失常""适应问题"等。

不良适应与适应不良,按《张氏心理学辞典》的解释稍有不同。前者指:①生物本身有缺陷而不适合于环境要求,以致生长困难的情形;②个体身体上或心理上显示出异于常人的变态症状。

后者指:个人不能与其生活环境保持和谐关系的困难状态。

两词的主要区别,不良适应偏重生物性的适应困难,用以解释生物性的适应问题;适应不良偏重社会文化的适应困难,用以解释因社会文化关系而带来的适应困难。但两词的意义极为相似,本书概称为"情绪障碍",也是"情绪困扰的问题"。

心理分析论者英格里希及皮阿逊认为,由于性冲动在潜伏一段时间后,于青少年时期再度恢复,但个人的自我却未发展完成,超我仍延续儿童时期的状态(此为父母态度的反映),尚未受到社会组织影响的修正。因此,即使幼儿及儿童时期适应良好,到了青少年阶段,仍有适应上的困难。此时期的情绪困扰包括:由于过度焦虑或有关性方面的事,故而常常做噩梦。情绪冲突以致学习障碍、手足竞争而生嫉妒、功课退步而生罪恶感、有关性方面的好奇心受到压抑、强迫性行为、人际及社会适应的困难、憎恨父母、同性恋、手淫、婚前性行为、滥用药物等。英格里希及皮阿逊认为,除非青少年遭到神经症状之困扰,否则,皆可靠一己之力解决这些问题。

柯尔及赫尔认为青少年时期的情绪困扰确实较人生的任何阶段都多。情绪困扰范围及发生的次数皆然。两人归纳出青少年期常的情绪障碍为:①自卑感。青少年的自卑感很多是自己心中偏差的想法,如"他比我富有"。有些是真实的情况;如严重的跛脚、明显的社会障碍、容貌丑陋及理解力太差等。青少年期自卑感较强,是因为此时开始严格的自我评价。对于自己的美丑、穿着能力、经济状况,人际关系及社会地位等都异常重视。这种因自我评价而生的自卑感在青少年前期特别显著,因为他们正面临许多新的情境,又没有时间对自己及生活的新的需求作适当的评价。青少年的自卑反应有两种截然不同的方式,一种是直接将内在挫折表现于外,因自己实际或想象出来的无能,而不愿意参加许多可能暴露弱点的活动,在竞争中亦显得十分退缩,形成自认无用的人格特质。另一反应形式则恰恰相反,他非但不退缩,反而更努力尝试各种活动,目的在掩饰自卑,害怕别人揭穿他的伪装;②焦虑。这是应对不愉快情境的适应方式,但这种逃避的消极做法非但不能解决问题,反而加深适应不良,且更会持续及强化焦虑,造成小问题也会产生更大焦虑感,以致影响学习及扰乱记忆,造成情绪障碍与生理上的疲惫。青少年因自我观念尚未确定,又面临种种冲突,这都成为焦虑的源泉。这种冲突包括家人的期望、过去和现在对冲突的反应方式不能一致、长期目标和现在表现摇摆不定、期望成功又怕失败等;③忧郁。青少年情绪常在得意及忧郁两极端摇摆不定,且变化快速。不止针对外在情境而变化,也常成为人格特质的一部分;④强迫行为及恐惧症。这两种情绪障碍性质不同,但皆来自以往早已遗忘并且难以解释的原因。过去造成精神创伤的经历已被压抑而遗忘,但却影响到现在,以致对某些刺激产生过度的恐惧,并出现一些自己无法克制的行为;⑤身心症。由于情绪困扰而造成生理上的异常现象,如呕吐、皮肤出现红疹、头痛、呼吸困难、胸闷、哮喘等,各种生理症状都真实地反应出来,而其基本原因却是由情绪而起;⑥猜疑与转移。这也是较严重的不适应类型,青少年会将自己的失败归咎于别人或环境,误解别人的关怀之意,常抱怨社会的不公不义。

林得塞将青少年常见的情绪障碍归为五类:①焦虑及担心;②恐惧症。如拒绝上学;③不快乐。如失去朋友,因死亡、父母离婚而失去亲人;④企图自杀;⑤拒食。

青少年情绪问题林林总总,没有人能够讲得清楚说得明白,现再举精神医学观点,说明青少年的情绪障碍:①适应障碍合并焦虑症状。如心悸、坐立难安、激动的行为等;②适应障碍合并情绪低落症。如心情不好、容易哭泣、失落与无助感等;③适应障碍合并行为偏差症。如逃学、打架、飙车、酗酒、偷窃等,是青少年最容易有的问题。

另外,并不是每个患者的分类都如此明显,有许多是属于混合型的。

适应障碍分类迄今无一致的看法,学者研究初中生的行为问题,把他们分为三组:①逃避性的问题行为。包括偷窃行为、吸食药物、不当娱乐、异性行为、逃家、厌学等六项;②违抗性的问题行为。包括攻击、课堂违规、违抗权威、其他违规犯过行为等四项;③情绪性的行为问题。包括疑心妄想、忧郁悲观、焦虑紧张、敌意、身心症、学习困扰等六项;④精神病症候。其行为明显脱离现实,属于严重的心理疾病,包括儿童精神分裂症(如自闭症)、躁郁症等。

总之,青少年的适应障碍多归因于情绪,种类之多,可用"罄竹难书"一词形容。

第七节 青少年情绪障碍问题

一、与父母冲突

在美国或其他西方国家,为了殖民、拓荒,青年人多与父母一起打拼,同甘共苦,少有叛逆行为;在东方的国度里,尤其中国,受到儒家思想影响,以孝为先,一切顺从父母。现代不管东西方,这些皆已改变,孩子顺从父母不但视为迂腐、落伍,且更容易与父母冲突,父母也不喜欢孩子,双方也难和睦相处了。

冲突的根源:年轻人需要与父母分开,却又了解到自己多么需要依赖父母的帮助,前者要自己的角色认同,后者又要维系父母和家庭之间的关系,内心的矛盾、冲突可想而知。

父母的心情也是如此,他们希望孩子独立,又希望孩子继续依赖留在身边。父母常觉得很难放手。因此,父母可能给青少年的是一种"口是心非"的双重讯息,既期待又怕伤害。

一般而言,冲突出自母子之间的情形居多。出于父子之间的情形较少:部分原因可能是母亲一向对子女介入较多。也可以说是母亲对子女关怀尤甚于父亲对子女的关怀。也可能是父亲对年轻子女较疏远的态度,尤其避开发育中的女儿,或已经长得比父母更高大,也更有攻击性的儿子。

然而,此只是一种过渡时期的情绪。较儿童期有较多的混乱而已,不一定会导致与父母或与社会价值观的破裂。克伦斯指出:所有被研究的家庭中。有明显冲突的只占百分之十五到百分之二十五,而且这些家庭的问题是在子女青春期之前就已经存在。冲突的本质都是一些日常生活微不足道的事。而且经过争吵后,则事过境迁,很少留有后遗症。争吵也可能是反映子女对独立的渴望,也可能只是父母想教孩子遵守社会规范。如此,不可避免地引起紧张。

和父母相处不和,一般情形在青年期初期逐渐增多,中期逐渐稳定,十八岁以后又渐渐减少,青年期初期的冲突增加与青春期的到来有关,当然也和生理年龄有关,近年的研究指出其是双向进行的。

二、未成年性行为

(一)一般情形

美国人对性观念与性行为较为开放,对性事的研究亦多。据研究,1925年至1965年。约百分之十的女孩,在交往中的最后一年已不是处女。到了1973年,非处女占了百分之三十五;1979年,百分之八十以上的十七岁白人女孩有过性经验,黑人青少年中这种比例更高。

一项研究结论认为,青少年以十八岁作为开始性交的适当年龄,但大多数的十七岁以及将近半数的十六岁青少年,都已不是处子。

大多数美国青少年第一次性交,并未对此预先计划,常是不预期的。他们将性行为视为表达或满足情绪和人际需要的工具。在美国电视剧中曾见儿童问他的父母:"我什么时候可以开始性交?"与其说美国儿童天真,不如说这是反映美国社会的真实"性"事。

在20世纪90年代的初期,美国少女有性行为经验者超过百分之五十,男性少年介于百分之七十五至百分之八十之间。1995年的一项问卷调查中,问十五岁以上的青少年在十四岁以前有没有性经验,百分之十九的女生和百分之二十一的男生回答有,有违法行为的青少年,十五岁时就有性经验的是百分之八十七,十七岁时升高至百分之九十一点五。常使用大麻的青少年百分之八十七有性行为;抽烟的是百分之六十九;酗酒的是百分之六十六,2000年的一份研究报告称,青少年口交的人数比性交的人数还要多。

英国《观察家报》(2002年10月27日)披露的性态度调查研究结果显示,英国十六岁到二十四岁的人,失去童贞的平均年龄已降至十五岁半。

改革开放后,社会风气跟着改变,具体反应在青少年性爱观、少女怀孕和堕胎案例不断增加上。性专家指出,社会正悄悄地进行着一场性革命。中国社会科学院研究员李银河在北京做过调查,20世纪80年代,当时有婚前性行为的只有百分之十五,现在则达到百分之七八十。李银河表示,传统的贞操观念已被冲破。

据媒体报道,初中生谈恋爱的比例为百分之三十至百分之四十,高中生为百分之五十,高职生则达到百分之八十。

为什么青年人这么早便开始有性关系? 在一项研究中问及许多有过性经验的青少年,结果百分之七十二的女孩和百分之五十的男孩提出社会压力为首要原因。四分之一的青少年表示他们觉得被迫去做超过自己所希望程度的性事。男孩女孩也提到"好奇"是早期性行为原因之一,较多的男孩提到性的感受和欲望。只有百分之六的男孩和百分之十一的女孩提到爱情为原因之一。

性活动与犯罪有关:1989年依莱特和摩斯研究指出,青少年的性交不是一种独立现象,而和犯罪有关。一个年轻人如果有犯罪或毒品使用的背景,则性交的情形就会明显增加,同时性交的频率也会高于其他青少年。性交本身不是问题的开始,常伴随着未受规范的行为而来,典型的顺序是犯罪—毒品使用—性交。米斯丁等人的研究也指出,性行为和毒品滥用有显著的关系。

对婚前性活动保守,并不是代表所有人不赞成,而是有程度不同之别。男生轻微赞成男性婚前性行为,对女性则介于轻微赞成与轻微反对之间;女性对男性是介于轻微反对与中等反对之间。对女性婚前性行为,则多数人是中度反对。接吻是多数学生可以接受的婚前性行为,较多的男生接受爱抚的行为,大多数的女生则不接受。多数的男生和绝大部分的女生都反对婚前的性交,而性行为的程度愈浅,愈容易被接受。

婚前男女青年性活动,除有程度上的差别外,也因对象而异。有研究发现,在性交行为态度上,有百分之二十二点八的学生认为对未婚女性而言,和其未婚夫性交是被允许的;百分之二十二点九认为对未婚男性而言,和其未婚妻性交是被允许的。

(二)未婚性行为的不良影响

在生理方面,男子有感染性病可能;女子除有感染性病可能外,还有阴部受创疼痛、分泌物异常、刺激性引起子宫出血等,甚至出现头痛、肠胃障碍、失眠等。

心理方面,男性影响较女性少,如后悔,不该这样冲动;自责,担心负不起责;仓促行事造成这样的结果,不免有性挫折感和失望;迷惑,难道这就是性的乐趣?不安,害怕事情败露;贬低对方,怀疑她是不是和其他人如此开放,轻易弃守最后一道防线。

对女性而言,其影响较男性深远,深恐"蓬门今始为君开,不知何日君再来"。或者此君不再来,自己成了弃妇,由爱而怨最后恨,三部曲日日在心头,永吟不完。又怕春光外泄遭社会大众不谅解,失德等不雅之指责,以及谩骂、耻笑接踵而来。其实别人管不了你这么多,只是做贼心虚自我罪恶感而已,名誉受损、身价陡降、羞愧感,绝望之余,往往会走上自杀之路,或是心存复仇之火,伺机报复。

总之,不论男性女性,婚前性行为的影响,女大于男,心理大于生理。

在心理上,男的只是一点挫折、失望、内疚不该,自责而已;而女方则有数不清的负面情绪浮现,如挫折、失望、内疚、丧失自尊、自卑、失去存在的意义、无价值感、自责、悔恨、恐惧、紧张、自暴自弃、罪恶感、沮丧、混乱、不知所措……

据此而言,婚前性交对女性的伤害最大。但不论对男方女方,身心都是一种创伤。

青少年若以性为工具去维持对方情感。满足情绪,事实上适得其反。只是暂时性搪塞自尊、寄托情感、纾解寂寞。到头来换来的是低自尊、沮丧、被排斥、指责、混乱,或成为性滥交的泛情者。

三、未婚怀孕产子(堕胎)

(一)一般情形

沃尔特等人将未婚少女怀孕生子列为美国青年危机之一。指出美国每年有一百万少女未婚怀孕,占全美国青年女子百分之十,其中五十万按期生产,生下了孩子,另外百分之十流产,百分之四十堕胎。上述未婚少女怀孕,都不是有意的,换言之,是不预期的,是即兴的,一时情不自禁、心慌意乱的结果。且当时更没有心思去考虑以后的问题。即使冷静去想,也是短暂的休兵。或是以一种自我掩饰的心中语言——不会这么巧吧!于是冲动继续存在。

据统计,20世纪80年代中期以来,美国少女怀孕的出生率持续上升。1986年至1991年之间,升高百分之二十四。20世纪90年代初期,胎儿有三分之一是由未婚少女所生。有三分之一的怀孕少女选择堕胎,全美有四十万次的堕胎案件。

据有关媒体资料显示:二十岁以下的未婚怀孕人数,在1965至1980年间成长了五倍。十五岁至二十岁的少女中,每一千人约有四人堕过胎。

改革开放后,少女怀孕案例不断增加。主要归因于对性安全的防范知识极度缺乏。一份江苏省随机取样十九所大学、一千九百名大学生的调查研究结果显示,高达百分之六十九点八的受访学生不知道如何正确使用保险套,百分之十六点二的人不知道保险套会破裂。在已有性行为的学生中,也有百分之二十一点八的人不知道如何使用保险套,甚至有三十九名受访者不认为性生活会导致怀孕。《金陵晚报》报道,南京大学高教研究所教授孙志凤指出,大学生性安全失当最关键因素不是性开放,而是他们把保险套和爱情纯洁度、信任感联结在一起。认为使用保险套是怀疑对方有性病,不信任对方的表现。

有医生指出,少女堕胎,每年有四个高峰期,分别是春节、五一假期、暑假和十一国庆前后。珠江市妇产科医生指出,2002年5月1日黄金周假期后两星期,做人工流产的少女平均一天有三四十人。广州市妇科医院指出,十八岁少女来院堕胎,以每年百分之一至二的速度增加。大部分是十五至十八岁,也有十三岁的。

最令医生惊讶的是,许多少女对怀孕和堕胎抱持着满不在乎的态度。医生告诉一名前来看病的初中女生,她怀孕了。这名女生听了并不感觉惊讶。

(二)未婚怀孕产子的影响

研究者指出,有超过百分之八十的青少年认为,性行为不是为了生小孩。但我们相信,只要他们继续性行为,必会有百分之八十以上会生小孩。少女怀孕是负面的,影响是多层次的,而且深远。

1.家庭发展前景堪忧。怀孕少女以结婚收场的比例不高。1994年美国一个收容机构指出:少女怀孕后结婚收场的,有三分之一在五年内离婚,而较晚结婚者只有百分之十五,大部分年轻妈妈在一生之中或长或短的时间是单亲状态。事实上,很多年轻父亲不承认自己是孩子的父亲,这些年轻爸爸的怀疑是合理的,认为既然她可以和我相好,不能保证她和别人没有关系;有的年青爸爸压根儿就不知自己已当上爸爸了;有的干脆不愿承担当父亲的责任。

可以想象得到(事实也是如此),年轻妈妈的家庭要维持一个健康、有足够资金供孩子学习的环境,谈何容易。要多赚钱,就得长时间工作,孩子就无法照顾。要照顾孩子,就得放弃工作,是一个两难的困境。如果父母不谅解,更会陷入绝境。在台湾常有弃婴的事件报道,就是由她们一手制造出来的社会问题。年轻妈妈也缺乏育儿知识,小孩成长过程中需要什么,当然也不清楚。遇到压力大时,就很容易导致对儿童疏忽、漠视或儿童暴力事件。

有人认为年轻妈妈管教儿女的不当方式,可能源于她幼小时受到不当的管教经验,而非年轻不会管教之故。的确,早期的生活经验也成为她日后发展的模仿模式。

年轻单身母亲所养的小孩因其家庭的原因产生很多社会适应问题。这些孩子长大后,脱离家庭较早,如果结婚,离婚的可能性也比较高,成为年轻父母或未婚父母的可能性也大,因为他们的父母也是这样过来的。有一项研究追踪四百名以上的未婚妈妈二十年,结果发现:她们的女儿有三分之一成为未婚妈妈。单亲妈妈抚养的女儿成为年轻母亲的机率是百分之二十七。而一般家庭只有百分之十一。这种小孩离开学校后,就业的稳定性比较低,犯罪的机率也高。

未婚少女产子造成的家庭是单亲家庭,但已婚少女怀孕未及生产而离婚,孩子出生后也会形成单亲家庭。还有一种出于个人选择,不愿结婚而愿生小孩的单亲家庭,这种变化是否代表必会衍生出更多的问题?美国所做的调查发现,单亲是造成偏差行为的危险因素之一,但单亲不必然就代表没有好的家庭功能。有人指出美国前任总统克林顿即是出身单亲家庭(但不要忘记克林顿的桃色绯闻不少,尤其是在白宫里与一位年轻貌美的实习生那段绯闻最轰动,险些被弹劾下台,这些是否与家庭出身养成的习惯有关,尚需研究),家庭功能不全,亲子关系不好,也是造成孩子偏差行为的一项重要因素,任何人难以否认。

根据另外一项报告,美国在20世纪70年代单亲家庭只占百分之十一,到了1982年则已达百分之二十一。未婚生子在20世纪60年代约占百分之五,20世纪80年代增长了将近四倍,达到百分之十九。

美国也曾在1971年针对一百三十个单亲小孩进行调查,发现父母离异确实会对小孩造成影响,但与年龄大小有别:①三至五岁半的小孩,相信父母的离异与自己不听话、不好有关,会出现一些退化的行为,如尿床、哭闹等,也会否定父母的离异事实;②六至八岁的孩子,较会出现抑郁、沮丧的现象。一旦父亲或母亲任何一方有新的伴侣,他们内心都会产生冲突,怀疑如果自己也喜欢对方,会不会对父亲或母亲不够忠诚;③九至十二岁的孩子比幼儿较懂得隐藏自己忧郁的情绪,但仍然认为父母背叛、抛弃、拒绝了他们,也会觉得寂寞无助;④十三至十八岁的孩子,一般想法较能符合社会现实,但仍觉得自己在成长过程中,情感上所获得的支持会较差。

2.身价一落千丈。以美国而言,年轻妈妈将小孩生下后,立即面临居住环境不佳、营养健康不良、失业或未能充分就业、辍学、职业训练不足、经济依赖等痛苦。她生活困苦的机率比二十几岁已婚母亲高,纵然就算得到很好照顾以及最佳的身体状况,她们都不可能完成高中学业,许多人是生下孩子一段时间后再返学校完成学业。在一项研究中,城市青年黑人母亲,在生下孩子五年后,只有半数从高中毕业;十年后有三分之二的人毕业。因怀孕而使学业中断,加速问题的恶化。由于所学有限,更无一技之长,经验、资源都不足以克服贫困,而导致对生活有普遍的无力感。除了养小孩外,可供她们选择的机会少之又少。这些人再次怀孕的风险也高。因无职业又辍学,除了维持"性"活动,之后再怀孕。已没有给自己留下其他更多的选择,因而形成恶性循环。

3.教育不良祸延子孙。少女怀孕除了上面所说的辍学问题外,很多为人父母的青少年的教育问题会祸延子孙。未成年父母的子女可能比其他孩子智商低,在外表现较差。这些孩子在学前时期经常过分好动、任性顽固、好攻击。到小学时期,他们变得较不专心、容易分神、易于自暴自弃。在高中阶段,他们经常是低成就者。

4.健康不佳害人害己。怀孕少女通常营养不良、健康状况差,容易产生贫血、分娩延迟、尿路感染、毒血症等怀孕时的并发症。年轻妈妈所生的婴儿健康问题也较多,据研究发现:美国十五岁的年轻母亲所生的婴儿,体重不足的比例是二十至二十四岁母亲所生婴儿的两倍,前八天内死亡的数目是三倍。十七岁以下的母亲所生婴儿的死亡率是十七岁以上的两倍。婴儿受伤、生病和患婴儿猝死症的机率比较高。生下来的孩子有神经系统缺陷的可能性是两倍。还有来自社会因素而非医学因素,出自低社经地位家庭的少女,家境较为贫穷,健康情形更糟。

另外一个问题是未婚少女怀孕后堕胎(流产),许多研究指出,流产后的身心适应,若是出现在原来身心较健康者的身上,多半除了短暂的压力及负面情绪外,不至于会有长期的心理创伤;但若是原来即有身心疾病、支持系统不足,或同时存在多种压力的人,则属高危险群,流产后会有种种身心变化。临床人员指出,在身心门诊常会见到因过去堕胎之事耿耿于怀、责怪自己、罪恶感重,而害怕再与人建立亲密关系的个案;也有因此焦虑、忧郁,甚至夜晚仿佛会一直听到婴儿哭声,而无法安眠的个案。将性视为与异性建立关系的工具,而反复堕胎的个案,即使外表看来满不在乎,但在内心深处,仍是被每次堕胎后的痛苦缠绕,也为身体健康变差焦虑不安。

欧美有两份研究报告提出。堕胎对妇女在身体上会造成死亡危险增加与长期健康受损的影响。其一是来自芬兰,另一是美国加州州政府。

1997年。芬兰政府出版研究报告,自1987年至1994年正值生育期(十五至四十九岁)在怀孕后一年内过世的九千一百九十二名妇女,结果发现:堕胎妇女于堕胎一年内死亡的比例是怀孕生产妇女的四倍。堕胎妇女于堕胎一年内自杀的比例是怀孕生产妇女的七倍。堕胎妇女于堕胎一年内遭遇致死性意外的比例是怀孕生产妇女的四倍。堕胎妇女于堕胎一年内遭遇他杀死亡的比例是怀孕生产妇女的十四倍。

美国加州的研究指出,堕胎妇女两年内死亡的比例,是怀孕生产妇女的三四倍。堕胎八年内,堕胎妇女中百分之三十至百分之五十五有自杀念头。百分之七至百分之三十尝试自杀。该研究更指出,值得注意的是,堕胎妇女自杀身亡的时间常与其堕胎周年巧合。

5.名誉受损。未婚怀孕不管产子或堕胎(流产),当事人都会承受有形无形的压力,最大的心理压力是不能见父母亲友,纵然顺利产子,孩子将来也承受"私生子"名号,和自己被骂荡妇的恶名。

四、自慰

(一)一般情形

自慰不是青少年本身的问题。它之所以构成青少年的困扰,是对它不了解所造成的情绪困扰、焦虑不安。自慰俗称手淫,成人大众和所有心理学家都认为,这是大多数年轻人最初的性经验。过程中带给他们兴奋,事后又带来另一种心情——后悔及焦虑,很多青少年都有这种心理,更有的视自慰是一种羞耻。1982年有研究显示,自1960年早期开始,表示有自慰行为的年轻人,人数有所增加,在20世纪70年代早期,十五岁以下百分之五十的男孩和百分之三十的女孩表示曾有自慰行为;到了20世纪70年代晚期,十五岁以下有百分之七十的男孩和百分之四十五女孩承认有自慰行为。寇利斯和史塔克斯指出:在所有问卷调查中,只有不到三分之一的人表示对自慰不觉得内疚。换言之,有三分之二的人视自慰是一种羞耻、内疚。但是今天的教育强调自慰是正常和健康的行为,不会引起伤害,可帮助人们学习如何给予并接受性的愉悦,而且可满足性欲,因而无须进入个人情绪尚未准备妥当的关系中。然而,是否青少年受到现代性教育的影响,在认知尚未成熟、透彻的状况下,认为其是间接的获得性满足,不如直截了当进行男女性交来得实际。说不定性教育助长青少年对自慰的无力感,增加情绪上的不安。

一般来说,自慰是与生俱来的,宗教家认为是罪恶,但医生不以为然,认为其不会使人百病丛生或精神错乱。任何事情都有好坏两面,自慰也是一样。

(二)自慰的影响

1. 正面的看法。包括:①是一种令人欣快而兴奋的情绪经验;②简单易行,不必有特定的时间、地点和工具;③可以消除紧张情绪,且在很多方面具有价值;④可以满足青春期的性幻想;⑤不会伤害别人,又能满足自己;⑥不会犯法,除非在公共场所众目睽睽之下进行;⑦不会有传染性病的危险;⑧不论频率多少,不致使身体受到伤害。

2. 负面的看法。包括:①错失学习与别人相处的机会;②某些社会视为禁忌。因此,会造成罪恶感,对心理健康不利;③某些宗教视为败坏道德的事情。因此,它会造成带有罪恶感的矛盾心理;④时刻担心此举会被发现,而造成恐惧心理,有害心理健康;⑤假若一个人长大之后,仍以自慰为主要的性生活内容,则会造成婚姻不幸的后果;⑥若自慰没有快感,则会造成个人身心两方面的挫折;⑦若用力过猛,会使性器官受伤。

青少年自慰较多的状况与压力有关,寂寞、烦躁、自卑、不知如何与异性相处、与父母冲突等都是它的根源。

五、同性恋

(一)一般情形

同性恋是青少年发展过程中一种特殊的"性"行为问题。产生原因有不同的说法,最古老的说法认为这是一种心理疾病;也有人认为是基因的因素,某种荷尔蒙不平衡,如家庭中母亲占优势,父亲软弱,以及偶然的学习(曾被同性恋者引诱后产生同性恋偏好);还有认为性取向决定于某种荷尔蒙和神经系统的产前过程。但普遍的看法是,会成为异性恋或同性恋有不同的原因,而且不同荷尔蒙和环境之间的互动最重要。

根据弗洛伊德的发展理论,认为同性恋是性与心理发展相作用的结果。在性器期阶段,若个人在此发展阶段中遇到障碍、挫折或不舒服的经验,以致无法发展至异性恋期,极可能停滞于同性恋期或有性异常行为。

家庭气氛不佳、缺乏温暖和安全感、家长管教子女的态度严苛或溺爱、父母婚姻关系的变化（离婚、分居、鳏寡）、家人失和后的心理反应等因素，皆可能产生同性恋行为。

同性恋一词的概念，是性正常还是不正常，在现代社会有很大的争议，如果被视为性异常、性变态、反性感、性逆转或幽乱现象等，必会引起同性团体的反对或抗议。就算是美国那种同性恋者那样多的国家，也难说得清楚，究竟它是一种心理疾病还是性观念异常？1973年12月14日，美国精神医疗协会（APA）在一次投票中，正式把同性恋（性欲望和性活动指向同性的人）排除于心理疾病的名单。所以美国很多州视同性恋是合法行为，在旧金山有一条街，同性恋者公然在自己的屋前挂上同性恋者的旗帜。也有很多地方（包括欧洲）同性恋者举办嘉年华游行。但在1980年初《DSM-III》的版本中继续把"自厌性同性恋"列为心理疾病。然而在1987年出版的《DSM-III-R》中，情况再度改变，将所谓"自厌性同性恋"降级为"未能分类的性疾患"。而今更少有文献将同性恋列为异常行为。但不可否认，同性恋在一般人心目中仍是一种异常行为。据美国有关资料显示，同性恋者可能占人口的百分之十左右。其分布如下：单一的异性恋——35%；主导异性恋，偶尔的同性恋——35%；主导异性恋，稍多几次的同性恋——20%；几乎两者相等——2%；主导同性恋，稍多次的异性恋——2%；主导同性恋，偶尔的异性恋——2%；单一的同性恋——4%。

（二）同性恋者的界定

在青少年发展阶段，较为模糊，也容易遭到误解。我们不能将青少年相处的同性密友（甚至俗称的死党）视为同性恋者。他们往往会彼此关怀、依赖、对第三者的介入难以忍受，甚至彼此分隔一段时间后有思念、痛苦的微妙情绪等。

其实完全的同性恋者，必须具备下列五项条件之多数。若只具备其中一两项，则属同性恋行为倾向者。

1.同性性关系。指与同性者发生性关系，且满足彼此性行为。如爱抚、口交、肛交等。

2.同性性幻想。指对同性的相关事物易引起性幻想、性冲动等心理状态。如欣赏俊帅或靓秀之同性男女、喜嗅同性之体味、收集同性之裸露（性感）照片……以达到个人性心理之满足。

3.同性性意识。对理想中所爱的同性充满期盼，特别显现于梦境中或压抑入潜意识中。如在梦中经常出现所思慕的同性偶像，并与之交欢而达到性高潮等现象。

4.同性的依恋。同性恋者一如异性恋者，也需感情的滋润，对于所爱慕或交往的同性，也会产生依赖、保护、关心、爱恋等心理。

5.异性化行为。言行举止倾向于异性,如娘娘腔、男人婆。有些学者认为,喜欢做异性装扮的人较容易产生同性恋行为。

事实上,许多同性恋者在仪表、穿着、谈吐、动作神态与一般的异性恋者并无差异。甚至他们的能力、成就和在各种活动中的杰出贡献为大众所肯定,尤其在艺术的领域中有优异的表现。

(三)同性恋者的困扰

1.本身属性不明。同性恋者本身喜好与同性交往,但却无法避免异性的追求。

2.寻找对象不易。大约在一百个同性中,才能找到一位同性恋者,故较异性恋者难找对象。

3.求职不易且受限制。受社会上的排斥,同事间另眼看待,较难发挥所长。

4.性生活不协调。同性恋者限于生理与心理因素,较无法满足性需求,以致经常更换性伴侣。

5.不见容于家人、亲戚、族人。尽管西方人性态度较为开放,可能基于同情心驱使,可以接受不是自己亲属的同性恋者;但如果是自己家人或亲戚的同性恋者,公然出现在自己面前,恐怕就不能如此宽容了。尤其受儒家思想感染很深的中国人。

6.同性恋者的性杂乱。有些同性恋者的生活风格极为混乱,同性可能与多个伴侣有性关系,已有确切证明有感染性病(AIDS)的高度风险,尤其肛交。根据格拉斯纳和卡斯路在旧金山一处同性恋社区所做的调查,检查同性恋者的血液呈阳性反应者在百分之二十到百分之五十之间。

7.同性恋青少年常因药物滥用、逃学、离家出走或卖淫陷入犯罪的危机。据调查发现:美国有百分之二十三的同性恋青少年触犯法律,有百分之十四入监服刑。

研究指出:对许多同性恋青少年而言,家庭并不安全。他们在家中常遭受到家庭其他成员持久性的暴力侵犯,包括语言和身体的侵犯。当青少年被发现其是同性恋时,常受到家庭不当的处置,甚至被排斥,与父亲的关系变得恶劣;这些青少年也比较怕父亲,因为父亲的处罚比母亲厉害。事实上,对父亲的极度恐惧是同性恋形成的一项因素。据调查发现:有十分之一的同性恋青少年,对父亲的性别认同因恐惧而丧失殆尽。由于缺乏家庭的支持与接纳,他们衍生出其他问题,在家常被误解、被排斥、被忽视,为了逃避家庭这种待遇,因而离家出走。洛杉矶同性恋服务中心发现:同性恋青少年不是被父母家人赶出来,就是与父母吵架后愤而离家。

六、喜欢扮异性

青少年喜欢奇装异服,是一种正常行为,但喜欢穿异性服装而成癖瘾时,那就是一种心理障碍。喜欢扮异性成瘾，不只限于青少年期，甚至终其一生。这种行为与偷窥互为表里，有些个案中嫌疑人为了窥视女性出浴如厕，将自己扮成女性，常常乐此不疲。临床心理医生认为，这种行为很可能是偷窥狂，也可能是为了满足自己的扮异性癖，而这类人很难从外表区分。专家认为先要研究他的动机，若是为看女子裸体来满足自己性幻想，则是方法错误，性格偏差。若是为了取悦自己，或因此可以使自己兴奋，就是所谓的扮异性癖，即使将来结了婚，在行房事前，也要将自己改扮成女子模样，才能达到高潮，这是一种病态，也可以说是一种坏习惯，就像抽烟成瘾一样。临床心理医生也认为这与压力无关，只是一种情绪冲动，很难控制自己一定要达到某目的的情绪，不去实施对自己才会形成一种心理压力。这种"冲动"和"需要"又不一样，隔一阵子就会发作一次。

另有一些专家认为，压力会促使患者以扮成异性来宣泄在工作中或人际关系中遭受到的挫折。例如，偷窥狂、暴露狂也是同一种情况。因此，压力是一种诱因，而不是造成扮异性癖的主要原因。扮异性癖者可能是性格害羞、内向、社交技巧不好，两性关系又敏感，在欲求无法满足的情况下，因缘际会想到扮成异性的方法，这与偷窥癖同质。

问题思考——附栏：喜欢扮异性者的自白

一青年男子自白，说自己在数年前看到电影《窈窕淑男》，就有了扮演成女性的念头，在一次、两次成功之后，愈玩愈上瘾，无法停止。一日，他再次男扮女装，偷窥女性出浴，被发现抓去公安机关。

精神科医生指出，扮异性癖患者，通常是心理问题，如自卑、缺乏自信、不敢和异性接近交往，或维持正常的性关系，甚至一直交不到异性朋友，就借扮成异性、偷窥异性来自我满足。

另有一些扮异性癖者，有被异性虐待、讽刺等经验。这种人是对异性的认识受到扭曲，希望通过改变外表，以取得心理上的平衡。

研究显示，扮异性癖者常出自严肃的家庭，长大后面对异性就结结巴巴，或外表看来道貌岸然，私底下的欲望却以扮异性来宣泄。

遗憾的是，人们日常生活中都无法离开文化的束缚，所以，心理学家总结变态行为的各种因素，文化也列为其中之一。任何人都有打造自我的自由，但在群体的社会生活中，没有抑制他人批评的自由。

喜欢扮异性在精神医学上有其特定的含义，属于性变态一类，依《DSM-IV》称之为"扮异性恋物狂"，其条件有二：①一个异性恋的男子，至少六个月期间一再出现强烈性兴奋的幻想、性冲动，内容是男扮女装；②此幻想、性冲动，或行为造成临床上重大痛苦，或损害社会、职业及其他重要领域的功能。

由此看来,一般青少年男女,喜穿异性服装而未达上述条件,也许是发展过程中短暂的赶时髦,即兴而已,尚未涉及性冲动层面,如时下一些少年喜染发一样,明明自己是黄皮肤、黑头发,却将头发染成红色、紫色或染成一头金黄色,这种行为就是所谓"打造自我追求自我"而已。

不过,有一个与喜欢扮异性同质的问题,即所谓"性别认同障碍",是指患者强烈而持续认同异性的性别,不是只为了得到此文化背景下身为异性可得到的任何利益。除此之外,患者对自己的性别持续感到烦恼,或对自己的性别角色感到不适当。

性别认同障碍症依国际疾病分类可分为五种:第一类,变性欲症。至少有两年时间,有持续强烈的变性意愿。且并非其他精神疾病如精神分裂症之一,不是阴阳人,也没有基因或染色体异常。第二类,双角色扮异性症。只为扮演异性角色而穿着异性的服装,以求暂时性地成为异性一员,但并无永久改变自己性别的欲望。第三类,儿童性别认同障碍症。此症发生于青春期前的儿童,对自己天生的性别感到持续且强烈的困扰,而急欲改变自己的性别。第四类,其他性别认同障碍症。第五类,未分类性别认同障碍。

在这里,我们已清楚认识到青少年男女喜欢扮异性和已成疾患的喜欢扮异性有所不同。后者已经成为一种性别认同障碍精神疾患。此症的病因,专家分析,大致是解剖生理异常,遗传因素,环境、教养因素等三者中必有其一。尤其家庭和社会环境对儿童性别行为的不同要求,对儿童日后出现的性别认同有很大影响,在儿童时期,由于父母本身的特质、偏好,或当时社会文化背景的特殊要求,如让男孩穿女装,鼓励他斯文、安静地活动等,男孩会培养成女性气质。相对地,父母求子心切,让女儿从小穿男装,与男孩玩、活动粗野,女童会培养成男性气质,这样的案例时有所闻。

七、偷窥

前文所述的被逮扮异性的偷窥青年,专家分析,他的偷窥行为是后天(看《窈窕淑男》电影)学到的,再加上内在的性格问题,不是先天或生理上的问题引起。

青少年个性尚未成熟,当欲望无法达到时,基于好奇心的驱使,偶尔有偷窥的行为,不必大惊小怪,这种行为或可解释为好奇。若经常如此,则可能有"偷窥癖"。

八、暴力

青少年成长过程中所发生的暴力问题,成因是复杂的,形态是多样的,方法是即兴的,青少年的暴力行为是对家庭、社会规范和内在压力的反应,通常在挫折、愤怒情绪之后出现,也是一种叛逆行为。

促使青少年产生暴力的原因虽然复杂,但自古至今的研究指出,不是生理原因就是环境刺激所致。前者,本书已有讨论。后者,多与家庭、学校、社会有关。

(一)暴力家庭与家庭暴力

这是指家中成员有暴力相向,蓄意的恐吓、胁迫或施行对身体伤害或性侵害家庭成员。这不只局限于法定的亲属关系,还包括同居中的男女及其子女,也包括离婚后的暴力纠缠。所使各种不同的方法加诸家人的暴力,如:身体暴力——会伤害对方的任何行为动作。如打、踢、拉、压等;语言暴力——严厉的指责、辱骂、批评,不当的究罪等;情绪暴力——漠视、不理不睬、未尽照顾职责、不关心等;性暴力——包括猥亵、乱伦、强暴等。

暴力家庭与家庭暴力是一体的两面,互为因果。如无家庭暴力,就不会构成暴力家庭;同理,如无暴力家庭,那些种种暴力行为则无由产生。

哪些家庭容易产生青少年暴力行为?据研究指出,在现代社会里,下列的家庭较易产生青少年暴力行为。

1.婚姻暴力家庭。这样的家庭是指夫妻不和,是婚姻暴力家庭形成的主因。这种家庭不但影响家中青少年的情绪,也使年幼的儿童忐忑不安。

据研究,夫妻之间使用暴力的程度与孩子问题的严重性有密切关系,也与青少年行为问题有关。孩子虽非婚姻暴力的对象,但是孩子在父母吵架、动辄以恶毒的语言相向、摔东西等不良行为的耳濡目染之下,会有长期不良的影响。无论孩子是现场目睹或不在场,婚姻暴力对孩子心理的负面影响,会损及他们的自尊与自信。因而导致小孩异常行为或其他心理问题,阻碍正常的心理发展。家庭的暴力程度升高,会招致更多的暴力事件,孩子有样学样,将会对其兄弟姊妹出现暴力行为,或对父母不满,愤而离家出走,这是常见的消极逃避。夫妻终日吵闹的家庭,若是以离婚收场,对幼子或已进入青少年期的孩子,都是一大打击,往往也以暴力来收场。

2.单亲家庭。单亲家庭是指父或母一方因离婚、分居、出走或死亡而留下来的子女,这些孩子自小若失去父或母,会有孤单、自卑的情结,成长至青少年期后,平时因缺乏照顾、约束,在道德的认知与发展上,往往会发生偏差。除有其他的问题行为外,暴力也是其中之一。

3.失亲家庭。失亲家庭是最可怜的家庭,是指父母双亡或失踪遗留下来的孤儿,这些孤儿除一部分仍有亲属的照顾外,另一部分被送往收容机构(孤儿院)。被送往收容机构的儿童问题最多,青少年期凸显出来的人格障碍也最为严重。

以上的单亲家庭、失亲家庭都是破碎的家庭,是造成青少年暴力与犯罪的主因。不管中外,不论哪一年的统计资料,破碎家庭出来的青少年,都是高居暴力与犯罪的榜首。

4.混合家庭。混合家庭一词,研究者有时也称它为重组家庭,是由继父母、子女组成的家庭,是父母的一方或双方再婚,携带子女一起生活的家庭。这种家庭的孩子,面临一个新的局面,难免产生新的适应问题。年纪幼小的时候,至多只是为了争夺玩具或争宠发生的一点争夺战,至青少年期时,当大人(继父母)不在,可能会有某方面的肢体冲突,或是语言上的攻击,或由于彼此个性差异、生活习惯不同,往往会演变成家庭暴力事件。

5.暴虐家庭。暴虐家庭是指父母生性残酷,动辄打骂重罚子女的家庭。一般认为孩子的攻击性,与他父母的残酷拒绝有关,这一类父母使孩子有挫折感,有攻击的欲望,很少诱导孩子使用合理的行为方式,亲子之间缺乏温暖,父子之间相互排斥,这是促成少年犯罪的原因。

父母对孩子的暴力攻击行为给予严厉的惩罚,似乎和孩子的攻击倾向有关。因为父母本身的攻击和惩罚,恰恰提供给孩子表达攻击模仿的对象。心理学家认为,如果孩子直接表达的攻击行为被父母的攻击举动所阻止,孩子便会产生更强烈的敌意,同时也会痛恨父母自己能做的行为都不准他做,于是他将攻击或者积存起来或者转移到别处去。

6.酗酒家庭。酗酒是制造暴力的源头,小孩长期受暴力攻击或被漠视不理,长大后很可能也会酗酒或与酗酒者结婚。酗酒家庭成长的青少年容易产生一些情绪问题与社会适应问题,如:人际关系差、攻击性高、压抑……常见于酒醉时那种狂态、见人攻击、摔东西等。往往因情绪不好喝酒,所谓"借酒消愁"者,常常铸成大灾难,害人害己,时有所闻,甚至出现家毁人亡的悲剧,且经常发生。事故发生后,酒不但未能消愁,反而会愁更愁。

讨论话题——附栏:借酒消愁愁更愁

在××市,一位陈姓青年,五天前他和妻子吵架,妻子丢下三个幼子负气出走。他很郁闷、心情不好、烦躁。自杀当天下午,他吸食安非他命解除痛苦无效,又喝酒消愁,还是无法消除心中之痛,才带着三个子女出门散步,不知不觉走到河边,好像看到妻子跟踪他,他突然升起报复妻子的念头,即带子女一起跳河自杀。

他强调,毒和酒使他失去理智,这是其跳河获救后向警方的自述,和他一起获救的尚有两名幼女,但两岁的儿子已被河水冲走,尸体次日才被寻获。

当事人的妻子向警方说,她丈夫好吃懒做、嗜赌,并有暴力倾向,六年前婚后不久就打她,五天前又因向她要钱打她;才跑到亲戚家避难。万万没有想到丈夫会那么狠心带儿女一起跳河自杀。

7.心理异常家庭。心理异常家庭是指父母有精神疾病（如精神分裂症），而子女因受遗传影响，致有行为异常。根据研究显示，若双亲均患有该病，其子女的患病率为百分之四十至百分之六十八；若父或母一方患病，其子女患病率为百分之十六；兄弟手足的患病率为百分之七至百分之十五；双胞胎得病的机率是百分之四十七，远超过一般普通兄弟姊妹。

精神病患患病的种类很多，最令人担忧的是不由分说地攻击他人，这种攻击又不分亲疏、熟与不熟识，并且有自杀倾向。大文豪海明威在六十一岁自杀身亡，所用的正是三十三年前他父亲用来结束生命的猎枪，海明威的兄弟亦因自杀而逝，其后代玛葛·海明威于四十一岁时也是自杀身亡。

（二）暴力校园与校园暴力

暴力校园是指产生暴力的场所，校园暴力是指使学校成为暴力校园的原因，暴力的样式、类型和方法很多，如：学校中师生关系、教学内容、教学方法、教学行政、学校与社区关系、与家长的关系、学生同侪团体的好坏等，都可使这所学校成为一个暴力校园。现代社会学校中的种种暴力事件，不但伤害青少年正常的身心发展，也是令教育当局头痛的事。尤其是杀人事件，这些无一件不是与情绪冲动有关。

据高尔滋汀的研究指出，美国学生一年之中，破坏学校财物的总值以百万美元计。打架、恐吓事件，也和破坏公物一样急剧增加。

据估计，全美国有百分之十五的小学生是被恐吓的受害者。估计每年的受害人数约四百八十万人。全美国每天约有二十万学生因为害怕受到伤害不敢上学。全美国每天侵犯教师的案件约一千件，校园的窃盗案约十万件。

美国校园内枪杀老师、同学的事件震惊世界。根据美国司法部1995年的统计报告指出：在1985年，十一至十五岁的枪支问题受害者，达到两万七千人，而早些年的平均值是一万六千零五人。以某个区中的三百九十位高中生为样本的调查研究发现，百分之六十四的学生知道半年来有谁带枪上学，百分之六十的学生知道学校中谁被枪击、持枪恐吓或持枪抢劫。男生样本中有一半承认至少有一次携枪上学。1984年至1993年，青少年因凶杀案件被捕人数增加百分之一百六十八。武器暴力增加百分之一百二十六。

校园暴力事件的发生，往往是家庭暴力的延伸，又延伸至社会。1998年3月24日，美国阿肯色州郊区小城，发生两名初中生持枪扫射校园，夺走五条人命的惨剧，凶手不过十一岁与十三岁；在此案之后一个月零一天（4月25日），宾州郊区艾丁堡又发生一起在学校毕业舞会中的枪杀事件，造成一死三伤，凶手也不过十四岁。1998年5月21日，俄亥俄州十五岁的金克尔枪杀父母后再到校园滥射，造成两死二十二伤惨案，只因他带枪来校被开除愤而行凶。

整个美国的社会都在问:"这是怎么回事?是这些冷血的孩子病了?还是大人或社会的责任?"

宾州艾丁堡血案后,该学校总监华特对着成百的受惊学生与家长表示:"这件事情最悲哀的就是我没有答案!"

阿肯色州十一岁嫌犯的父母也伤心欲绝地发表声明:"我们也想向大家解释这究竟是怎么一回事,但我们办不到;我们自己也不了解才十一岁的安德鲁怎么会卷入这件惨案中……"

阿肯色州州长哈克比含泪表示:"我真的不知道还有什么办法可以确保校园的安全了!"

联邦政府所能做到的显然有限,当时克林顿总统主张禁止共五十类的枪支进口,有媒体建议联邦政府制定法律,效仿加州针对"不负责任"的父母(指对未采取防范措施以防十四岁以下的孩子取得枪支者)处以三年的刑罚。

然而,这毕竟是治标不治本的办法,有的州则开始从根本着手,如佛罗里达州推出的青少年罪犯"重生"计划,规定不再让那些从感化院出来的孩子重回昔日环境中去自生自灭,而是派专家在青少年罪犯回家以后,与他们家人以及学校一起合作改变生活形态,并强调回归家庭的价值观念。

讽刺的是,各种预防少年暴力犯罪的理论和方法纷纷出炉之际,少年暴力犯罪案件也随着升温,1999年发生一件更重大的枪击案,是科仑拜恩中学的校园滥射惨案,导致十二人死亡。北美加拿大为此风声鹤唳,警方对一些平时出言不逊、恐吓他人的学生,立即加以拘捕查办。该国作家琼恩感慨地说:"也让加拿大得了科仑拜恩恐惧症。"由于警方的滥捕,反应过度,引起人权组织的抗议。

2002年8月,十六岁的威廉森被法官判刑五十年,因他前一年在加州桑塔纳高中校园内持枪滥射,造成两名学生死亡和十三名学生受伤。威廉森被判后面无表情。

校园暴力事件不限于美国,世界各地纷纷发生,只是有枪国家为甚而已。

2000年青少年杀人案接踵而来是日本的重大新闻,传遍各处。

5月1日,一名住在爱知县丰川市的六十五岁妇人筒井喜代死于家中,身中四十多刀。后来投案的凶手竟是一名十七岁的高中学生。他表示,只是想尝试杀人是什么样的体验,刚好筒井喜代的家没有上锁,就这样进入下手了。

两天后(5月3日),一名十七岁的青少年劫持一辆从九州开往福冈的公车,一名六十八岁的老妇被刺身亡。他扣留包括一名十岁女孩在内的八名人质达二十个小时。警方后来调查发现,这名抓狂的十七岁少年,是因其父母发现他人格异常,强制将他送往精神病医院。他怀恨在心,威胁父母说:"走着瞧,我一定要让你们好看。"他劫车杀人的那一天,就是他从精神病医院出院的当天。

还有在十二月初,在东京日本年轻人聚集的涩谷街头,一名十七岁的高中学生突然拿铝球棒袭击街上的行人,造成六人轻重伤的惨剧。嫌犯说,他是和老爸发生争吵后气愤难平,攻击行人是要让他老爸好看。

日本一连串的青少年校园内、外暴力,血淋淋的事件一再发生后,有些人归咎于具有血腥战争的电玩,也有人说是色情与暴力充斥的漫画,也有人认为包括电视与电影都应该负起责任。日本教育专家承认,越是高阶的电玩,越能提供立体的形象,将打杀的镜头更趋于逼真,孩子长期处在这种暴力的世界里,根本分不清什么是真实,什么是虚假。

日本教育专家将青少年校园内、外暴力事件推给高阶电玩,并未想到学校的教学方法和教学内容的问题,据报道(2002年12月21日),东京某校一位老师给学生的试题是:"试问用什么不涉及刑法的方法,可以杀死丈夫或者是妻子?"这是反社会人伦的内容,竟由老师试着引导学生思考杀人的方法,难怪就有前述学生尝试杀人是什么体验和了解人类死亡是怎么一回事。学生家长愤怒地反映给教育委员会,这位出题老师辩称,日本保险业最近频频出现诈领保险金的例子,这道考题是训练学生如何去鉴别受益人是否杀人诈领保险金。有学生的答案是,让丈夫或妻子多吃高胆固醇,或是高油腻性的食物,因为不当的饮食习惯可以杀人于无形。说不定将来有朝一日,学生果真派上用场,学以致用,又不知有多少人含冤九泉之下了。何况,日本尚有教人如何自杀的书出售!

韩国也有类似情形,在网络上教人如何自杀,如果自己下不了手,他可以代劳,价钱是八百韩币,估计已有三千件此类案件。

2002年4月间,德国爱福特一所高中发生学生持枪滥射的校园惨案,有十八人丧生,其中有十四名教师,两名女学生和一名女警,十九岁的持枪学生最后也自杀身亡。警方表示,这次事件比1999年4月20日美国科罗拉多州科仑拜恩高中校园血案还惨重。德国这位持枪学生是在七百名学生在座位上等候考试时候展开攻击,大部分死者躺在走廊上,也有人死在厕所。

青少年血气方刚,冲动起来,儒生也会变成屠夫;校园暴力已普遍在世界各地发生,它是青少年发展中情绪适应障碍事件,也是国际上共同概念的专有名词。暴力、犯罪、反社会行为,互有关联,互为因果,麦霍尔特等人将它列为美国现代所谓"新新人类"五大危机之一。其实这是世界所有新新人类的危机,也是社会危机。

由此看来,不管从哪一个层面、哪一个角度去分析青少年暴力犯罪,都可以找到理论依据,归根究底暴力行为都脱离不开情绪心理,情绪又如埋在地底下层的能源,当它积存至一定容量,必然爆发出来造成地震或火山吐出灼热的熔岩。人们的情绪都是潜伏蓄势待发的,偶有外来刺激就会爆发,有时候就构成暴力犯罪,而他就成为罪犯。

宾州心理学会当该州艾丁堡校园血案发生后提出一份研究报告说:"孩童的暴力行为并非异常之举,因为基本上当幼童面临挫折或愤怒时,其反应往往是暴力的,如打人或发脾气。"幼童如此,青少年甚至成人何尝不是?所以该报告建议,身为父母就有教育孩子以非暴力方式去解决冲突或问题的责任,也就是教孩子社会化的行为,延宕埋藏在深层非理性的情绪化暴力行为。

九、物质滥用

有学者曾讨论过各种有害生理、心理、社会与违反法律等物质(药物)的性质,本文则将青少年在发展过程中的物质滥用进行归因分析。从各方面理论及实证研究,已有充分的证据可以说明青少年物质滥用原因如下:

(一)认同与模仿

中国人常说:"饭后一支烟,快活似神仙。"也有人说,烟是成人、金钱与地位的象征。常见到那些偌大的香烟广告中的俊男美女,一烟在手,气派十足,与人交涉某些冠冕堂皇的事,如果没有香烟在手,仿佛无能似的,哪有不使青少年动情之理。

吸烟喝酒的历史悠久,依现代心理学观点,也已成为后人(尤其青少年)提供学习、模仿、认同的楷模。社会认知论者班度拉强调"观察学习"是认知的重要历程之一。所谓观察学习是经由观察他人而学习到复杂的行为。由于人可以从他人的示范中学习到如何去做,被观察的对象称为"楷模"。已有实验证明,个体可由观察楷模表现行为而学习到某些行为,这个历程就是"仿效"。这一类的学习行为也称"模仿或认同"。但依班度拉的意思,模仿与认同两者是有区别的。模仿是指较狭窄的重复他人某一反应,而认同则指整个行为模式的接受。仿效则介于模仿与认同之间。

依社会认知论点,不妨用来解释现代青少年抽烟、饮酒的原因,也提供给他们观察学习、仿效、认同的理论基础。

(二)增强作用

青少年除上述的吸烟、喝酒外,还有其他药物的滥用问题,主要是行为仿效和正增强的结果。据研究,先前是否抽烟、喝酒,往往是之后是否嗑药的最佳预测选项。青少年嗑药混合着生理上的增强与社会增强,嗑药带来生理上的快感与满足,并受到同侪团体的鼓舞,同时借由分享使用各种药物的经验,在同侪团体中博取别人的注意,以提高自己的身份地位,满足自我英雄主义的心态。所以一些学者认为同侪团体也是促使青少年滥用药物的因素之一。

各种增强的结果是促使青少年嗑药的原动力,甚至尝试更多不同的药物。滥用药物也受到广告媒体的增强,仿佛任何生理上或心理上的不适,都可以从广告中获得知识,进而借由它来消除。

为什么社会经济不景气,吸毒的人反而增多?据研究,主要是因吸毒者能够取得毒品,进而贩卖,获得利益,往往比正当工作收入更丰,而且轻松,有了钱就能购买更多的毒品吸食、再贩卖、又赚钱,形成一种循环,也是获得增强的结果。

(三)压力

心理学家认为青少年对生活压力事件的知觉和滥用药物有关,习惯性自我批评与长期的挫折感会伤害自尊,青少年认为自己应为所有问题负责,并将所遇到的困难加以内化。久而久之,生活中的压力事件变成压抑与焦虑。此种心理痛苦可能成为无法抗拒的原因。有些青少年无法有效地应对正常发展所带来的生活压力,因为能力不足以适应环境的压力,而形成不同程度的情绪困扰。情绪困扰加上适应能力的不足,两者交互影响下,青少年很可能寻求药物来解除痛苦,有些只是尝试一下而已,有些则是视药物为解除内在问题(如挫折、压力、忧郁、无价值感)和外在问题(如在校功课成绩差、家庭不睦、家庭暴力)的救星。

(四)人格特质

据史密斯和宾特勒的研究,叛逆性、反传统和特异行为都与吸毒有关,也是青少年参与不良帮派组织的前兆,很少有帮派反对嗑药吸毒的,大多数是支持的。异常行为、好奇冒险、寻找刺激或铤而走险都与日益增加的吸毒有关。第一次吸毒都是出于好奇,但是为了满足刺激和冒险的心理而渐渐成为习惯。

缺乏人际关系、不善于与人交往,也是嗑药吸毒的因素之一,青少年若处于威胁性高或得不到成就感的社会环境中,比较容易以嗑药吸毒来逃避环境。

冲动型的青少年,缺乏控制力,可能引发吸毒行为。因药物毒品所得到的快速感受可以增强冲动行为。

吸毒成瘾者多有心理障碍。内蒙古精神卫生中心主任王志刚等人,针对四百多名海洛因成瘾者进行流行病学、临床及基础研究。样本分布在内蒙古不同地区,其中男性二百六十八人,女性一百三十二人,平均年龄二十四岁,吸毒时间最长者八年,最短者一年。研究发现:这四百人的初吸时间大多数在青少年时期,青少年心理发展不健全,易受周围环境影响,且对失败等意外打击承受能力较弱,好奇、空虚、被利诱是他们吸毒的主因。研究的结论是:①成瘾者多具有典型的特殊人格和性格特征;②多不能主动适应社会,与社会疏远;③性格多变无常;④自私、自我为中心;⑤对周遭环境不满、不信任他人,人际交往缺乏道德感;⑥多表现出偏执和反社会人格;⑦女性吸毒者依赖性强,自我控制能力差,缺乏自尊、信任感和义务感。

该研究还发现:吸毒者在吸毒期间明显出现身体不适、失眠、精力下降、抑郁、焦虑和敌对情绪。这些症状在除毒治疗二十天后仍很严重。

(五)破碎家庭

破碎家庭的青少年比较可能嗑药,家中有大人嗑药,其子女嗑药的危险较高。在家中得不到父母的爱与关怀的小孩,会用药物来逃避。

(六)社会文化

影响酗酒和药物滥用有多方面因素,研究学者提出一个"社会文化因素公式",以说明酗酒和滥用药物的危险,公式如下。

1.精神压力。包括失学、失业、生活穷困、住所拥挤、亲人病重或死亡、家庭变故、父母离异、交友不慎、失恋等,都构成精神压力。压力越大,酒和药物滥用危险程度越高,两者成正比。

2.社会网。指家庭、亲友、学校、机构等构成的支持系统,对缓和精神压力作用很大。

3.社会资源。指所在社区的居住条件、公共设施,如学校、体育运动及娱乐场所等硬件设备,以及良好的公共秩序与邻居、充分的就业机会等软件措施。社会资源越丰富,越能提供居民向上发展的机会,就能大大地缓和精神压力,减低酗酒和滥用药物机会。

4.抵抗能力。指社区居民抵御酗酒和滥用药物引诱的能力。有赖平时的教育,使他们知道酗酒和滥用药物的害处,并能身体力行拒绝酒和有害药物,交益友、避损友。越能抵抗这些有害身心的物质,就越能减少精神压力,降低酗酒和药物滥用危险度。

社会网、社会资源、抵抗能力三者,直接影响到精神压力的大小,也影响到酗酒和药物滥用的危险程度。完善的社会网、丰富的社会资源、坚强的抵抗能力,就能缓和精神压力、降低酗酒和药物滥用的危险程度。

调查中指出,戒治人用药年龄越早,发生性行为的年龄就越早。他们也和大家一样认为用药是不好的行为,而且有其他方式可以替代,但仍然喜欢使用各种成瘾药物。

调查发现,有人在十岁前就已开始使用成瘾药物。他们积极、对自己满意、但又觉得生活乏味、做事容易失败、觉得自己一无是处等,大多数人喜欢和别人相处的感觉,但也承认害怕用自己的热脸去贴别人的冷屁股。绝大多数承认不会受同侪影响而改变自己的用药行为。

十、社交焦虑

（一）一般情形

请你回答一个这样的问题："你是否曾在上课中被点名回答,或当众报告时,因为极度紧张而下不了台？或者经常苦于面对一些会议和社交应酬的情境,而每每期待能够永远躲开？"

精神科医生一直以此为初步诊断患者是否患有社交焦虑症的问诊语言之一。假如是肯定的,且一直为这些耿耿于怀,并成为自己的一大憾事,那么你可能患了"社交焦虑症"。

很多人（尤其青涩的少年）,在一些重要严肃的场合难免会紧张;有些人连在一般日常的社交场合或情境中也会觉得尴尬不自在,因而表现失常或退缩,俗称怯场或害臊,其是"社交焦虑",但不一定是"社交焦虑症"。

社交焦虑症或称社交畏惧症,或社交焦虑障碍,据研究,从1960年起即受到欧美国家广泛的重视,估计其发生率在一般人口中达十分之一以上,而且好发于青少年时期。因此,许多遭遇社交困难的患者在求学、生活或与同侪、异性的交往中都会出现障碍,其影响之深往往波及其社会成就和婚姻幸福。

社交焦虑最主要的表现,是害怕在一般社交情境中成为周遭大众目光的焦点,会感觉举手投足都暴露在别人的评价中,或是在某些需要表现的场合里,有持续而明显的不自在,甚至有出糗的感觉,故而设法离开或尽量避免参加类似的情境和场合,在社交焦虑症患者中,同时患有或曾经患有如忧郁症、焦虑症、酒精依赖等其他精神科疾病的情形也比一般人高。

根据国外研究显示,某些生物学因素如遗传等,在社交焦虑中扮演重要角色,在患者的一等亲中,同样出现社交焦虑的比例是未患病者的三倍;同卵双胞胎共同发生的比例也比异卵双胞胎共同出现的情形高。但是后天的养育或学习过程更不能忽略,如有被羞辱的经历,以及家庭的信念、价值观等都会有影响。这些后天的因素,足以引发患者的情怯。

临床医生指出,社交畏惧症主要症状是在可能被注意或让人品头论足的场合中容易出现过度而持续的担心;害怕在别人面前出丑或丢脸;会想要逃避尴尬、害怕的情境;明显的紧张、害怕常常导致生活障碍和困扰。在心理层面,患者常常希望给别人良好的印象,自我要求高,担心做不好,对失败的经验常耿耿于怀,总是忽略成功的经验,这些负面经验让他过度紧张担心,越紧张就越放不开,表现自然就大打折扣。患者常出现学业、工作、人际互动的障碍,也常合并出现药物与酒精的滥用、忧郁等症状。

值得注意的是,大约一半的社交焦虑症会因其他的精神病症而复杂化,最常并发的是严重的忧郁症,另外还有酗酒、嗑药及恐慌症,且社交焦虑症会明显增加自杀倾向,大约百分之二十四的患者曾尝试自杀,比一般人自杀率高出五倍。

(二)社交焦虑者的人际交往模式

一般来说,拥有健康心理和健全人格的人,总能获得良好的人际关系。临床心理治疗师秦晓霞和高琳发现,那些焦虑症、强迫症和抑郁症患者,大多数有一些共同的人际交往模式,如下。

1.我怕被拒绝。这是一种在人际交往中不安全感为主的模式。有这种感受的人,有很强烈的自我保护意识,处处怕被人伤害。这是一种幼稚的、不成熟的人际交往模式。在人际交往中退缩的人,并不是不愿意与人交往,而是担心自己主动与人交往时,别人不理睬,或者别人不热情。当他们忐忑不安、鼓足勇气、小心翼翼与别人接触时,如果遇到对方大方热情的回应,尚能鼓舞其信心,否则,对于同样拘谨的人,回应得不像他想象的那样热情,他就可能揣测别人是不是不喜欢他,如果真如此,他会先封闭自己。于是,他会采取一种妥协的处理方式,在惴惴不安中更加退缩。

另一种人际交往的表现形式,认为世上的人都很狡猾,担心自己被利用、被欺骗。这类人总是不信任别人,感到社会复杂、人心难测,自己不像别人那样狡猾,怕吃亏。与同性交往时,总是想别人是不是想从我这里得到什么;与异性交往时,又在想别人对我有什么企图。

2.我不会说"不"。这类人常以奉献者角色与人交往。他们一般认为,别人必须得到我的帮助;在与人交往时,我必须做出牺牲去博取别人欢悦。他们绝对尊重法律和道德,就是一般的社会习惯也不敢违抗。这类人自幼就是乖孩子,自小至大就没有向周遭社会说过"不",别人需要什么就满足什么。从来不知道什么是反抗和对峙。这类乖孩子在幼年时的心理需求很容易获得满足,只要得到一声夸奖,什么付出都是值得的。然而,随着年龄的增长,他们同样以这样幼稚的心理参与社会,虽然会有理想与现实的冲突。他们往往在行善举而无期望有所回报时,就会觉得十分委屈和不平衡。但是,并不是每一个患者都能领悟到这种冲突的根源,因此,有人会以一种病态形式表现出来。

3.我不能没有依靠。人际交往是以朴素支持、互为收益为前提,有些人却过多地依赖他人,以致成为别人的负担,有些人可能对某一个人很依赖,也可能非选择性地依赖任何一个人。他过分信赖依赖对象,凡事言听计从,唯唯诺诺,完全失去自我,目的是从依赖对象身上获得源源不断的支持与庇护,自己却从来没有给对方些许的心理支持。如果他只依赖某一个人,就会既不愿意也不允许对方与别人建立关系,唯恐自己被抛弃。这种关系的结果,是使被依附对象有一种束缚感,甚至会成为一种负担,并且产生一种强烈摆脱这种关系的愿望,最终导致亲密关系的破裂;而许多心理脆弱的依附者,难以承受这种打击,于是开始出现心理冲突。

(三)社交焦虑的心理特征

心理学家调查发现,绝大多数的人都有过害羞的经验,只是程度不同而已。儿童时期害羞是天性,可是经过成长的过程,到达青少年期甚至成年期,则不再应有害羞的情形。其实不然,有些人因过分自爱,过分看重自己的言行,生怕自己说错话或做错事而予人笑柄。有些人本来是开朗大方的,可是因为在现实生活中遭受了重大的失败和挫折,逐渐变得消极、被动、胆小、害羞。对自己的能力、身体等各方面的缺陷感到不满而自卑的人也会羞怯。可见羞怯的根源是过分担心自己被人议论或被人瞧不起。

人们是否因羞怯影响到与人交往,可自我检查是不是有这样的心理特征。如果是肯定的,则应设法改善或找心理医生谈谈:①同不熟悉的人在一起时感到紧张;②在社交方面觉得很差劲;③向别人打听某些事情时觉得很困难;④在聚会或其他社交活动中经常感觉不自在;⑤当处于一群人中时,很难找到合适的交谈话题;⑥需要用很长的时间来克服在新环境里的羞怯;⑦与陌生人在一起时很难表现得自然;⑧在与权威人士谈话时感到紧张;⑨难以正视面前的人;⑩在社交场合感到很受限制;⑪觉得同陌生人谈话很困难;⑫在与异性交往时觉得更加羞怯。

十一、厌食与暴食

(一)厌食

现代人不管是少不更事的儿童还是中老年人,都担心自己身体肥胖,一者影响外观,再者招致疾病发生,每日忧心忡忡,心神不定,除了食药、整形外,再能做的就是减食,甚至不食。据媒体报道,有一位少女体重只有三十公斤仍不满意自己的身材,还希望利用节食再瘦一些。这是一种"神经(心因)性厌食症",此种自我挨饿的饮食失调现象经常出现于年轻的少女。以美国的研究为例,此种现象以年轻的白人女孩最多,她们多来自稳定、受过良好教育、富裕的家庭,年纪在青春期到二十出头之间,是聪明、品行良好、又有吸引力的女性。据估计,十二岁至十八岁女孩中有此现象的占百分之零点五至百分之一;所有这类患者中,只有百分之六为青年期男孩;大约有百分之二至百分之八的厌食症患者,最后会死于饥饿。

厌食症者的主要精神病理特征是身体形象的障碍,即对身体形象过度关注。厌食不等于厌食症,因为部分的厌食症者也会感觉到饥饿,只是他们大多数非常强调体重的控制,也在意别人的眼光,不自觉地将心情放在严格的饮食控制上。

厌食症患者缺乏病识感和其坚持自己在别人心目中是完美形象的性格特点,往往是接受治疗的主要障碍。他即便意识到自己的体重正在下降,也会担心身体出现不良后果,但是更害怕体重失控带来的不安全感。这两种极端的冲突,再加上体重下降带来的体力丧失,会产生无助和无望感。

(二)暴食

暴食症的真正原因迄今尚未得知,有人则从心理分析理论来解释,认为这些人试图以食物来满足他们未曾从父母处获得的爱与关注。其理由是暴食患者曾报告他们觉得被虐待、被忽视,而且被剥夺了父母的照顾。麦克丹尼认为,暴食症是来自大脑的"electrophy siological"放电干扰影响所致,这是由于患者的脑波异常得出的解释,以及来自一种抑郁失调。

根据《DSM-IV》的解释,心因性暴食症患者的症状如下。

第一,暴食重复发作。一次暴食发作同时具备下述两种特征:①在一段独立时间内(如任何两小时内),吃下的食物量绝对多于大多数人在类似时间、类似情境下所能吃的食物量;②在发作之时,感觉缺乏对饮食行为的自我控制(如感受到自己无法停止吃,或无法控制自己吃什么或吃多少)。

第二,一再出现不当的补偿行为以避免体重增加。诸如:自我诱导的呕吐;不当地使用泻药、利尿药、灌肠,或其他药物;禁食;过度运动。

第三,平均来看,暴食或不当的补偿行为,同时发生的频率每周至少两次,共达三个月。

第四,自我评价被身材及体重所影响。

第五,此障碍非仅发生于心因性厌食症的发作中。

再者,心因性暴食症可分为两个类型:①清除型。在此次心因性暴食症发作期间,此人曾规律地从事自我诱导的呕吐,或不当用泻药、利尿药或灌肠;②非清除型。在此次心因性暴食症发作期间,此人已使用其他不当的补偿行为(如禁食或过度运动),但不曾规律地从事自我诱导的呕吐或不当使用泻药、利尿药或灌肠。

厌食症或暴食症,精神病学学者将它视为"与文化相关综合征",认为这是带有西方文化本位主义色彩的名词。沈渔邨认为这种疾患多发生在西方发达国家中上阶层的青年女性中。可以说,进食障碍正是这一文化特征的极端化投射。但已经意识到发展中国家的富裕阶层中,这种疾患逐渐增多。如果引申解释,贫穷落后地区的人民营养不良,少有此类患者出现。

十二、少年忧郁

著名的青少年爱情故事,莎士比亚笔下的《罗密欧与茱莉叶》被认为是一出悲喜剧,但经美国康奈尔大学和北卡罗来纳州立大学的社会学家做大规模的"现代青少年爱的故事"研究后,结果认为它不是喜剧。可以说,少年爱情以悲剧收场的较多。

这项研究的人员曾访问全美大约八千二百名十二岁至十七岁的青少年共两年之久。时间相隔一年。研究结果显示,情窦初开的青少年比较忧郁,比未交异性的青少年更易犯错和酗酒。此外,恋爱中的女孩比男孩更容易沮丧。研究人员指出,这可能也是女孩忧郁比例较男孩高的原因之一。这种差距一直延续至成年。

调查报告中发现,有八成的青少年和六成九的一般民众,虽然常把忧郁挂在嘴上,却分不清"忧郁"和"忧郁症"的差别。青少年认为,心情低落、烦恼、对事悲观、不想说话、不想和外界接触、对任何事都漠不关心就是忧郁。有学者指出,忧郁像喜怒哀乐一样,是人人都有的情结,如果是挫折造成,可能出现时间很短,可以靠交谈、支持、运动纾解,因此,忧郁现象不见得就是忧郁症。一时的郁闷现象不一定是忧郁症,一般来说,忧郁症是任何事都引不起兴趣,没有精神,不想吃、不想说话、不想工作,对任何事都产生负面、悲观的想法,度日如年,甚至产生轻生的念头。如果这些症状影响工作、生活,持续两周以上,或是症状严重,有自杀倾向,即便时间不长,都需要医生治疗。

第四章 成年期情绪发展与障碍

第一节 何谓成年

英文"adult"一词,国人译为"成人"或"成年"。如果喜欢咬文嚼字,鸡蛋里挑骨头,"成人"一词确有可议之处,难道刚出生的婴儿或儿童及青少年人,甚至老年人,他们不是已经成为人了吗?本着不作此辩解,约定俗成,成年期泛指的就是成人期、成人、成年人。如何来界定,学者有不同意见,但相互有关联,单一的难以解说。历来有以下的论点。

一、以年龄划分

杰弗里在其所著的 *Human Development* 一书中,将二十岁至四十岁的人界定为"成年前期",而四十岁至六十五岁为中年期。也有人称二十一岁以后为成人期。

美国国会于1964年通过"成人教育法案",对成人的界定以年龄为指标,泛指十六岁以上的人。

第一届国际比较成人教育会议于1966年在美国的新罕布什尔州爱塞特市召开,来自世界各地二十六国的成人教育学者一致同意"成人为二十一岁以上的人。"

二、以成熟的观点

罗吉斯曾说:"adult,在每个人的脑海中均有不同的想法。儿童认为成人几乎是无所不能的人,可以去电影院,可以驾车和抽烟。成人自己对adult一词也没有明确的定义,也不曾知道自己在什么时候已经走入成人的世界。一般人常以为成人是已成熟的人,能成功地应对危机,并对自己的行为负责,成年期是一个稳定而非成长的时期。"

《韦氏大词典》解释,成人是达到成熟的人,而成熟则界定为:"达到完全生长与发展的阶段。"

三、以心理学的观点

成人指个体已达到心理和情绪上的成熟,能控制冲动,对挫折有忍受力,不再依赖父母,能够对自己的行为负责,能够有自我导向的人格,面对新的情境能够适应,能对假设的情况作思考,能对未来作计划,可归因于成熟论。

四、以社会学的观点

成人指能扮演成人角色,如全时工作、结婚、生子、就业、履行公民权利与义务,负起家庭责任。

一个成人的社会行为,应该发展至圆融而完满的境地,才能适应复杂的社会,执行成人的任务,创造个人事业。这种境界除了有足够的独立精神、自治能力、社交技巧,既能授命又能受命。除了这些条件外,还要符合以下社会成熟的特征:①能够照料自己;②能够自己做决定;③自己赚钱,自己处理这些钱;④负责任,对自己从事的工作始终不懈;⑤计划将来的事;⑥对任何活动,甚至最喜欢的运动,都不过度;⑦对于人生采积极的态度,不让自己的问题把自己压垮;⑧具有幽默感;⑨参加团体活动;⑩知道如何同别人相处;⑪判断别人时,以他自己的行为为基础;⑫帮助别人;⑬借有价值的成就,博取他人的注意和称赞;⑭向别人提供建设性的批评,接受建设性的批评;⑮与别人合作,而不是拼命竞争;⑯适当的时机来到时,把爱情集中在某一异性身上。

五、以法律的观点

成人是开始享受各种法律所赋予的权利与尽其应尽的义务,如选举、纳税、服兵役。但不同的国家、地区、社会法律所赋予的权利和义务各有不同。各国皆有其明确的标准,作为执行的依据,规定某一年龄为成人的下限。有些国家规定自十八岁开始,有的自二十岁或二十一岁。我国法律规定成人为年龄十八岁以上的人。美国的法定投票年龄为十八岁。

六、以个人标准的观点

英国学者威尔特塞认为,成人标准为:①完全自由。不再受教导、保护,能做自己想做的事,能自己判断和选择;②成熟。具有生活经验,其人格态度、社会角色均已固定;③完全的公民。具有公民的权利和责任。

七、以结束接受正规教育为限者

美国相关机构对成人的界定为:"在青春期之后,不再参与全时正规的学校教育,且能负起成人生活的角色,或已达法律或社会所认定的年龄,具有成人权利、义务和责任的人。"

八、葛尔德的转换论

心理分析学者葛尔德将成人发展视为一系列的转换过程,他研究一些来自接受团体治疗的患者,这些人从青少年到中年都有;另外,也对五百二十四个十六岁至六十岁的中等阶级的美国白人进行研究。他发现生命形态是以一种可以预测的转换期来构成。就成年期而言,是一种变化的时期,在情绪及动机发展上并非是一种稳定的时期。他发现自青少年以后,至少可以有七个明确的时期。

第一,青少年期:十六岁至十八岁。希望获得自由,开始离家,追求与同辈团体的密切关系。

第二,晚期青少年期:十八岁至二十二岁。这是一个矛盾的时期,希望不再被家人教导,继续维持与同辈团体的密切关系。此时期的主要任务为形成认同并脱离父母的世界。

第三,青年期:二十二岁至二十八岁。开始从事成人的工作,具备成人应具有的能力,并对未来作计划。此时期似已建立了自主性,并致力于目标的达成。

第四,早成年期:二十八岁至三十四岁。角色产生混淆,对自己的婚姻、事业开始怀疑。开始对二十岁时所建立的目标产生怀疑,对自己的婚姻重新评估,经济问题更为突出,常常觉得没有足够的本钱可供使用。

第五,成年中期:三十五岁至四十三岁。对于价值标准仍持怀疑态度,但时间的因素列入了考虑。此时会感受到所剩的时间有限,而认为生命期中的任何重要改变必须加速进行。个体开始意识到死亡,工作的意识开始改变。此时期是一个稳定时期,充满了变量和不安全感。

第六,中年期:四十三岁至五十岁。又属于稳定的时期,开始安定下来,接受命运的安排,追求社交活动和友谊,需要配偶感情和情绪的支持。对婚姻满意度提高,更加感受到朋友的重要,对金钱不重视。此时感到所剩时间不多,发现已没有足够的时间来做自己想做的事。对自己的健康更为关心,对婚姻的满意尤甚于四十岁时。很多人在此时展现了创造的潜能,渴望能以某种方式对社会有所贡献。

第七,成熟期:五十岁至六十岁。对于父母、子女、朋友,过去的失败更能接受,也重新怀疑生命的意义,渴望人际关系的建立。

九、孔子的观点

孔子说:"三十而立",其义涵盖了年龄、婚姻与就业,也与身心发展、社会成熟、履行公民义务有关。三十而立是成年的开始或成熟而至成人?有待后人解读。

十、就本身而言

为使与婴儿期至老年期前后连贯,所谓成人期则以约二十岁至四十岁的人界定。

第二节 成年期的情绪发展

一般而言,成年期的人情绪会渐趋稳定,在正常状态下,他们已经完成学业,开始个人的职业生涯。同时,多数人也在此时期内结婚成家,开始了个人的家庭婚姻生活,经济生活也逐渐独立,个人解决问题的能力增强,再加上由于职业活动、社会活动以及业余嗜好等,使情绪间接抒发的机会扩大。人到此时,情绪的控制应相当成熟,达到喜怒无动于衷,且不形于色的境界。不论是从生物学(年龄)、心理学(成熟)、社会学(角色扮演)、法学(权利与义务)等观点来论,都理应如此;但事业并非如此。

成年人的情绪与儿童、青少年不同之处,在于成年人具有成熟的认知与思考,例如恐惧的情绪,儿童期多半来自不可预见、突发的事物,如巨响、凶恶的动物、黑暗……青年期将恐惧转成焦虑,如学业、个人容貌、将来职业、名誉与人际交往……成年期每个人都有一套社会需要,恐惧常涉及满足需要有关的各种威胁,多数和他的工作及社会生活的成败有关。又如愤怒情绪的反应,儿童是消极的反应居多;青年期多采直接、积极的反击居多;成年人则不同,有学者曾观察一千四百六十八次成人的愤怒发现,成人的愤怒反应,有三个不同的类型:一为属性反应,具有好斗好胜属性,此类成人因受社会压力影响,不是压抑就是采取替代反应;二是逆向反应,以德报怨,该怒不怒、该恨不恨;三为漠视反应,视而不见,听而不闻,不了了之。第一种反应占观察次数的百分之七十;第二种反应占观察次数的百分之十八;第三种反应占观察次数的百分十二。

第三节 成年期的情绪障碍

在现实生活中,成年人情绪障碍的成因很多,但重要的如下。

一、终身教育的迷思

"我是完成了学业,或是辍学、停学?"成年人的第一件事,通常是完成学业。所谓完成学业,尚无一致的定义,小学、中学、大学、硕士、博士等,因人的际遇不同而告终止,有人虽至成年只完成小学学业而已；有些成年人早已取得硕士、博士学位，却仍在不断接受不同形式的教育。

以一般正规教育周期而言，皆以小学为起点，以大学为终点，被视为完成学业，否则，中途停止便为辍学、休学、停学。在人生旅途上不能不算是一种憾事。

在正常的状态下，人们自小学到大学视为一个完整的人生正规学习周期，但有几人能如愿？未成年的辍学生比比皆是，成年人也因各种原因，如结婚、生子、职业、个人兴趣等难免出现辍学的情况。即使现代社会提倡终身教育、终身学习观念与理想，也不是所有人都能做到，尤其国人，受传统观念"三十而立"的影响，到了成家立业的时候，不去赚钱养家糊口，而厚颜消耗父母老本，不必别人批评，自己也觉得惭愧。但是，不去继续学业，又难立足于现代社会。一个公司里的主管，眼看自己的下属学历比你高，专业知识比你强，除年龄大、资历深，还有什么？继续进修学习，取得更高学历和知识，当是较佳的途径。但会心想事成吗？时间、家境、年龄、自尊心等，不免自我设限，这些都是必须要考虑的问题，也是令人困惑的问题。小职员更不容说，自己即使有完善的生涯规划，但每日开门七件事，柴、米、油、盐、酱、醋、茶，生活重担一肩挑，当初的雄心壮志，转眼烟消云散，自不免有"茫茫人生"究竟为何之叹！还谈什么终身教育、终身学习？能活下去就算不错了！

由于社会进步、思想自由、观念开放、政府的提倡，不乏成年人中途辍学后，再进入学校完成学业，其成功事例往往成为教育青少年的材料。但有几人知道这些人接受这样的教育时的内心感受，他们除了生活重担的困扰外，还有精神的压力，毕竟他们不是青少年的求学时代了，在学业课程、经济的双重压迫下，情绪难免有失控的时候。

问题思考——附栏：走投无路的老学生

据美媒报道，一名四十二岁的法学院学生因遭到退学，对校方心生不满，以手枪将院长及一名教授击毙后，再朝学生滥射，一名学生因此死亡，三人受伤。

这名老学生去年因成绩欠佳，遭到退学，但校方后来仍准许他继续到校上课，将退学生效日延后至1月16日。该生于16日到学校，准备与院长讨论退学问题，其先到一名教授办公室谈论成绩问题，离开时要那位教授"为他祈祷"。接着前往院长办公室与教授布雷克威尔的办公室，拿出点三八口径手枪，将两人先后射杀身亡，布雷克威尔就是该生的授课教授。后来凶手到学生公共活动区，向学生胡乱开枪，一名三十三岁的男生因此死亡，另有三名女生受伤。

凶手被制伏在地上后，一再激动地喊着："我实在无处可去，我实在无处可去。"

同学们都指出，凶手平时是一名很安静的学生，不与人交谈，但也看不出他是会犯下枪击案的人。

二、工作与职业混淆

个体的生涯发展历程,到了高职或大专毕业以后至三十岁之间,生涯发展的重点在于就业、立业、创业。她们不禁要问:"这是我的工作或是职业?因为我每天都是陪别人抽烟、喝酒、说笑话,但等到曲终人散时,我好不寂寞!"一位从事公关的职场女性这样感叹又疑惑地反问自己。据报道,上海一名职工连续七个月每天值班十七个小时,结果猝死在店内。像这类的案例处处可见,但究竟这算是他们生命中的"工作"或就是所从事的"职业"?不无困惑。唯一的答案是我需要一份有收入的工作或称之为职业吧!所以很有必要学习情绪疗愈的系统知识,为打造现在最流行的斜杠青年做充足的准备。

第一,生存的需求:包括维持生活的物质条件,如衣、食、住等,以金钱计值的待遇,以及工作的物理环境等均属之。

第二,人际关系的需求:包括工作环境中个人的一切社会关系,诸如同事的和谐、团体的认可、亲友的重视等均属之。

第三,成长的需求:包括工作的性质对自我人格的发展,诸如工作的社会意义、重要性、独立自主及责任、创造性及成就感,以及升迁机会等均属之。

工作(职业)对人的重要性,除满足个人需求外,对社会更有积极功能。可避免社会问题的发生;促进社会经济发展。因此,人需要有工作(职业),更需要对工作(职业)有正确的认识与选择,否则,对个人和社会都会造成困扰。

三、择业障碍重重

每个人都期盼一份工作,这份工作最好是待遇高、工作少、离家近;但人生不如意之事十居八九。即使当初雄心万丈,不愿为五斗米折腰,不希望过劳死,但世间有多少人能如愿以偿?最后是向现实低头的多,成功的少。

影响择业的因素很多,诸如:个人的能力与人格特质、教育程度、家庭社经地位、社会价值观念、健康状况,以及特别的生活经验等,都足以影响个人择业的成功与否,以及是否形成择业的障碍与困扰。

影响职业选择的因素,学者有不同理论和观点,如:①特质因素论。强调个人条件与职业要求的条件相配合;②社会情境论。强调社会阶层中次级文化对职业选择的影响;③需要论。注重需要的满足对择业的影响;④发展论。强调影响职业选择的因素,不仅限于个人的固有特质,更强调个人自我观念的发展。

但一个成年人是青年期的延续,其影响往往也是一种延续。抛开理论的差异和每个人观点不同,若加以分析,影响成年期工作(职业)的重要因素不外是个人的特质与经验、个人背景、个人及社会的价值观,及其他因素。

(一)个人特质经验方面

1. 心理特质。包括个人的人格特质、兴趣、能力、成就动机及自我概念等。

2. 生理特质。如健康程度、身体结构等。

3. 个人经验。如个人受过的教育、训练;参与社会活动;工作经历;与人相处的技巧与经验。

(二)个人的背景

1. 一般状况。如种族、宗教。

2. 自己的家庭背景。如婚姻关系、眷属依赖程度、配偶期望的程度,及家庭中人际互动关系。

3. 父母的家庭背景。如父母的社经地位、职业;对子女种种期望、家庭的信誉等。

4. 个人的社会背景。如职业、社经地位、人际关系等。

四、个人与社会价值观冲突

第一,个人价值观:其形成始于家庭。从小父母都会告诉孩子什么是好的、什么是坏的等价值评断标准,渐渐地,同侪团体、学校老师也不断地影响个人的价值判断。当个人面临选择时,这些价值观即影响其选择行为。如个人认为努力是神圣的,那么他不会排除劳力工作;他如果认为人群服务是有价值的,则不会鄙视清洁工的工作。

第二,社会价值观:在西方人的社会价值中,凭自己劳力赚钱、工作神圣,没有什么不好的;在我国社会价值观里,劳力不如劳心,白领阶层比蓝领阶层好,"万般皆下品,唯有读书高"。这种社会价值观就影响个人对职业的选择。坐办公室的人,一旦失业,宁可每日坐困愁城,也不想做沿街叫卖的工作。

五、其他因素

第一,个人的物理因素:包括当时社会的经济状况、职业结构趋势、技术发展、国际局势、国家政策等。

第二,不可预期的因素:如死亡、意外等。

第四节 成年期情绪障碍问题

下列这些问题可能困扰着成年人。

一、职场过劳死、猝死

青年期为选择职业挣扎、迷惘，他们也有理想与远大抱负，所以在择业时在乎的是工作要有意义，有发挥本身才能和晋升的机会，经过不断的努力、跳槽，转换职场，在无可再转的情况下落脚，可是宝贵的岁月也随之消耗殆尽，进入了难再有自由意志的职场后，仿佛进入了一座坟场，除了死亡，包括过劳死、猝死、职病死、退休后等死，几无他途可供再择。

在职场中的紧张、劳累，操劳过度致人死亡，是现代社会普遍的现象，是一种"慢性凌迟"，也有因此而猝死的，这是快速的"斩立决"，结果都是一样，不过前者使人痛苦加长而已。

问题思考——附栏：过劳死十大警讯

日本过劳死预防协会列出过劳死十大讯号：①"将军肚"早现。三十岁至五十岁的人，大腹便便是成熟的标志，也是高血脂、脂肪肝、高血压、冠心病的伴侣；②脱发、斑秃。大部分与工作压力大、精神紧张有关；③频频上洗手间。三十岁至四十岁的人，排泄次数超过正常人，可能是消化系统和泌尿系统开始衰退；④性能力下降。中年人过早出现腰酸腿痛、性欲减退、男子阳痿、女子过早闭经，也是身体衰退的讯号；⑤记忆力减退；⑥心算能力愈来愈差；⑦做事经常后悔、易怒、烦躁、悲观，难以控制自己情绪；⑧注意力不集中，集中精力的能力愈来愈差；⑨睡眠愈来愈少，醒来也不解疲倦；⑩经常头疼、耳鸣、目眩，检查无结果。

二、职场管理"老板论"

职场管理理论，经无人性的科学管理期、人际关系时期、行为科学时期，到现代的系统理论，或"x、y到z"理论，身为资本家，只有一个目标——低工资、高工率。就是要求员工为他付出最多，而他付出最少；什么理论都是假的，对资本家，发生不了作用。所以，资本家希望他的员工夜以继日付出，他使用一套姑且称"老板理论"，是基本工资定至最低，以加班的手法多劳多得，不怕你不拼命，他也不违法，万一退休、辞退，便以最低的基本工资计算，所损失的不多。所以，在各个职场中的成年人工作像"拼命三郎"，没日没夜，精神紧绷达到临界点，他们一直如此下去，即使未立即过劳死，而悲剧也不断发生,中外不乏案例。

三、蜡烛两头烧

西方人常言"To born a candle at both side",来比喻拼命工作损耗自己身体的情形,如将蜡烛从它的两头点燃,过不了多久很快就变为灰烬。

现代在生产线上所谓蓝领阶层的劳工,在自动化的输送带上,一件件的产品按时落在面前,一分一秒精算着它该停多少时间,之后必须轮转至下一站,工人不但不敢偷懒,就是大小便也得忍着,生理心理的折磨可想而知,不要这份工作,家中老婆、孩子甚至老父、老母又以何物下炊? 只有强忍着将身体这根蜡烛从两头点燃。

现代从事高科技的或担任管理的所谓白领阶层、研究人员,或学术研究知识分子,中外也一样拼命。据报道,台湾新竹科学园区是有名的"美国硅谷",里面的高科技男女,个个拥有高学位,学有专精,但遗憾的是,男子不婚、女子不嫁,并不是他(她)不想结婚、嫁人,而是从早到晚工作,不得一刻休闲,谈恋爱这种浪漫的事,怎可能发生在他(她)们的身上。所以,在园区内的有心人士,借着不时举办大型男女交谊活动来撮合他(她)们,以期弥补,也可借此防止他们跳槽,毕竟这也是人生的大事。事实上效果有限。

国务院有关部门的调查发现,科学界与知识分子是"过劳死"的重灾区;中国科学院及北京大学去世的一百三十四位专家教授中,平均年龄只有五十三岁。如世界级数学家张广厚是过劳死的代表人物,1987年去世时,仅五十岁;华东师范大学的博士生导师施良方,在2001年10月间,也因工作过度劳累,猝死于讲台上。

白领阶层"过劳死"的情况也愈来愈普遍,黑龙江省哈尔滨市每年有上百人因过度劳累而丧命,大多数是白领阶层。该市六成上班族患有早期"过劳病",其中以科技、新闻、广告、演艺等行业为主,年龄介于十八岁至五十五岁,发病率高达五成以上。

四、职场症候群

据研究指出,日本"过劳死"的临床病状是脑和心血管病,四十岁以上中风、心肌梗死就是典型的例子。虽然通常是猝死,但病发前还是有迹象可寻的,如出现肌肉紧绷、胸闷、血脂高等。这些都是由于工作过度劳累,导致内分泌失调所致。医生指出,"过劳死"的直接原因主要是急性心脏机能衰竭、脑部蛛网膜下出血、脑溢血等,而导火线包括工作负担过重、工作时间过长、生活紧张、压力过大等。

精神科医生常将职场性精神疾病分为焦虑症(如恐慌症、畏惧症、强迫症等)、忧郁症、适应障碍症、身心症、睡眠或饮食障碍及酒、药瘾问题等。

五、慢性疲劳症候群

慢性疲劳症候群是由于现代人生活节奏日益加快,社会竞争日趋激烈,经济不景气被要求工作时间加长又减薪,休息时间少,长期的疲劳,因而引发情绪的不稳等问题,它是"过劳死"早期的征兆。医学界在1988年将其定名为"慢性疲劳症候群",又名"慢性疲劳综合征",用来统称这些长期受疲劳倦怠所苦,却又找不出病因的疾病。常发于二十岁至四十岁的青壮年。

此种疲劳症状反应在身体上的如:颈部僵硬、腰酸背痛、头痛失眠、胸闷、心悸、食欲差、消化不良;反应在行为上的如:注意力不集中、健忘、嗜睡、工作效率差等;在心理方面:倦怠感、易怒,甚至沮丧。慢性疲劳综合征的患者,发病前都是经历长期体力劳动或劳心活动或长时间加班"开夜车"等违反生理规律的活动者。

问题思考——附栏:慢性疲劳症自我侦测

慢性疲劳综合征可自我侦测,以下症状持续六个月以上,若有八项符合自己状况,需尽快就医或调整生活节奏。

☐持续性或反复性疲劳

☐非渗出性咽喉炎

☐肌肉不适、疼痛

☐低热(37.6℃~38.8℃)或畏寒

☐颈前、后或腋下淋巴结肿痛

☐头痛

☐畏光

☐健忘

☐意识模糊

☐注意力不集中

☐睡眠紊乱

☐疲劳,严重时日活动量减少百分之五十

☐咽喉疼痛

☐不能解释的全身肌肉无力

☐运动量没增加,却导致整天疲劳

☐游走性、非炎性疼痛

☐暂时性视盲

☐兴奋过度

☐思维困难

☐忧郁

☐起病为急性或亚急性形式

六、病态大楼症候群与上班族官能症

现代智能型的办公大楼,通风均仰赖中央空调控制,室内过度装潢,往往让各种有害物质充斥室内,在这种环境中工作的人,是引发患"病态大楼症候群"的危险因子。

病态大楼症候群,临床上反映在身体上的症状是会让人喉咙干燥、眼睛或鼻子过敏、头痛、头昏眼花、容易疲倦、咳嗽、气喘,或者是皮肤及黏膜干燥、皮肤起红斑、发痒,甚至可闻轻微且持续性的异常声音;在心理方面,出现情绪困扰与精神障碍问题。

曾有精神科医生指出,在门诊中,最常见的症状就是精神官能症、药物滥用、身心症等三大类。这是由于面临激烈工作竞争压力,又要同时处理办公室内的人际关系,下了班又要交际应酬,长期处于这种紧绷的状态,便会产生情绪困扰或身体不适的症状。上班族精神官能症,有人呈现出焦虑症状,这种人处于高度警戒状态,稍有风吹草动就反应过度,常伴随着头痛、颈部肩膀酸痛、胸闷、心悸、颤抖、频尿,经常无法专心而工作效率低;也有些人是以"忧郁"症为主,他们情绪低落、失去斗志、凡事失去兴趣、避开与人接触,也常伴随着失眠、胃口差等身体反应,工作表现一落千丈。

有了上述病症,许多人会借香烟、酒、咖啡、镇静安眠药、兴奋剂等来缓解,却又陷入药物滥用的困境中。另外,值得注意的是,有些上班族出现高血压、气喘、消化性溃疡、冠状动脉狭窄、心脏病、湿疹、甲状腺功能亢进、风湿性关节炎、偏头痛或过度换气症候群等疾病,并非单纯的生理问题,有时与工作压力及情绪困扰关系密切,与病态办公大楼症候群是一体两面。

七、职业妇女命更苦

高竞争的工作、紧张的工作节奏、工作环境的恶化与污染等,使人体长期处于超负荷状态,职业妇女所受的损害尤甚于男性,据研究证实,女性因工作发生疲劳性损伤、肠胃不适症、头痛、焦虑和抑郁的比例明显高于男性。过度疲劳、情绪紧张、家庭纠纷、工作和生活中的种种困难,都是她们健康的大敌。

研究指出,占全部职业病百分之六十的是表现为麻木和严重疼痛的手、肩、臂疲劳性损伤,其中男女比例是1:3,职业女性高于男同事。职业妇女更易患肠胃方面的疾病,这种疾病表现为腹痛和异常肠蠕动,女性是男性的三倍。职业妇女肠胃不适症是工作压力所致。职场压力增加神经系统的敏感性,胃肠道异常活动加强,表现为腹部不适、大便不正常、腹鼓胀、肠鸣、排气增多、便秘与腹泻不规则交替出现等。

美国霍普金斯大学公共卫生学院一项调查研究显示,女性职员患紧张性头痛的倾向比男性明显,尤其是那些受过正规教育和刚入职场的女性最易发生。而那些工作负荷大又缺乏决定权的女职员比那些可以应对工作又有一定职权的职员更容易出现焦虑

和抑郁。职场女性不仅面临工作的压力,家务也使她们在离开工作岗位后仍然处于持续紧张和繁重的活动中,这又加重了工作压力所带来的不良影响,使职业女性更容易受到疾病的困扰。

职场污染不单影响员工的工作情绪,也影响他们生育下一代的健康。英国曾有一则报道,希瑟·马修斯第一次看到她的宝宝,就知道很不对劲。宝宝看不到也听不见,耳朵歪歪的,消化系统也有毛病,喝下去的牛奶不是进到肠胃,而是流到肺部,使他每次吃东西都会吐,出生半年后夭折。因此,控告佛蒙特州的IBM公司,她认为丈夫在该公司工作时接触到一些毒性溶剂,伤害了他的精子,造成宝宝畸形而夭折。事实上,愈来愈多的企业被员工告上法院,危险的工作环境造成她们流产或生下畸形婴儿。此外,许多员工子女也控告他们父母的雇主,宣称职场有毒物质让他们在母亲子宫中受害。

美国育龄妇女有四分之三进入职场。研究显示,多种工作可能对妇女腹中的胎儿造成危害,包括美发师、空姐、建筑工、护士、兽医及制造业作业员。男性也可能因职场伤害造成精子染色体异常,危及下一代健康。

八、女强人的情结

现代女性渴望事业成功,成为一位女强人。但一想到成功每每产生恐惧,忐忑不安。这种在心理学上称为"追求卓越的焦虑",潜伏在现代女性深处的"悲情"会产生各式各样的心理障碍。

(一)怕事业成功情感失败

研究发现,男女对于成就感的需求与体会不同。驱动男性追求成就的因素是"竞争",而女性追求成功的动机只是求得"社会的接纳"。许多女人认为,事业会使她们被男人排斥。因此,她们常常挣扎于既想追求高成就,但又害怕不被男人所接纳的内心冲突中。

(二)既希望成功又怕失去女人味

女人从小就被要求要有女人味。所谓女人味就是顺从、被动、依赖性强、娇滴滴的。然而,事业要有成就,必须具备果断、独立、竞争性强、铿锵有力的特质。显然,这两种特质是冲突的。因此,成功的女人内心会产生潜在的恐惧。她害怕失去女人味,又怕得不到自己所爱的人的接纳与认可。

(三)自我评价低的矛盾

自信心对事业成功不亚于才干、努力和技能。不幸的是,女人的心理似乎总觉得自己处处不如人。虽然在别人的眼里她已经功成名就了,而她自己仍觉得有不如别人之处,自觉事业受挫,障碍重重。

(四)成功要靠运气

心理学家在一项男女对成功的诠释研究中发现,男性受试者多把成功归因于自己的"能力强",将失败归处于"任务困难";而女性受试者的态度截然不同,她们总是把成功归因于自己的"运气好",将失败归咎自己"能力不足"。男女对于成败存在着这种差异,使自我期待较高的女性在追求事业时面临困境。这也许是女性"自谦"的结果。

(五)挣扎于负面的讯息中

有了成就的女人,往往过于在意别人对她的成败的反应,而且还特别在意负面讯息,如果常常陷于气馁之中,冲劲和干劲将大打折扣。

问题思考——附栏:你是否太累了!

日本公共卫生研究所发布二十七种过劳症状,让自己检查是否太累。

- ☐ 1. 经常感到疲倦、健忘
- ☐ 2. 酒量突然下降,即使饮酒也觉无味
- ☐ 3. 突然觉得有衰老感
- ☐ 4. 肩部和颈部僵直发麻
- ☐ 5. 因为疲劳和苦闷失眠
- ☐ 6. 为小事烦躁和生气
- ☐ 7. 经常头痛和胸闷
- ☐ 8. 有高血压、糖尿病病史,心电图不正常
- ☐ 9. 体重突然变化大
- ☐ 10. 几乎每天晚上聚餐饮酒
- ☐ 11. 一天喝咖啡五杯以上
- ☐ 12. 经常不吃早餐或吃饭时间不固定
- ☐ 13. 喜油炸食品
- ☐ 14. 一天抽三十支以上香烟
- ☐ 15. 晚上十点不回家或十二点以后回家占一半以上
- ☐ 16. 上下班车程占两小时以上
- ☐ 17. 最近几年运动不流汗
- ☐ 18. 自我感觉身体良好而不看病
- ☐ 19. 一天工作十小时以上
- ☐ 20. 星期天也上班
- ☐ 21. 经常出差,每周只在家住两三天
- ☐ 22. 夜班多,工作时间不规则

☐23. 最近有工作调动或工作变化

☐24. 升迁或工作量增多

☐25. 最近加班突然增多

☐26. 人际关系突然变坏

☐27. 最近常工作失误或者发生不和

上述二十七项中占七项以上是过度疲劳的危险者;占十项以上就可能在任何时间发生过劳死;在第一至第九项中或在第十至第十八项中占三项以上者也要特别注意。

九、"爱"在惊涛骇浪中

成年人的重要旅程之一,就是与异性发展成熟的亲密关系,但无不在惊涛骇浪中。

(一)爱情翻云覆雨

有研究指出,爱情是不同的人会相互吸引。或是大多数人倾向于和自己相像的人相爱。他认为在选择所爱的一方时,必然有某些自恋的成分在里面,因为情绪常被发现在许多特质上有相似之处,如外表和吸引力、身心的健康、智力、威望、热情、父母的婚姻状况和家庭的幸福,以及社经地位、种族、宗教、教育程度和所得等家庭因素。但另一方面,许多人选择和自己特质互补的伴侣。

尽管说爱情是盲目的,如果盲目到不顾一切,多数注定以悲剧收场。莎士比亚笔下的罗密欧与朱丽叶,虽然赚人眼泪,却发人深省。从古至今,多少人(不限于成年人)为情所困而走上绝路。

除了上述爱情的特质论外,史登伯格曾于1985年在洛杉矶美国心理学会年会上发表论文,提出一个"情爱的三角论"观念,认为爱情有三面(或称元素),即亲密、热情和承诺。亲密是情绪元素,含有带来联系、温馨和信赖的自我表白;热情是动机元素,以内在驱动力为基础,将生理兴奋转为性的欲望;承诺为认知元素,含有爱并和所爱者厮守的决定。

上述任何一种元素出现的程度都会影响人们所感受的爱,元素的不符合都会带来不少问题。在日常生活中难怪有这么多情侣(即使是老夫老妻)动辄责备、抱怨对方不爱他(她),爱得不够深、不关心她(他)或关心不够,最后不是折翼而飞,就是变成一对怨偶每日相互指责。史登伯格描述各种元素的不同组合将会产生八种不同爱情关系,如表4-1。

表4-1 情爱的类型

类型	说明
没有爱情	爱情中的三种成分——亲密、热情和承诺都付之阙如。这是我们大多数人际关系的形态,只是偶尔的互动。
喜欢	亲密是唯一出现的成分。这是我们在真正的友谊和许多爱情关系中所感觉到的。它有接近、了解、情绪支持、情感、联系和温暖,但无热情或承诺。

续表

类型	说明
迷恋	热情是唯一出现的成分。这是"一见钟情的爱",是一种强烈的身体吸引和性激情,并无亲密或承诺。它会突然燃起,继而很快熄灭,也可能在某种情况下,会持续一段时间。
空洞的爱	承诺是唯一的成分。它经常出现于亲密和热情都已失去的长期关系中。或出现于他人安排的婚姻中。
浪漫的爱	亲密与热情都出现。浪漫的爱人沉醉于彼此的肉体和情感的联系中,但他们对彼此并无承诺。
伴侣之爱	出现亲密与承诺。这是一种长期、承诺的友谊,通常出现于肉体吸引力已消逝,但彼此仍觉得亲近并决定继续厮守的婚姻。
虚幻的爱	出现热情和承诺。这种爱带来激烈的交合,双方基于热情作承诺,却不给自己时间来发展亲密。虽然有着最先的承诺,但这种爱通常无法持久。
完全的爱	所有三种成分都出现,这是许多人所求的目标——尤其是在浪漫的关系中所追求的。达到它比维系它来得容易。任何一方都可能改变他(她)对此关系的期待。如果另一方也有所改变,那么彼此关系可能以另一种方式维持下去;如果另一方未改变,则关系可能破灭。

(二)婚姻是天堂、地狱

回忆当年,英国王子查尔斯与幼儿园女老师戴安娜结婚时,世人称为"世纪婚礼",查尔斯娶得美艳的娇妻,戴安娜嫁入王室乌鸦变凤凰。曾几何时,传出王子移情别恋,所恋的对象却是一位姿色逊于戴安娜的中年妇人,令人不解;而王妃戴安娜也不甘示弱,曾公开坦承与贴身保镖有染,回敬查尔斯王子一顶"绿帽"。丑闻传开后,皇太后逼着两人分手,王子更公开与情妇出入于公共场所;戴安娜却与埃及富豪之子在巴黎共乐,为躲避"狗仔"尾随而飙车致香消玉殒。有人不禁要问:"婚姻,是天堂还是地狱?"这足以致人犹疑一阵子。以他们这样优越的条件,尚且如此,何况那些贫贱夫妻!

1.婚姻是天堂。结婚的好处在哪里?心理学者认为在经济方面它提供一种有次序的分工和消费;在社会责任方面,常被视为确保生养小孩的最佳方式。在正常状况下,也提供亲密、友谊、情感、性实现和伴侣的来源。比手足、朋友或情人关系更具承诺性。它更提供人们情绪成长的机会。

1975年,肯比尔等人在一项包括两千名成年人的美国全国性研究中发现,各种年龄的已婚男女比单身、离婚或鳏寡者快乐。最快乐的是二十几岁、没有孩子的已婚者(尤其是女性),年轻的妻子婚后压力减少很多。而年轻的丈夫虽然也快乐,但他们表示感到较多的压力。显然婚姻对女性而言,仍被视为一种成就和安全感的来源,但男性则是一种责任。

20世纪50年代到20世纪70年代的研究发现,对美国人而言,已婚者比单身者快乐。也许是婚姻带来快乐,或快乐的人较可能选择结婚。

汤普逊和沃克研究显示,男女对婚姻的感受不同。女人视婚姻为表达、谈论情绪的场所,她们把信心的共享视为亲密的测量指标。但男人对亲密有不同的定义,他们倾向于通过性,给予实际的帮助、一起做事或在一起表达爱。

婚姻的快乐观念和程度似乎随着时代而改变着。格林思研究指出,虽然比起从前仍有较多的已婚者宣称自己"非常快乐",但其间的差距已急剧降低——在二十五岁到三十九岁的人当中,此差距由1970年初期的百分之三十一降至1986年的百分之八。显然今天的未婚者(尤其是男性)较快乐,而已婚者(尤其是女性)较不快乐。另一个可能的原因是婚姻的某种好处不限于来自此种婚约关系。单身人士可在婚姻关系之外得到性和伴侣;而对妇女而言,婚姻不再是安全感的唯一(或是最可靠)来源。同时,因为大多数女性选择继续工作,因此,婚姻可能会增加而非减少她们的压力。

据英国方面的研究报道,结婚的人比不结婚的人长寿。根据追溯至1940年十六个工业国家所作的研究发现,已婚者寿命较长。长寿该算是健康的象征,婚姻乃是一种健康状态,据研究证实,已婚者一般比分居、离婚或鳏寡者较为健康。未婚者的健康状况排列第二,其余依次为鳏寡者、离婚或分居者。

解读已婚者获得较佳的健康,也许是健康的人较易吸引伴侣、较有结婚的意愿,也可能是较理想的结婚伴侣,或是已婚者比单身者过着较健康、安定的生活。由于配偶可彼此照顾,提供情绪支持,精神得到慰藉,并做许多可缓和日常生活压力的事。据调查证实,因死亡或仳离而失去配偶,会使得丧偶者和离婚者较容易患身心症。该研究是以两万五千名以上十八岁至五十五岁的美国女性为对象。

根据华盛顿邮报报道,美国一项调查报告显示,婚姻不只代表夫妇的私人情感关系,一桩好婚姻对整个社会都有助益。

该报又称:所公布的"结婚为何重要,从社会学观点发现的二十一个结论"调查报告中,学者发现,与离婚率高的社区比较,在一个婚姻普遍成功的社区中,男女成人与儿童身心各方面的发展都较为健全。

此外,与双亲同住的儿童,心理也比与单亲父母住在一起的儿童健康。结婚男子的寿命也比单身者长。

学者表示,夫妻在婚姻中携手度过各种困难时刻,最后可使婚姻中的每一个人更加快乐健康。

这一项二十七页的报告是由"婚姻、家庭与夫妻教育联盟""纽约美国价值协会"以及"美国实验中心"委托学者与社会学家进行调查所得的结论。

参与调查研究的弗吉尼亚州社会学教授诺克说:"询问婚姻为何重要,就好像问氧气对你为何重要。我认为婚姻是支持大人与小孩的最佳生活方式。婚姻乃是人类可拥有的永久关系之一。"

"婚姻、家庭与夫妻教育联盟"创办人黛安·索尔利指出,夫妻欲拥有更快乐、更巩固的婚姻,关键在于以不会消弭或破坏彼此爱恋的方式去处理两人间的差异。

该报告发现婚姻的其他好处:①同居无法产生与婚姻一般的功能;②结婚者较少酗酒与吸毒;③离婚者有较高的自杀倾向;④平均而言,结婚男人赚的钱比单身男子多;⑤与单身同居母亲相比,结婚的母亲较少感到沮丧;⑥结婚妇女遭到家庭暴力的比例较单身妇女低。

2. 婚姻是地狱。常言:"婚姻是地狱,但人人喜欢往里钻。"现代人结婚组成的家庭,夫妻双方都外出工作,否则,难以维持一个稳定的开支,这种婚姻生活方式也产生很大的压力,夫妻都面临着时间和精力的更多需求、工作和家庭角色之间的冲突、配偶间可能的竞争,以及对满足子女需求上的焦虑和内疚感。同时,夫妻双方均为三种角色体系中的一部分:妻子的工作体系、丈夫的工作体系和双方共同的家庭体系。此三种体系的出现都有发生冲突的可能,每种角色在不同时间有所需求时,配偶任何一方都得决定每一次的优先顺序。当有年幼子女时,家庭是最大的要求;在夯实工作基础、争取晋升时,工作的要求与压力特别大。而这两种需求往往是同时发生,何者优先?稍微处理不当,夫妻间龃龉即立马爆发。

在家务事的分担上,外出工作的妇女仍然担负家庭和育儿的主要责任。据研究,她们几乎做了将近百分之八十的家务事。低收入的丈夫可能会多点,但对烧饭和育婴这件事常常袖手旁观。

所谓"贫贱夫妻百事哀",据研究显示,婚姻中的暴力行为——丈夫殴打妻子较多见于年轻人、穷人和失业者。年轻男子之所以成为婚姻的施暴者,不难想见他们一者年轻气盛,再者这些人多半是刚投入职场,收入有限,与穷人差距不大。依研究显示,百分之四十四的女性和百分之三十的男性表示在婚前曾有推、撞或掌掴其伴侣等较低程度的暴力。在结婚的头十八个月内,发生此情况的有百分之三十六的女性和百分之二十七的男性。

虐待女性的男子,多数的研究都认为他们属于社交的孤立者,自尊低、性能力不足、有不寻常的嫉妒,并否认或对自己的暴力轻描淡写,通常还怪罪女方。婚姻中妻子被殴打,常见于两种情形:一种是妻子地位优势的婚姻(受挫的丈夫可能把打妻子视为施展自己力量的唯一方式),另一种是优势丈夫的婚姻。经济依赖丈夫的妻子特别危险,回到丈夫身边的被殴打妻子通常是没有工作,觉得自己无路可走的女性。有些妇女怕离开后,会被丈夫尾随、殴打,甚至置她于死地。有一位未言先流泪的受虐妇人说:"是个性不和吗?有时一句话不对就挨打,为了家,一次、两次、三次地原谅他,五年来也有快乐,但煎熬、恐怖、不安的日子更多,孩子出生了也无法改变,我的精神快崩溃了……"

全国妇联最新抽样调查发现,有百分之十六的女性承认遭配偶打过,百分之五和百分之二点六的女性,曾受过配偶精神伤害和性虐待。

3.离婚诱因。"七年之痒"不仅是传说,它的确是离婚的高峰期,美国是全世界离婚率最高的国家之一,每年超过百万对。我国离婚率也一直在上升中。

婚姻暴力是造成离婚的原因之一,但已不是主要原因。社会变迁,妇女在经济上已不如从前依赖男人,因此,维持不理想婚姻的意愿也较低,如果遇上经济不景气,离婚率也随之攀升。

汉斯林认为导致离婚的主要因素有:①性别角色不适应;②太太与先生由于社会经历不同,在解决问题时有歧异;③对时间与精力的要求过多;④对每日的婚姻生活感到厌倦;⑤家庭与婚姻功能改变;⑥妇女日益追求经济独立,社会机构对离婚妇女支持增多,不良标签也减少;⑦对传统夫妻社会角色的非理性要求。

另外,一些离婚当事人也报告是下列因素导致他们离婚:①外遇;②慢性药物使用;③不再爱对方;④缺乏配偶的支持与爱;⑤无法沟通与不想学习改变;⑥角色与责任冲突;⑦被配偶生理或情绪虐待;⑧情绪、心理、财务、性问题困扰。

韦斯特认为,情侣双方对爱情关系的贡献愈平衡时,彼此愈感觉快乐。夫妻何尝不是,任何一方有不平衡的感觉,都有可能成为婚姻的杀手。

迪金生和李明认为,婚姻幸福与满意,或者造成婚姻冲突的因素有下列十五项:①金钱使用;②亲戚关系;③儿童的规范与教养;④家务事分工与子女关照;⑤沟通与诚实;⑥居住所与搬家;⑦本身或配偶与他人非性的亲密性;⑧先生的职业与选择;⑨休闲与假期的选择;⑩是否有小孩;⑪社会化的质与量;⑫相处时间的多寡;⑬生理疾病所带来的紧张;⑭一般家庭事务的权力与控制;⑮家庭琐事处理的方法。

瑞斯认为婚姻美满与否,可通过下列九大层面检验。

第一,亲密度:①夫妻对个人习惯的适应。包括整洁、穿着、态度、饮食、睡眠习惯,以及抽烟、饮酒、使用药物等;②应对脾气的差异;③发展生理与情绪的亲密感;④学习相互间如何满足自我的需求;⑤学习表达情爱;⑥生育控制或节育;⑦对爱与生理接触的需求满足程度。

第二,物质与经济:①住所的选择。包括地理位置、社区、邻居、住所类型;②家庭布置与维护;③职业的选择、找寻与维护;④对职业类型、地方、工时与环境的适应;⑤在家庭内外建立夫妻的角色;⑥分工的一致性。

第三,权力与决策:①地位与权力的平衡程度;②学习作决定与执行决定;③学习合作、调适与妥协;④学习接纳相关行为的责任。

第四,家庭外的关系:①与父母或公婆、岳父母,以及亲戚建立关系;②学习如何面对家族;③建立、维护夫妻与工作有关的关系;④确立与履行社区志愿性责任。

第五,小孩:①在怀孕与生产期的适应;②角色、责任、时间分配与资源的再分配。

第六,情谊:①学习以"我们"代替"我"作为思考的中心;②学习适应生活在一起;③学习工作、游戏、谈话、饮食、睡觉在一起;④学习沟通理念、挂虑、关切和需求;⑤兼有隐私和共同感。

第七,社交生活:①选择朋友及与朋友相处;②学习计划与执行共同的社会活动;③学习拜访他人与在一起娱乐;④决定个人或两人参与社会活动的类型与频率。

第八,冲突:①学习了解冲突的原因与情景;②学习以建设性方法面对冲突;③学习何时及如何在需要时寻求协助。

第九,道德、价值与意识形态:①了解与调适个人的道德、价值、信仰、哲学与人生目标;②建立彼此的价值观;③接纳对方的宗教信仰;④决定宗教的参与及密切程度。

中国人常说:"一样的米,食出百样的人。""舌头与牙齿这样亲,都有咬到的时候。"何况婚姻这样充满喜、怒、哀、乐、爱与恨的复杂情绪产物,夫妻两人的意见自然难得一致。罗尔夫妇曾作过调查研究显示,夫妻双方对于婚姻的满意度有颇多相同之外,但也有不同之处(如表4-2)。

表4-2 婚姻幸福快乐的因素

女性观点	男性观点
1.我的先生是我的好朋友。	1.我的太太是我的好朋友。
2.我爱我的先生。	2.我爱我的太太。
3.婚姻是长期的承诺。	3.婚姻是长期的承诺。
4.婚姻是神圣的。	4.婚姻是神圣的。
5.我们有共同的目的与目标。	5.我们有共同的目的与目标。
6.我的先生愈来愈有趣。	6.我的太太愈来愈有趣。
7.我希望我们的关系成功。	7.我希望我们的关系成功。
8.我们欢乐在一起。	8.婚姻的持久是重要的社会稳定力量。
9.我们有共同的人生哲学观。	9.我们欢乐在一起。
10.我们知道如何与多久显示情爱。	10.我对配偶的成就感到光荣。
11.婚姻的持久是重要的社会稳定力量。	11.我们有共同的人生哲学观。
12.我们会相互激励观念交换。	12.我们满意我们的性生活。
13.我们冷静讨论事情。	13.我们知道如何与多久显示情爱。
14.我们满意我们的性生活。	14.我信任太太。
15.我对配偶的成就感到光荣。	15.我们在外有共同的嗜好与兴趣。

表4-2所言是他(她)们正面的好的观点,认为幸福、快乐的婚姻理该如此;反过来

说,若不如此,将会出现婚姻的不幸福、不快乐。太多的不幸福、不快乐因子聚在一起时,就会导致婚姻破裂。

"婚姻的杀手,是双方沟通不良和意见不合。"这是有关组织公布其服务成果时所得到的结论。同时并指出夫妻沟通不良、个性不和,致无法共同生活的比例已超过外遇。

4.离婚的影响。离婚对当事人及家庭成员而言,就是"家庭解组"的开始,会对情绪心理、生活与工作带来很大混乱。最常见的特征有:①行动与行为混乱;②家庭成员有愤怒与忧郁情绪;③与他人的关系及互动改变;④希望得到社会的支持;⑤觉察到家庭中的事务不能再有效与顺利地运作。

此外,还有下列各方面的压力:①经济方面。夫妻同时工作收入自然较多,离婚后独自承担一切开支,自然比不上从前。赡养费的问题,也困扰双方;②法律方面。离婚必须经过法律程序,双方都到这个地步,面对法官(或律师)的质询,还要为诉讼奔波不已;③亲职方面。由于必须满足孩子的需要,或争夺监护权,或推责不愿抚养,给孩子带来伤害,也是双方困扰的问题;④人际方面。与家庭和其他家人之外的团体的关系也会改变;⑤生活方式。双方都得回复到独立自主的状态,自由太过的人,难免落得空虚之感;⑥性与道德问题,今后矛盾重重。

结束婚姻后的情绪反应,根据多方研究,主动提出分手的一方,常有悲伤、愧疚、解脱和愤怒的情绪。通常是女方主动提出离婚的情形较男方多。女方在分手后的几个月中,情绪上常比男方复原得较快,而男方在多种情绪之外,还得处理因被拒绝以及自己生活的无力感所带来的深沉痛苦。不过,不论男女离婚后,有一个共同的特征,就是愤怒、抑郁、思考以及行事散漫。

十、单身贵族情结

现代人有所谓"单身贵族"一词,不知始自何人。揣其意是指未结婚且有固定不错的经济来源的一群成年女子。单身是意味着她迄今尚未出嫁,当然包括离婚后一直还未再嫁。适婚未婚男我们称单身汉。

迟婚、晚婚、不婚是现代社会普遍的现象。美国1989年曾公布一份调查资料显示,二十岁至三十九岁年龄层从未结婚的比例有明显增加趋势。这种趋势不单是见于美国社会,我国结婚率也是年年下降,结婚人口减少,自然反映到生育率上,生育率也逐年下降。

造成迟婚、不婚的原因很多,除了社会观念和经济原因外,据美国的研究分析,有些年轻人因为害怕离婚而延迟或逃避婚姻。也有人认为延迟是有道理的,因为发现,结婚年纪愈轻,失败机率愈大。而且年轻单身者也很满意自己的现况。快乐的婚姻,很难见每日为柴米油盐三餐发愁的年轻人,古今中外都是一样。也有人认为保持单身,更可自由地从事社交活动,不受任何拘束,要同谁来往就同谁来往,自由选择,没有任何障碍。可以从事更宽广的经济与身体上的冒险。轻易地决定周游列国,尝试不同的工作,受更多的教育,做创造性工作,而无须担心自己因追求实现自我价值而影响到另一个人。

单身男女的困扰,据研究,则是处于单调关系中的限制(觉得被困、对自我发展的阻碍、烦闷、不快乐、生气、扮演预期中的角色、服从预期行为)、不良的沟通、性挫折、缺少朋友和新经验的获得受到限制。找工作、找居所、对自己负全责等,也是单身者的实际问题。如在社交生活中如何找到适合自己的一席之地,因为这个场合别人多是成双成对的。朋友和家庭对他们的接受程度如何,以及单身状态又如何,都会影响自尊,如果见别人指指点点窃窃私语,总觉得不自在。别人好意给其介绍对象,也觉得不自在,欲迎又拒,甚至误会对方在讽刺自己。

另外,单身者给人两个刻板印象:因为没有固定的伴侣,所以他(她)们比已婚者更孤独;有许多不同的性伴侣。

总而言之,单身虽然有不少好处,但是相信没有人不想结婚,而之所以结不成婚,是客观原因使然。中国人说:"不孝有三,无后为大。"现代尽管改变了这种观念,在人生发展过程中,不能于适当时机结婚,不但是憾事,也会因违反自然规则而带来危机感。

十一、再婚情结

随着时代的进步、思想观念的开放以及社会的多元化,不论男女经过离婚劳燕分飞沉静一段时日后,极少有人想去维持单身。据专家们的统计报告,美国在20世纪80年代后期,再婚率一直与离婚率的增长并驾齐驱,据估计有四分之三的离婚者再婚,男性甚至比女性更有可能再婚。

离婚后再婚已是现代人普遍的现象,不足为怪,亦非本书讨论的要点。所要探讨的是再婚者于再婚后所困扰的问题。

第一,再婚家庭,或称"混合""重组"家庭,它负载着"原先"家庭所没有的许多包袱和差异,包括前任配偶、前任姻亲,以及双方的叔伯等。常为"你的、我的和我们的孩子"吵斗不休、纷事不已而烦恼。据统计,美国于1987年有四百三十万个这类家庭,约六百万名"继子女"。

第二,恩斯汀指出,再婚家庭隐藏着愤怒,内疚、嫉妒。价值冲突、误解和恐怖的情绪。

第三,再婚家庭尚有一项压力,就是孩童和成人因失去原来家庭,常使他们畏于信赖、去爱。混乱的家族史会使关系更复杂化。孩童与其生父母的关系,或是他们对失去、死亡父（母）的忠诚，都可能干扰到继父母关系的形成，尤其当孩子往返于两个家庭时，更是如此。

中国再婚家庭的孩子因受传统礼教的束缚，他们自小带着一个"拖油瓶"的不雅名号，使他们抬不起头来，凡事畏畏缩缩、自卑，却又充满愤怒、不平，以及自叹命苦。尽管中国人希望三代同堂，孩子孝顺，但这类家庭的孩子稍长后少有留在继父（母）身边的，逃家、逃学的不良少女，多源自这类家庭。因此，中国人在离婚或丧偶后，选择不再婚，是为孩子日后的成长而奉献一生。从前的寡妇，丈夫死后，守着幼子（或遗腹）以终其一生，虽然可得到皇帝敕赐"贞节牌坊"，却失去了宝贵青春，她们不是不愿再婚，而是与人性、现实环境搏斗、挣扎苟存而已。所以，研究离婚的心理学者认为，离婚率高，并非人们不想好好生活，而是反映出人们追求幸福婚姻的渴望，以及相信离婚的痛苦和创伤是追求更好生活所必须付出的代价。再婚何尝不是，再婚者家庭虽然有种种障碍，但为了追求幸福、更好的生活，这是必须付出的代价。不过再婚者亦须克服或调适前文提到的种种困扰，以免创伤未愈而扩大伤口，更好的幸福生活不但未追求到，反而增加更大的痛苦和付出更高的代价。这是准备再婚者须未雨绸缪的。

十二、生育的踌躇

古人说："不孝有三，无后为大。"谈恋爱到结婚、不幸离婚，又再婚或同居，生男育女是很自然的。在中国人的观念里，有孩子就是有了后代，传宗接代是何等重大的事，也是维系种族繁衍发展不可或缺的大事。而西方人传统上认为，就算没有结婚，有了孩子也是婚姻的实现。

自古以来，中国人有养儿防老的观念，到现在事实证明养儿不一定能防老，有些子女为了争财产不惜与父母反目，甚至有杀父母的悲剧；也有些亿万富翁，财产多子女多，其过世后，子女争夺遗产，使死者数年不能入土；还有些子女取得父母财产后，则将两老置之不顾，甚至沦为乞丐，这种事情在社会上屡见不鲜，已经不是新闻。

现代社会现实与传统观念对生男育女之事有着明显的落差，使得现代人对结婚生孩子产生疑惑，甚至踌躇不前。也不禁自问，我要孩子做什么？孩子不但不是一份资产，反而成为一种花费，这给现代想生孩子的人带来负面影响。

尽管有很多逆伦的事发生，伤了父母的心，然而，想要孩子的欲望几乎是共有的现象，这种现象可从理论上解释，如：心理分析学派弗洛伊德认为女性有一种生育、养育、照顾婴儿的深沉本能欲望，她们可由此取代自己母亲的地位。

自我心理学派则以成长、技能和人格资源来界定父母时期，并将亲代性——照顾、引导下一代的关切视为一种基本的发展需要。

功能论的社会学家将生殖归因于人类追求不朽的需要——由子女来取代自己。这与中国人的传宗接代观念相同,生孩子是自己生命的延续。

还有其他的解释,认为生孩子是动物界的一种共同的自然现象。生养孩子也是一种社会文化压力,认为想要有孩子是所有正常人的心愿。国人更视为理所当然,古人视没有生孩子的女人是被休妻的主要条件之一,迄今我国西南某些山区部落,男女结婚后第三日,新娘就返回娘家,丈夫偶尔来探视,除非新娘怀孕生小孩,否则,终生不能进入夫家。

还有一项研究是以一百九十九对夫妇为对象,范围包括没有孩子至有四名子女的父母,结果发现,他们生孩子的主要目的是想和另一个人更亲密,以及有教育、训练一个儿童的愿望。此一研究,与前述的理论观点相符。

国人常言含饴弄孙的乐趣,但那些准备当父母的男女,双方都会经历许多冲突的情绪。常见的是除了兴奋之情外,也会因生育对婚姻产生影响,如孕妇身材走样,不再美丽,不能工作收入减少,怀孕影响性生活,不能尽享鱼水之欢,孩子出生后的照顾、婴儿的哭闹,影响夫妻两人睡眠,继之影响到次日的工作,焦虑与不安将与日俱增,日常支出增加,尽管有了孩子可以增进夫妻的情谊,但横在面前的种种困难,使这颗不定时的情绪炸弹,随时有爆炸的可能。

有学者曾追踪研究一百二十八对中产阶级和工人阶层的夫妻,研究初期丈夫平均年龄为二十九岁,妻子二十七岁,都是妻子初次怀孕到孩子三岁生日这段时间。研究发现,虽然有些人的婚姻有所改善,但许多则受到负面的影响,尤其是妻子。许多夫妻间的爱情减少,对彼此关系更觉得冲突、争吵较多,沟通减少。研究也发现,有孩子前是最浪漫的夫妻,有孩子后问题最多,后者因为他们有不切实际的期待。对怀孕有所计划的妇女较不快乐,因为她们期待有了孩子之后的生活应该比实际的情形更好。由于婴儿脾性不定,因此,最辛苦的是母亲。

对妻子而言,做母亲的心情是复杂的,有研究统计,大约有三分之一的母亲觉得当母亲既愉快又有意义,三分之一不觉得如此,另外的三分之一则有复杂的感觉。

没有孩子也是苦恼的事。没有孩子代表不孕,男女双方总有一方有责任,或是双方都有责任,女子子宫卵子不能受精是女子不孕,男子射精精子少于六千万,是男子不孕。不孕带来的心理影响,会给婚姻情绪带来不良影响,人们通常难以接受自己无法做到他人轻易所能做到的事。他们可能会对自己、对彼此感到愤怒,并觉得空虚、无意义、沮丧、失望,觉得人生辛辛苦苦所为何来,再多的金钱财产今后留给何人?在传统观念中,不孕、没有孩子的人,是一个绝后的家庭,没有人继承"香火"时,总要设法在亲戚中"过继"或收养。不孕的人,夫妻间的关系多数受到损伤,更严重的闹到离婚,男的纳妾或休妻,女的总是吃亏的一方。

十三、"性"乱情迷

"性"究竟在人生的过程中占有何等重要的地位,尚无具体数据可供参考,唯"性"给人带来紧张又愉快的情绪,则不时引人论述,也显示其重要性。

(一)"性"的位阶

告子说:"食色,性也。"告子将男女之性,视为与日常生活中的饮食同阶,是与生俱来的。

心理分析学派始祖弗洛伊德视"性"是他全部学说的中心,视性爱是生命的本能,是人类行为所有具正向或建设性层面的基础。性是本能,是身体的驱动力,和饥饿、口渴一样重要。同时也反映在文化中的创作成分,如艺术、音乐、文学等。性,是负责生命本能之能源,这种能源称为"利必多",来自身体重要部位称为"性感带",这些部位的皮肤或黏膜对刺激极端敏感,当这些部位被以某种方式激活时,可排除紧张、不安而产生快乐的情绪。性,构成人格的重要部分——本我,时时刻刻在追求快乐,被压抑过度时,则会致使人格异常。

埃里克森视"性"为第六危机"友爱亲密与孤独疏离"的指标,性,代表着亲密。情爱在异性关系中彼此高潮、互相信赖,双方的节奏得以调和,这样的结合下生出孩子,圆满达成阶段发展任务。没有性之爱,则无生育可言,孤独随之而至。

"性"在日常生活中,少有人能够离得了它,即使是贞节寡妇,也难免有自慰的行为。

时至今日,"性"已被视为商品。世界很多地方,娼妓是合法的,她可以公开在橱窗内任人挑选,也可在街上兜售。她们将性视为"工作权""职场""产业",为了争取这样的工作权,标榜着这是生存权,既然是生存权,就是人权,是天赋的,任何人不得剥夺她们的权利。

(二)"性"活动的研究

"性",一向被视为神秘,甚至禁忌;但是神秘、禁忌的东西,人愈发存着一探究竟的心理。因此,"虚拟性"幻觉就随着科技进步活跃起来。如网络上男女对谈性爱超越了时空的限制,已掀起了另一场"性"革命。

根据一项研究显示,美国未结婚的二十几岁女子中,百分之八十二有过性经验,半数以上(53%)有经常的性活动。

英国是一个保守有余的国家,在旧俗中确定每逢闰年二月二十九日为"妇女求爱日"。这一天妇女可以摆脱世俗的清规戒律,大胆向意中人或未拿定主意的情人示意。

婚姻应是性活动的保护伞,其实亦不然,有学者指出,1940年及1950年所作的调查发现:百分之五十一的男性和百分之二十六的女性有婚外性行为。1983年和1984年的研究报告,估计在四十岁到五十岁的人当中,分别有百分之五十和百分之七十五的已婚男性,和百分之三十四与百分之四十三的已婚女性有婚外性行为。

2000年年底,香港的一份全球二十多个国家一万八千名十六岁至五十五岁人士性行为调查报告显示,性伴侣人数方面,全球平均性伴侣人数为八点二人,法国人性伴侣最多,为十六点七人;印度最少,只有一点八人。世界各国性伴侣人数详见图4-1。性伴侣人数调查是追溯曾有过的性伴侣,并非同时拥有的性伴侣。

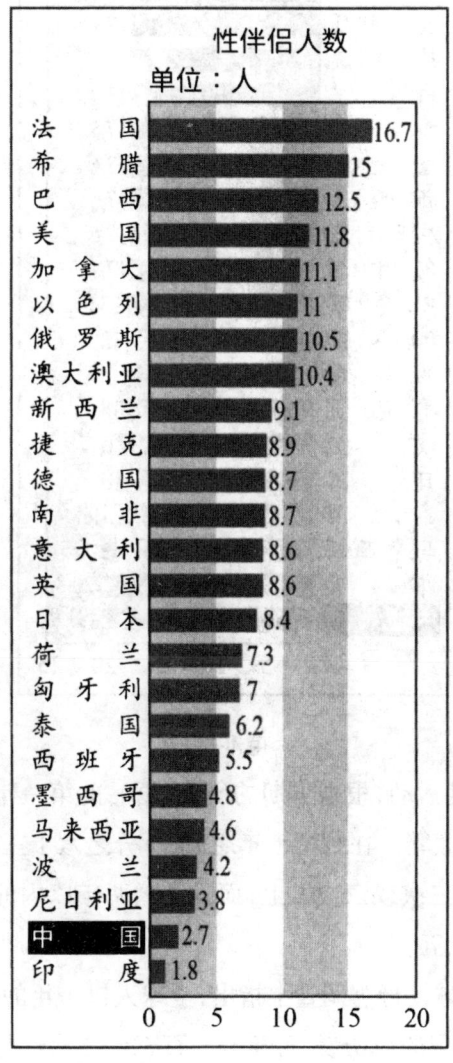

图4-1

报告中同时指出,第一次性行为发生的年龄平均为十八点一岁,美国的年龄最早,为十六点四岁;中国最晚,为二十一点九岁。其他各国情形详见图4-2。

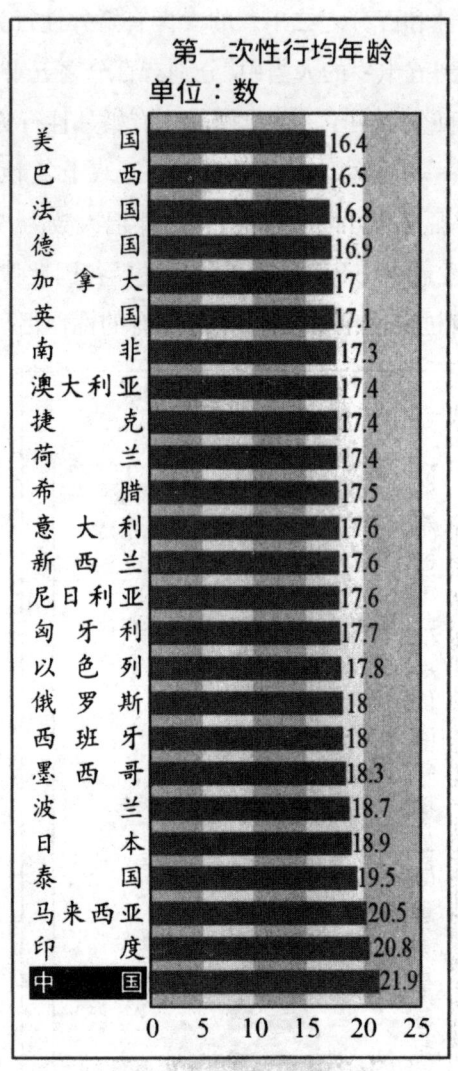

图4-2

美国人在婚姻中的性活动,根据早期的研究,婚后的第一年中性活动最频繁,而且此时愈频繁,日后也将较频繁。在结婚十年之后,百分之六十三的夫妇每周至少做爱一次,百分之十八每周做爱三次或三次以上;而且结婚两年以内的夫妇,其比例分别为百分之八十三和百分之四十五。

性行为的次数,在全球性行为调查中指出,全球人口一年的平均性行为次数是九十六次,男性比女性高。美国的受访者,每年有一百三十二次性行为;日本每年只有三十七次(见图4-3)。

第四章 成年期情绪发展与障碍

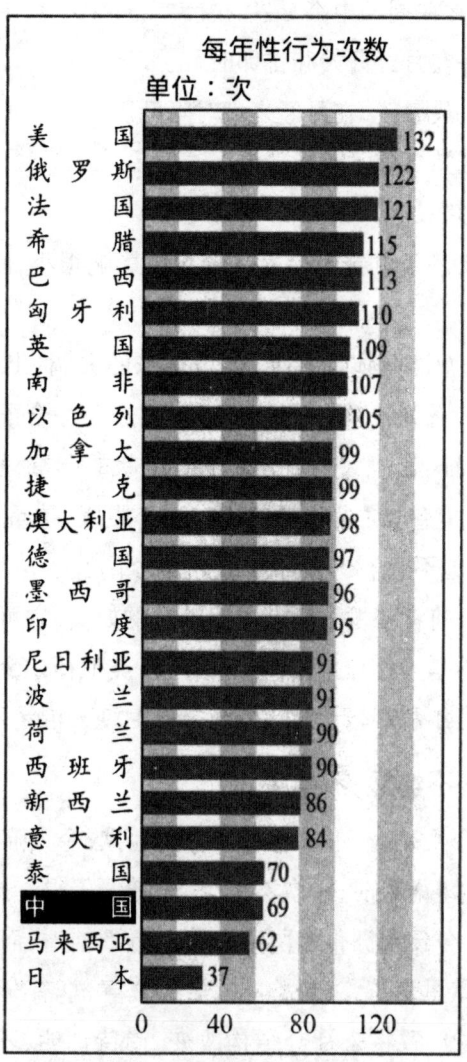

调查对象：所有有性行为的成人

图4-3

从上面各种调查研究给人们一个启示是，"性"是人们生活中一项重大事件，我国观念常谓性活动过度会招致"肾亏"，什么是过度？没有标准。性是一种情绪心理作用，情绪好、主客观条件配合，则愈促使性活动频繁，反之，则减少，甚至造成性功能障碍。研究人员预言"e"时代不会只有单一性伴侣，未来"性"将走向更开放，届时从事性行为时如不能自我保护，将导致性病泛滥，乐极生悲。

十四、经前综合征

荷尔蒙对女性生理、智力和情绪状态各有不同程度的影响。巴里研究指出，视觉、听觉、嗅觉和触觉在月经周期中不同的阶段会有不同的运作。

视觉:在排卵期(通常在周期中央)最敏锐。

听觉:它的高峰期是在月经开始和排卵时。

嗅觉:是在周期中央最敏锐,在月经来潮时降低。

痛觉:在月经刚要开始之前敏锐性最差。

味觉:则无一定的形态。

有学者研究认为,女性认知能力受月经周期的影响很小,因此,她们的日常生活不致受到影响。

一种出现在成年期女性身体的不适、情绪紧张的失调,出现时间可早至月经前两周,并在月经期间或期后逐渐下降,这种现象称为"经前综合征"(PMS)。据研究,三分之一的妇女有经前综合征,其中大约百分之十的症状的严重程度足以干扰她们的正常活动。它的主要症状可能包括:头痛、胸部胀大、小腹胀、体重增加、焦虑、疲劳、沮丧、不安、生粉刺、便秘和其他不适。这些都使妇女困扰不已。

PMS与经痛的差别,前者多发生于三十岁以上的妇女,它可能和月经周期中荷尔蒙和生化变化有关,也可能是心理作用;后者是因一种类似荷尔蒙的物质分泌引起的子宫收缩所造成,多出现于青年和年轻女性。但两者有时使人混淆不清。

十五、大趋势——不结婚,不生子

结婚是人间天堂,令人兴奋;不幸的婚姻有如地狱,令人痛苦;离婚或再婚,都令人困扰;单身、生育会令人踌躇不前;性事不可少,却随便不得。这些令人困惑的事,如何解决,随着社会的变迁,今日欧洲很多国家渐渐流行不结婚,而同样享有结婚如天堂的乐趣,避免走入婚姻地狱里受苦,离开单身生活的寂寞,享有"性福",和有后代继承"香火"。流行是否势不可挡,致将来社会结构改变,尚待证明,不过,人心逐渐改变也是事实。

根据报道,挪威奥斯陆有一对男女都不想到市政府当着公证官宣告两人要结婚,也不想在教堂结婚。同居之初,买第一栋房子时是如此,生下儿子时是如此,儿子都十六岁了也是如此。

四十五岁的林达尔和妮娜同居已二十三年,他表示,当初说好,孩子在学校如遭到侵扰就考虑结婚。但统计数字显示,挪威目前约有半数学童的家长不是单身就是同居。

欧洲有愈来愈多的非婚生子女,他们出生在一种新社会秩序里,而这种转变已改变许多国家对家庭的观念,尤其在北欧诸国。

以挪威为例,1999年出生的小孩中,百分之四十九的父母是未婚同居,冰岛则是百分之六十二,爱尔兰是百分之三十一。1998年英国的统计是百分之三十八,法国则是百分之四十一。

  法国雷恩市的政治学研究院教授马汀指出,在他看来,男女之间最重要的是彼此关系的品质,而不是有没有结婚。在法国,结婚和同居差别很小,非婚和已婚生子女的差异也不大。但这类孩子和家人并不是没有困扰,否则,林达尔不会说,孩子在校如遭到侵扰就考虑结婚。

第五章 中年期情绪发展与障碍

第一节 何谓中年

何谓中年期？西方心理学家多将其界定为四十岁至六十五岁之间的人。这是以年龄来区分的。

有学者则以背景结构来界定，其中之一是家庭情境，所谓中年人可被定义为有成长的子女或年老父母的人。此一说法受到批评，与很多事实不符。如果单身者，他（她）没有子女，而年龄却已在四十岁至六十岁之间；此年龄阶段的人，有些父母早已去世，或根本成长在孤儿院的无父无母者，何来年老的父母？

孔子似乎曾以年龄为条件界定中年期的人，并以发展成熟的观点阐释此阶段人的特质。自喻"四十而不惑；五十知天命；六十而耳顺"。显然中年期是四十岁至六十岁的人。此时期的人，依孔子自觉是到了四十岁，对一切事理能通达没有疑惑；到五十岁，能知道天命的道理。按朱熹的解释，天命，即天道之流行而赋予物者，乃事物所以当然之故也。到了六十岁，听到别人的言语，便可以分辨真假、是非。按郑玄的解释，所谓耳顺，即闻其言而知其微旨。

孔子的定义，以心理学的观点，将"背景结构式定义和年龄式定义"包含在内。人到了中年，情绪心理的控制理应圆融，达到喜怒不动于衷也不形于色的境界。

第二节 中年期情绪发展的理论研究

常言"人到中年万事慵",给人很多负面的影响,也使一些一心向前迈进的中年人感到沮丧、却步。

依发展的理论诠释,中年期的发展自然是成年期的延续,中年期的情绪发展及其种种,自然受到成年期的影响。学者的论点很多,如下。

一、葛尔德的中年危机论

人格心理学者葛尔德曾于1970年至1971年间以美国加州南部地区的居民为样本进行研究;在同一时期,李文森也以美国东北部地区的居民为样本进行研究。两者的研究样本,大致均介于中年转换期(40—45岁)的男人,两研究均指出"中年危机"广泛存在。此观念之后逐渐被引用流传,已成为人们耳熟能详的名词。

所谓"中年危机",指男性到了中年以后对人生展望的质疑,对自己存在意义的重新探讨、对未来生活满足的焦虑感。更确切地说,它常被界定为由于中年新的发展任务需要完成,而对当前内在资源与外在社会的支持体系造成威胁,导致生理和心理压力的一种知觉状态。

男女两性进入中年,由于生理的老化逐渐显露,心理自然受到影响。女性因"停经"和子女长大逐渐离家形成的"空巢",更衍生一种强烈的恐慌和焦虑而感到沮丧;而男性却在广大的社会压力下倍感无所适从,此种社会压力,包括事业高峰的期许,婚姻关系的怀疑、男性雄风的失落感等。在事业上,怀疑自己的发展是否已到瓶颈,对成功的期待尤其加深,常出现一种患得患失的心理。

中年危机一词,后来作为沮丧、婚外情或转业等一切的解释。荣格将这些事件视为由外在取向(在社会中寻求自己一席之地)转为内在取向(由自我中寻求意义)的征兆。

心理学家指出,中年是动用"储蓄"的时期。这是指中年人无论在事业或亲密关系上,已经再没有"进账"了。并意味着:如果自己还想改变人生方向,就得加快行动。

也有人认为中年是一个"清点盘存"期,重估早年事业抱负与其实现程度,这是因为工作对人们的中年期感受有强烈的影响,人们最不愿见到的是中年失业。往往不得不重估目标,想朝全新方向重新出发,又迫于人生时程的急迫性,会由"已活了多久"的想法,转变为"我还有多久可活"。体会到自己已无法在有生之年完成每一件事,因此,也急着将剩下来的时日作最好的运用。再者,生命的"重要时光"也让中年人明白自己的身体已经不同以往，皱纹和筋骨酸痛是身体开始退化的前奏，乌溜的头发已逐渐变灰，心理、动作、性功能都大不如前，这一切都给中年人带来情绪上的不安。

评论：中年危机的概念，也有人不赞同，认为这并非普遍的现象，亦非不可避免。这方面的研究也不少，如：维伦特曾以九十五名哈佛大学生为样本，进行追踪研究四十年之久，并未发现有此现象；另外一项进行三年的研究，以三十五岁至五十五岁的妇女为对象，亦并未发现此现象，受试者认为意外发生的事件（如离婚、车祸、工作转换）或未预期发生的常模事件（如父母过早死亡）才是生活危机产生的原因。

西班牙有这样的谚语，指出中年是："健康、爱情与金钱，以及享用这一切的时光。"这句话扼要说明了中年所能得到的好处。由此说明人到了中年，不但没有所谓危机，更是生命过程中最光辉的时刻，应该尽情去享乐。

二、荣格的内、外向性论

荣格是精神分析派大师之一，认为中年期的转变在发展上相当重要，约到四十岁时的男女，都以对家庭和社会的义务为中心。女性强调"表现"和"照抚"；男性重视成就及能够情绪表达。荣格描述个人和世界之间关系的两种一般取向（态度）：①内向性。指的是一种主观取向。内向性的人比较可能是保守的、退缩的，对理念感兴趣，而非对社会关系感兴趣；②外向性。指的是对外在世界感兴趣的态度。外向性的人是比较社会化的人，是友善的，且会参与自我以外的事。

这两种极端的态度可能是基于天生，然而生活中的经验，亦可鼓励或挫败个人的取向。这两种人的情绪表现截然不同。

中年期的人，在荣格看来会变得更为内在导向，并专注于内在世界，此时，人们得放弃年轻时的幻想，采取一种更合适的生活形态，并意识到生命有限。这种内在的活动会产生压力，但却是适应所必需的。如果意欲逃避这种转变，将无法在此阶段或日后获得良好的心理适应。

"在日常生活事件中渐趋保守，已没有年轻的冲劲"，学者评论证明荣格的看法是正确的。

三、埃里克森的常模危机论

埃里克森将中年期的人视为第七个常模危机——精力充沛与颓废迟滞引申解释为亲代性与停滞。其认为一个发展顺利成熟的中年人，将引导其下一代发展并给予关切；因此，会感到满足。但是，他在预见自己生命的逐渐式微后，会感觉到使生命持续下去的必要，如果此种需要未能满足，停滞、消极、死气沉沉等情绪问题随之而至。

没有机会发展亲代性的人，是那些未曾当过父母的人，埃里克森相信这些人会有失落感(即亲代挫折感)。但许多人在照顾孩子多年后,不无疲乏感,或许得先照顾一下自己,才能再去照顾别人。

可以想象到,人到(或过)了中年,膝下犹虚,心中就会觉得空虚,在此种停滞期间,借机储备精力准备再出发,以求补偿。但依埃里克森看来,过分的停滞会造成自我耽溺,甚至造成身心两方面的衰退。

第三节 中年期情绪障碍论述

中年人情绪障碍种类繁多,难一一举证,现举若干现代生活事件予以论述。

一、健康

在人生的旅程上,如果以一部汽车来比喻,婴儿在母体中是车子零部件的铸造期,婴儿诞生后的儿童期,是车子零部件已经装配成为一部新车。新车初期行驶三至五千公里,各部位组件需要"磨合",恰如人生的青年期跌跌撞撞,经历诸般磨炼,以便进入壮年成人期,车子也是一样,经过磨合后,行驶顺畅,日夜奔驰,发挥它最高价值。与成年期相若,不管是体力、智慧、经验等都在巅峰状态。但一人中年,疲态逐渐显露,正如车子经过五万、十万公里或五年、十年后,必定状况百出,修不胜修。人到了中年何尝不是如此。

一项在上海、无锡、深圳等地对一千一百九十七名中年人健康状况的调查结果显示,百分之六十六的人有多梦、失眠、不易入睡等现象;经常腰酸背痛者为百分之六十二;记忆明显衰退的有百分之五十七;脾气暴躁、焦虑者占百分之四十八。另外,调查结果显示,慢性疲劳综合征在城市新兴行业人群中的发病率为百分之十至百分之二十,在某些行业中更高达百分之五十。

谚语有云:"岁月不饶人",中年人最深刻的感受莫过于生理的变化,各种感觉机能逐渐退化,包括:视觉、听觉、味觉和肌肉活动力强度。这些变化也给中年人带来情绪困扰。

"老花眼"的出现,通常在中年期开始,眼睛水晶体的弹性随着岁月而减小,对焦能力逐渐减损,阅读书报或看细微物体不得不在脸上架上一副沉重如枷的眼镜,远看要取下,近看要架上,须臾不离,使人不胜其烦,戴久了鼻梁受压有变形之虞,行走也大受影响。据研究指出,由于瞳孔变小,需要比以前多出三分之一的亮度,来弥补到达视网膜光线的损失。由于对焦障碍,会有"小字症"现象,写字时的字迹比以前小很多,且歪歪扭扭的上下不在一条直线上。

生活在一个噪音严重的地方，人们的听觉容易受到很大的伤害，但人们到了中年期听觉也逐渐衰退，对听较高频率的声音尤觉得困难。耳鸣也是免不了的现象，即使身处在严寒冰封的冬季，也如春暖花开之时，耳里听到的虫鸣鸟叫声，声声入心，其实这是听觉退化令人困扰的事。专家指称，五十五岁以后，男性听力丧失的情形比女性严重。听觉障碍的人，最大的问题是影响人际交往，他因听不清楚别人的说话内容，也难正确回答别人的问题，见人窃窃私语，萌生误会，甚至冲突即起。有听觉障碍的人，与别人交谈时深恐对方听不到（其实是他自己的问题），会提高腔门，令人闻之生厌。

也有学者指出，味觉敏感度约从五十岁开始下降，尤其是有关区别"味道细微差异"的能力。为什么一些中年以后的人，对食物的味道（咸味）要求加重，就是这个原因。往往成为其家人批评的对象，与家人在同一餐桌上，也因个人要求味道加重，而形成与家人对立。

精力和活动弹性反应，青年期达到高峰，到了中年期便逐渐下降。但也有例外的，如果这些人经常从事运动、生活规律，可望于六十岁以后仍保有更多的精力和弹性。久坐的生活形态近来被发现是心脏病发作致死的主要相关因素之一，这就是"不用就会坏"的中年人警语。

简单的动作反应，据研究，在二十岁到六十岁之间的人，平均大约慢了百分之二十。这就是为什么年纪愈大动作愈慢的原因。

毛发和皮肤的变化多数呈现于中年期，致人们开始也为这些鸡毛蒜皮的事烦心。莫名其妙的脱发，以都市的劳心族男性居多，是工作忙碌、压力大增所致；生理上的雄性秃也会发生在壮年期，但不如中年期多。中年期的毛发除了病变外，也会因年岁的增长而自然变化，显著的是白发与日俱增，逼得他们工作或休闲之余去"染发"，或朝夕对镜自怜，拿起夹子忍痛拔除；而不太多的初期白毛还可以"斩草除根式"处理，但到后来"春风吹又生"愈拔愈白，拔不胜拔时，只有接受那无情岁月"摧枯拉朽"，不是"白头皑皑"就是"童山濯濯"，好不令人懊恼。

到了中年期，"鸡皮疙瘩"逐渐在身上某些部位出现，黑色素也渐渐浮现在手或脸上。皱纹也刻画在那难于掩饰的额上或眼尾角里，纵有喜事重重，也不敢如往日开怀、昂首哈哈大笑，否则脸上的皱纹更为显著。常见有些人（尤其中年妇人）掩眸而笑，莫非就是掩盖脸上的皱纹。这也是令人感觉沮丧的事。

中年期生理上的变化影响情绪的，还有血液流通的能力降低、肾脏功能开始下降，消化系统中酶的分泌量降低、男性前列腺变大、女性雌性激素分泌减少等，他（她）们很多的日常时间，几乎花费在医院里，是医院的常客。他（她）常抱怨医生不认真，三言两语就打发其等候大半日甚至一日候诊。

问题思考——附栏：三十年来男性健康未见改善

有报道称，许多男人无法得享天年，而且愈穷困的男人愈有早死的危机。

男人寿命比较短，原因包括饮酒过量、高自杀率、肥胖、少做体检、很少定期筛检睾丸癌等。

一般男人一生中可能有十五年时间患上严重病症，但很多人都不愿意去看医生。

欧洲男性健康论坛说，过去三十年间，男性健康未见改善，而且睾丸癌和肝病问题有愈来愈严重趋势。

和1971年的统计数字相比，最新的统计数字显示，从十六岁到三十四岁的男人，死亡率并未降低；十五岁至二十四岁的男子，自杀率增加一倍，前列腺癌病例增加一倍多；而二十五岁至六十四岁男子因喝酒染上慢性肝病人数则增加五倍。

"世界上在健康问题上的最重大的不平等之一，就是男女之间的健康不平等。男人平均比女人早死五年，低收入男人还要早一点。"

二、更年期

（一）男性更年期

男子到了中年期，除会出现某些生物上的改变（如生殖和性高潮次数的减少，以及阳痿的增加），此外，男性的荷尔蒙制造似乎有周期性的变动。还有情绪心理也有所变化，有人戏称为"男性停经期"。据专家的研究，男性更年期一般出现时间比女性更年期晚十年左右，造成的生理影响不同。约百分之五的中年男性在情绪方面感到沮丧，在生理方面觉得疲劳、性欲降低、偶尔无法勃起，以及原因不明的身体症状。男性更年期情绪性抱怨最多的，不一定来自生理变化的压力，因为这些变化并不如女性显著，而是有些问题也许与生活事件有关，如疾病、失业、孩子离家，或丧亲的失落感。

不少研究报告认为男性确有更年期，年老的男性确实可以检查出血液中男性荷尔蒙降低的现象。男性荷尔蒙降低后，会有肌肉变少、肌肉无力松弛、骨质松弛、记忆减退、性欲降低甚至不举、脂肪增多、血脂浓度升高，而引起高血压、心脏病等；因此，确实有男性更年期。同时，研究发现，大于六十岁的男性，约有百分之二十有男性荷尔蒙浓度太低的现象，但到底要低到什么程度才会有更年期，还没有定论。

（二）男性更年期综合征

男性在外观上的老化虽然比女性晚十年，但在某一段时期，身体老化的加速运作，如肌肉减少、较易疲劳、男子气概减少，甚至连性能力都退化，足使人的神情颓丧。

"容易疲劳、注意力不集中、忧郁、焦虑、失眠、潮红、盗汗、心跳加速、便秘、皮肤萎缩、合并或多或少的性功能障碍及性欲低落。"

这类的身心障碍,发生在中年以后的男性,出现的年龄差距颇大,且其男性荷尔蒙不一定呈现低落的倾向,以上症状称为"男性更年期综合征"。

泌尿科医生指出,男性更年期与女性有着显著的差异,女性在停经后荷尔蒙缺乏情况几乎是不可避免的,但大部分男性荷尔蒙缺乏的情况差异颇大,且很少会失去生殖能力。研究指出,男性荷尔蒙受下丘脑(脑垂体)、性腺轴的控制。男性荷尔蒙在脑垂体中日夜浓度不同,早上较高,下午较低,且性荷尔蒙(如睾固酮)大部分与蛋白质结合,游离状况约占百分之二而已。血中睾固酮可以用来评估性荷尔蒙的变化,以判断男性更年期的情况。

泌尿科临床医生也指出,虽然个体差异颇大,但大部分男性随年纪增加而变化,且每个人身上的变化仍有一致性,如睾固酮随年纪增加而减少,日夜浓度变化趋于平缓等。以上的变化在四十岁以后逐渐发生,五十岁以后日趋明显,曾有文献指出,性腺功能低下者,占比将近百分之五十。

讨论话题——附栏:专家预测男性可能绝种

奥地利一名专研男性健康问题的专家,维也纳大学教授梅里恩预测,除非男性改变处理健康问题的方式,否则男性可能绝种。

梅里恩认为,过去二十五年间,男性在社会、家庭和职场的角色都剧烈改变,女性已成为社会更具支配力的成员。

梅里恩也是维也纳第一届世界男性健康会议主席,他说:"家庭、职场和社会对男性健康造成的新影响是什么?会不会有朝一日根本不需要男性?"并认为,随着精子银行、试管婴儿、性别筛选技术等的发展,再加上人类复制及同性婚姻等,未来很可能不需要男性。

他还说:"相较于男性,如今女性拥有较高的情绪商数和社会能力,也远比过去能掌握自身的生命,而如今男性在职场上未必居于要津,在家庭中的角色也完全改变。但是许多男性还活在过去,无法接受他们的男子气概面临愈来愈多威胁的事实。"

梅里恩呼吁商业广告以崭新的角度诠释男性,以积极正面的方法提升男性健康,且为男性创设更多匿名的"贴近男性"的咨询专线。

另外,美国的一项研究指出,男人健康出问题和遇到意外事故的机率都比女性高,因此,寿命不如女人长。

男人真的这样命苦吗?确值得思考探讨。

(三)女性更年期

女性更年期课题,是20世纪下半叶以来,在保障妇女健康权益的呼声中,最为突出的议题。

传统西方社会对于女性更年期、停经,多是持着负面的态度,认为这是她们"充满抱怨的时期"。在我国社会,更年期一词也难摆脱负面、戏谑的意味。不过,根据研究,生活在不同的文化、社会背景中的妇女,其实有着不同的更年期经验。

研究者发现:一般而言,老人地位崇高、对更年期保持正面态度的社会,他们的妇女对于更年期的到来,也会持正面的态度。至于崇尚青春美貌的西方社会,妇女的态度则较负面。

对美国与澳洲的中年妇女健康研究发现,在更年期初期会出现负向、忧郁情绪的妇女,与本身在更年期前已患忧郁症、经前综合征,以及对停经、老年的负面态度有关。数年后的追踪更发现,负面情绪的变化,与初期的负向情绪、身体状况、自觉健康不佳、伴侣关系不睦、生活压力事件、抽烟、少运动等不健康或是紊乱的生活形态息息相关。

根据研究显示,我国大多妇女看待更年期是自然的生理现象,不会因失去生殖能力及女性特征而懊恼难过。而对待的态度愈正面,愈不认为女性魅力与情绪受更年期影响;社会参与度高、推崇老人地位者,心情更为宽广。但负面的生活事件,才是更年期妇女的健康杀手。

从上述可以发现,中年妇女的情绪变化,心理与社会因素影响最大,生活事件次之,生理变化虽然有,但不是主要因素,也许这种生理变化,她们早已有所预期与准备。

女性的更年期比男性明确,到了中年期男性的生殖能力虽有衰退,但仍可继续持久,甚至九十岁尚有生殖能力。女性则不然,到了中年—出现停经,生殖即宣告中止,步入真正所谓的更年期。所以有人将女人更年期定义为"指由具有生殖能力到不具有生殖能力的过渡时期";一般约为两年到五年的时间。据美国方面的研究,他们的女性一般停经年龄在四十五岁到五十五岁之间,平均为五十一岁。但也指出,有些女性在三十几岁时,便开始遇到月经的变化,有些人则在六十九岁才出现,这该算是异数。现代医药发达,可使停经后的中年妇女借药物短暂复经,已是普遍的现象,但生殖则不必谈了。

(四)更年期症候群

临床研究显示,女性更年期的主要原因,是体内雌性激素的分泌减少,内分泌紊乱。因此,常出现月经不规则现象,流血量比以前多或少,周期间隔也可能变长或缩短,有些人会出现阴道萎缩干燥、阴唇发痒、皮肤干燥发痒、头发变干变粗、掉头发、乳房变小、骨质疏松、声音变低、心血管疾病增加,等等。大约百分之八十的女人会有盗汗、潮红、发热、头痛、晕眩等。

更年期的女性，除上述生理的不适外，在情绪方面更使她们困扰，有时会感觉到紧张、失眠、注意力不集中、易烦躁、不安全感。更有某些更年期女性的情绪，在于对他人的过度关怀，包括对其子女、丈夫，甚至其他的亲戚朋友，这种过度的关怀，常表现喋喋不休、絮言絮语，即使是微不足道的事，她也不放过，她可绕着你的身边打转说个不停，她不管哪些该说哪些不该说，总要找一些可以言语的话题说个不停，愈说愈亢奋，愈说声音愈洪亮，即使在电梯间、大饭店的大厅，所有陌生人注意力都投注在她的身上，而她仍视若无睹。不管你是从未见过面的远房亲戚，或是在菜市场同一摊位议价提菜篮子的陌生人，她也能切入话题和他（她）聊上大半天，也不觉得累。她一个人在厨房拿锅铲也可以歌舞一番，唱跳起来。不管你叫她做什么，她都会兴奋起来，如果是事情搞砸了，会说："有那么严重吗"？轻轻带过。挨批评时，她认为这是前生修来的缘，有人骂她总是好的，如果没人骂才是悲哀！吃亏、上当、被别人坑了，在她看来，是别人"需要"！否则，他不会这样待我。她有时亦会郁闷、生气，但不会长久，一阵子后她自然会先开口和你说话，她是憋不住的。一般人认为这是修养很好的妇人，其实，不如说是"更年期妇人综合征"，情不稳定是其主要症状。

三、性

传统的观念里，"性"是人之大伦，传宗接代是也。瑞典性教育家艾瑞克·宣蒂沃尔认为，"性"不只是传宗接代的过程而已，而是人生的动力和重心之一。心理学家则认为，"性"是一种情绪心理激动进而触动生理勃起。古今中外不知引发多少专家的研究，文献也可车载斗量。

"性"有促使情绪快乐的一面，也有哀怨之时。人到了中年可能是哀怨多于快乐，根据研究从两方面论述。

（一）"性"活动频率

1984年美国一项全国性的调查发现，中年人的性活动及方式比过去多，但驱力不如年轻时频繁。以前每隔一天需要性交的人，此时可能隔上三五天也能满足；勃起较少，且多得靠直接刺激，高潮较慢出现、有时根本不出现，每次高潮后需较长恢复时间才能再度射精。有些停经后的女性，较不易达到兴奋，有些则于性交时疼痛，这是由于阴道组织变薄且润滑不够之故。

中年期性活动频率减少，除生理因素的疾病原因外，还有来自生活的压力，如心思全为生意、财务困境、身心疲劳、沮丧，以及面临时间冲突，未将"性"排于优先顺位致无法勃起等。

不过，也有正向的，中年期性活动的质量，反而得到提升。此时无须忧心怀孕，拥有更多与伴侣相处的时间，使性关系更胜于往昔。研究者认为，彼此拥抱抚爱，而不将此种接触局限于性交前戏的情侣，将可体验到一种全然的兴奋感。对此类配偶而言，中年期将是在一种关怀、亲密的关系中有高昂"性"致的时期。

中年期也有一种"性危机意识"作祟，有些人的性活动频率不降反升，是基于一种"日薄西山"对岁月的恐惧心理，行乐须及时。再者，依运动有益健康的观念，愈练愈强，停滞不练自然衰退；也为验证自己"宝刀未老"，在有钱、有闲的情形下，到外面找寻"实验练习场所"，是常会发生的事情。这就是为什么中年人容易在外面"寻花问柳"的原因所在。"尝鲜"的心理也助长中年男子增加性活动频率，女性亦不例外。

问题思考——附栏：你的性生活是否过度？

如果你经常有下列症状出现，而又没有其他疾病，以中医的观点告诉你，可能是性生活过度了：①面容憔悴；②体型逐渐消瘦；③疲倦；④精神不振；⑤四肢无力；⑥腰膝酸软；⑦记忆力减退；⑧眼干；⑨鼻燥；⑩耳鸣；⑪口干；⑫失眠；⑬多梦；⑭食欲降低；⑮晕眩；⑯便秘；⑰易怒；⑱心悸；⑲盗汗。

（二）"性"功能障碍

1.性功能障碍的实证研究。性功能障碍，含缺乏性欲、勃起困难。男子在想到、见到、摸到、听到、嗅到女人时仍无所动，或性接触时会早泄，或见色漏精；对女性而言，阴道润滑问题，无法达到高潮，对性行为表现感到焦虑，以及性交时生理疼痛，或高潮太快等。

性功能障碍现象颇为普遍，根据一项美国成人性行为研究，百分之四十三的女性及百分之三十一的男性都有与情绪或压力有关的性功能障碍；芝加哥大学研究员劳曼等直言："研究结果显示，受生理和心理因素影响的性问题在美国社会相当普遍。"1992年全美健康及社交生活调查，曾对一千七百四十九名女性及一千四百一十名男性做过调查，研究结果显示，性功能障碍与情绪和压力问题有关，影响因素包括先前受创的性经验、生活状况不佳及生活品质恶劣；研究还指出，最常有性功能障碍问题的是年轻女性和较年长的男性，因为年轻女性单身，性活动对象变动率高，以及周期性缺乏性活动。这种不稳定加上缺乏经验，常使得性交时压力倍增，这就是她们性交时疼痛和焦虑的基本原因。至于男性年长者通常都有持久性或无法勃起的问题；另外，还有可能是"性趣"缺乏之故。美国马萨诸塞州曾针对四十岁以上男性进行性障碍调查，结果有五成二的人勃起困难。

性生活不美满也会导致心脏病的发生,因此,维持良好的性生活将有助于心脏病调养。

四、中年转业与失业

(一)一般情形

中年以后想改换工作,不是一件容易的事,也会产生较多的问题;但目前的情形,很少有人选择的职业延续一生不会改变。有很多研究指出,中年人改变工作的趋势一直在上升。一项以三四十岁男性为对象的研究指出,中年改变工作的原因,为原先的工作未能使个人潜能获得实现,以及由于离婚、寡居或突然的失业使个人生活目标改变。但另一项以三十四岁至五十四岁的男性管理和专业人员为对象的研究发现,基于外在因素而导致工作的改变占百分之五十四;另百分之二十九是由于外在的压力;只有百分之十七的人基于本身的理由。总之,由于年龄的歧视日渐普遍,中年的工作改变,似乎不易实现。

另外,还有更多的中年人发现自己不愿在未来的一二十年中继续做同样的事,于是踏入一个全新的领域;另有一些人为失业所迫,不得不去找寻另一个事业的春天。有些人则因"结构性"或"功能性"而久停一职,前者,是属于机构中的编制额限制;后者,是自己能力所限致升迁困难、无望,也不愿和年轻学历高的同事竞争晋升。这些情形都会造成中年转业危机。

中年人转业成功与否,取决于是自由选择还是被迫,自由选择转业的人,因为他们会将宝贵的经验贡献到新的组织中,常被视为有价值的人,而且这种人的动机和企图心都很强,所以,纵然到了中年,转业也容易成功。但是,被迫转业的人,即使成功了,但这种置之死地而后生的成功,不是一件轻松愉快的事情。不管是自由选择的转业或被迫转业,在此过程中都不是一件轻松的事,患得患失或一蹶不振的心理常是中年期转业最大的障碍。

再者,有人说遭到资遣的人如同遭到情人抛弃般,上了大半辈子的班,几与外面世界隔绝,想在当前的职场转业,自己却一无所知,一向依赖公司系统生存的他,想找第二春,简直比登天还难。除此之外,脱离目前的同事,就没有社交可言。最后,不禁自问,这种情形我有哪条路可走?

(二)失业的影响

以日本为例,其是经济大国,2000年尚有一周不到,人们就要快乐过新年之际,日本"SOGO"百货公司,竟在同一日有九家连锁店在完成"跳楼大甩卖"后宣布封馆。当这九家店铺的大门缓缓落下时,那些常年在店里工作的职员纷纷落泪痛哭哀伤不已。

日本劳工一直视工作代表身份地位,直到2001年,经济前景恶化,企业纷纷裁员瘦身,直接受到最大冲击的,就是这些负责家庭生计的四五十岁的中年人,他们也是社会的核心。这一代人几乎为公司牺牲一切,遇到这种情形,他们觉得自己被出卖、被孤立,像垃圾一样被丢掉。此时,日本的失业率也达到空前的百分之五点四。

高失业率会带来社会、政治、经济问题,日本的经济恶化伤害到很多企业、银行,极端紧张和心理不稳定的人数之多前所未见。1999年约有四十二万五千人接受心理治疗,1988年开始经济衰退时,自杀人数暴增百分之二十五,达到三万人以上,而且一直居高不下;直接因为失业、个人债务及经济而自杀的人数,每年有八千五百人。2001年东京地方法院公布数据,前一年宣告破产的日本人高达十六万零五百六十七人,比大前年的十四万一千六百二十八人多出近两万人,创下新高。专门处理个人破产案件的律师表示,保守估计向高利贷公司借钱的日本人多达一千五百万人,占日本总人口将近百分之十二……负债累累而且无法如期偿债的日本人,大约在一百五十万到两百万人之间,许多人因为无法解决债务问题,为此自杀或离家出走躲债而不知所踪的人数平均每天达十八点七人。

对半辈子为公司而活的日本人而言,遭到资遣情何以堪,患忧郁症后也不愿就医,结果可能就是自毁一生。一条横贯东京都的中央线,有一阵子老是发生跳火车自杀的事件,一个星期就有好几起。在日本,谁熬不过去就跳火车,这似乎已经是稀松平常的事。

五、"空巢期"的失落感

"空巢期"一词的含义各国不同。美国认为家庭中最小的孩子离家时,父母会产生一种适应困难的危机;中国社会的父母,多有三代同堂的现象,甚至四代同堂也不少。虽然会因孩子长大在外成家立业的必然性,自然慨叹孩子终于长大了!但空巢感不像西方人强烈。中国人有"叶落归根"和"安土重迁"的观念,不管走到哪里,最后总希望回到自己故乡和父母身边,即使将来要死也想在父母坟边留一块空地,归葬在一起。

"失落"的意义,墨菲说:"失落是一个被剥夺的状态,或是一个人失去了他原来所拥有的。"失落对一个人而言,同生、老、病、死一样,是不可避免的事。它包含有形的,如失亲、离婚、丧偶……无形的,如青春年华消逝。是一种现象,也是一种情结,表示原属于某人的事物强行被剥夺,最严重的剥夺也许就是死亡。

中年人空巢期的失落感,心理的矛盾,男、女不同。对妇女而言,当最小的孩子离家后会带来一种困难的过渡期,因为在此之前她们为做好母亲的角色投注大量的心血,一旦孩子离去,她们惶惶不可终日,仿佛她已是无用的废物,从此厨房做饭再没有孩子抢吃的，再没有孩子的脏衣物可清洗了，回想洗衣、烧饭不是轻松的事，嘴巴还不停地唠叨，但心里仍是乐不可支。可是现在一切都改变了，不时心中仍停不下来，盼孩子仍在自己的身边。更有一种矛盾的现象，根据研究指出，较难适应的妇女，就是孩子未做他即将离巢的安排，突然离家致做母亲的也无法为空巢期预做准备。做父亲的，在此阶段觉得难过，他们对孩子离去的反应，可能是懊恼自己未能多花时间和子女相处。然而不管是哪一类父亲或母亲，最难适应的是还有孩子未能如预期达成独立。

很少有父母因子女即将离开而不难过的，大多数的父母都会因子女即将离开致情绪陷入低潮。然而，美国的一项研究显示，在最小子女即将离开的五十四名中等及下层阶级的男女中，只有三名母亲和两名父亲表示此转变阶段是人生的最低潮，甚至在这五人中，也没有人将自己的不快乐归咎于子女即将离去。这固然是归于他们的社会观念，认为孩子长大了就应该离开父母家庭，心理上早有这种准备；反之，不离开才是使人发愁的根源。再者，子女长大后不离开，这些做父母的仍要面对孩子青年期沟通相处最艰苦的时期，有时也会因子女而和配偶产生冲突。在前面的研究里，有十对父母就有这样的感觉。

有研究指出，美国许多女性因空巢期而得以摆脱"为人父母的长期紧急待命"，并能表达自我肯定、攻击和自我决定等"男性化"特质，这些是过去积极扮演母职时，为家庭和谐所不得不压抑的情绪。

由此观之，身处空巢期的中年男女，并非想象中那样哀怨情愁，相反从此可以享有更多的空闲，计划安排人生以后的旅程。

不过，空巢期的父母会有两种危机：一是由于空闲太多，无所事事时，为母者的"话多"天性，往往会使难得清静的父亲受不了，即使做个忠实的听众不加反驳，而她仍觉得不够体贴；若稍加解释，她不是更加亢奋和你没完没了，就是一番你来我往、无休止的争辩或吵闹，夫妻情感必然由此紧张起来；另一危机是空巢期的中年人婚姻关系，中年期的婚姻已经没有新婚者的强烈吸引力和情绪沸腾之爱，由于每日生活在一起，神秘感消失，过去的热情也逐渐衰退，随着子女的离去，夫妻可能发现彼此已不再有许多共同之处，过去不管怎样不同，但为了孩子都能彼此忍让，如今，孩子长大飞了，不禁会自问是否彼此还愿共度余生。因此，中年夫妻的离婚率，在西方国家中显著增加，不难理解。1990年美国的中年女性中每八名，便有一名在四十岁后以离婚收场。当然，中年期后的人离婚，可能会有特别创痛的经验，他们所受的创伤痛苦更甚于青年人的离婚，尤其是女性创伤最大。

我们国家做父母的，对子女长大后要离家都能理解，但当他们要离开家门之时，必然耳提面命一番"不要忘了你真正的家是在这里"。所谓这里指的是他们出生成长的地方或家乡（老家），他们虽然搬出去了，老家仍然有他们的位置，随时准备他们回来居住。这些出去的人多能遵照前辈的叮咛，不管去到哪里，仍然设法回来探望或留居。尤其按社会风俗习惯，清明扫墓、祭祀祖先、春节新年，不管多远的孩子仍会返家团圆。做父母长辈的更是喜上眉梢，总算盼到儿归。

西方社会空巢期的父母，一般对离家后的子女重返家园，非但不十分热切欢迎，尤其搬回来住的反而成为冲突的根源。根据对与搬回的年轻成年子女同住的父母所做的调查发现，二十二岁以下，只短暂居住的子女最受欢迎。大多数父母乐于进行短暂居住的安排。但十对父母中有四对表示有严重的冲突，原因是关于年轻一代对家和车子的使用和照顾（或未照顾）。不一致的意见同时见于衣着和生活方式，尤其是性、喝酒、用药和朋友的选择。

另外。这种情境将制造其他的冲突，如：和父母同住的成年人可能又回到孩提时的不成熟，有依赖的习惯和期待父母照顾，或是父母把已成年的子女当小孩看待。父母的婚姻也常因成年子女的返家受到影响，在某个研究中，几乎有半数的父母婚姻受到束缚，尤其当子女已超过二十一岁时。

空巢期的中年父母，对子女既期待又怕受伤的情绪是可以理解的，这种矛盾因人而异。

尽管还没有学者对空巢期的人因子女远离产生的情感进行深入研究，但都不否认，一个遭受重大失落的人，其身体会产生明显而广泛的变化，会有下列具体的反应。

第一，焦虑。使人晕眩，整天昏昏沉沉的，坐立不安，自言自语，六神无主似的，不能甜睡且噩梦连床，暴躁易怒，不安等。

第二，身体不适。包括头痛、消化不良、四肢疼痛、胃痛、胸闷、肌肉绷聚、疲劳、记忆减退、无法专心、眼神痴滞，对某些事物不敢正视，有时又定睛专注某一事物，发音不准，声调低沉，嘴巴时常半张，嘴角颤动，心悸，双手发抖等。

第三，某些失落会使人觉得非常孤单，罗洛·梅在《爱与意志》一书中曾说："因为孤独而产生的恐惧比孤独本身更危险。"

第四，当面对失落时，有时会生气、愤怒，往往会发泄到工作上或亲戚朋友身上。

不过也有研究者指出，空巢期的中年人面对子女长大成人迁离家庭的失落感，未必有上述这样强烈的反应，除非有某种特殊原因。一般的情绪反应是有的，如短暂的痛苦、流泪、不言不语或再三叮咛行将离开的子女，每日不知所终，人生失去目标方向，睡不安稳，睹物思人，时刻盼望孩子再出现在自己的面前，或自言自语，将情绪发泄到某些事物或人的身上，尤其是更年期、空巢的妇人为甚。

六、丧亲

中年期的人,都会面临或经历过"丧亲",范围包括:丧子、年老双亲过世,亲戚、朋友的突然事故身亡等,都是丧亲之痛,这种痛苦是在每个人一生中必会遭遇到的事件,不过各人的反应强度会有所不一,有些人在遭遇丧亲之后,痛不欲生,从此一蹶不振,跌入痛苦的深渊;有些人却在痛定思痛之后,重新振作起来。

一般而言,丧亲之痛是一件重大的失落事件,会让人感到悲伤,这种情绪的反应,根据研究,似有一定的模式。鲁斯依他的观察指出,初期的反应是震惊,接着是否认、生气,或争议、磋商,第三阶段沮丧,第四阶段接受,第五阶段平静,最后阶段继续活下去。墨菲对失落的情绪反应过程更有详尽的描述:

(一)第一阶段——默认

失落初期的沉默反应,通常含有警觉、震惊与不相信有这件事发生。当遭受打击尚来不及准备去接受,此时的反应就是震惊与麻木,此情形就是表示悲伤的开始。当失落的事实已成定局,且已了解事情真相,会感觉到动荡、震惊、不相信、麻木、昏昏沉沉,好像所有生命意义的泉源已经被堵住,剩下来的是一片空白,会感觉到各种打击来自四面八方,有生理的、情绪的、意识的、精神的,以及行为的。此外,有些人也希望将这份失落、悲伤找人分担,如:肯尼迪总统遇刺时,人们都急迫地告诉别人,一吐心中的感受。

当一项重大失落发生时,默认期要持续好几天,若当事人必须要作出决定,如:照顾其他的人、事,这时默认期会短些,如果不能有效地对发生的事情有充分的认识,那默认期会更长。

(二)第二阶段——防卫

这一阶段似乎是寻找克服或避免失落的方法和经验。防卫的方法有两种:一是紧抓着不放,其明显的行为是借着做任何事去阻止失落感的再现,这是所谓英雄式的反应。也常见一些行将就木的人,借着承诺、祈祷来维持他的生命;二是解除策略,虽然表面上不甚在乎,实际上很在意,如失去一位知心朋友,却告诉别人他不在乎,这是依靠心理防卫去解除失落对他造成的影响,以免最后落入孤单。

悲伤的防卫阶段原则特性,是找寻一些代替痛苦的事物,代表他拥有的都是有意义的。当不知不觉地使用"紧抓"与"解除"策略,即变成一种意图逃避失落的习惯模式。长期依赖防卫的结果,是受害者失去知晓重大失落的意义及真实性。无意识的认知,该防卫即失去其可用价值,而他们却毫无知觉地一直去使用它。

(三)第三阶段——极度悲伤

当个人知道防卫策略不灵时,这一阶段是极度悲伤。这阶段是所有研究者公认的悲伤中心,有人认为这阶段为沮丧,因为失落者显示出很多沮丧的情绪。

此阶段是当事者情绪最低的时期,因此是一个关键期,包括求生意志的挑战,体力的、情绪上的寻求意义。

他们的心情不稳,一会儿落泪,一会儿又集中精神从事手边的工作。当失落在他心中翻腾时,他会视而不见,生活又一时充满意义。一下子又好似了无生趣,又一再地追问自己那是怎样发生的?能防止吗?

(四)第四阶段——复原

当人们认识到自己没有失落任何东西,而仍然拥有自己时,复原就会开始,复原似乎有两个过程:一是被动地回顾过去的生活,以及意识到事情已经过去;另一个是更主动地说声"再见!收拾行囊上路吧!"积极地接受失落,作为对过去伤害的补偿。

(五)第五阶段——成长

失落的结果,是否能促进成长?一些研究者断言,失落能提供一次成长机会。有学者以其观察所得而认为,从失落中可以找回自我,丰富自己的经验,并发现一个新的认同以代替旧的功能,这就是成长。

在痛苦与创伤之后,回头看失落作为一种成长,对当事人而言是非比寻常的。人的一生,有幸运的、有不幸的、有成功的、也有失败的,有喜悦、也有忧愁。失落会促使人们珍惜自己的生命,失落、悲伤的结果良好,能成为增强当事人的力量。生命常带给每一个人悲剧、灾难与困苦,无人能幸免。不过,人们有能力去减少痛苦,也有能力恢复健康,成长即能从苦难中解放出来。

(六)第六阶段——超越

悲伤超越论者鲁斯认为,人可能有一个超越悲伤的阶段,有超越与肯定生命的潜能,在此超越阶段,允许对失落作反应。它可能超越传统所能了解的领域。人不能墨守成规依附老套,人生亦不是只活在此时此地。时间的概念包括现在、过去,以及未来,是一个持续不断的过程,没有必要这个一定要比另一个好。

超越提供破除老旧的文化传统观念束缚的机会。当我们停止追求终极的意义、权力、高峰经验、幸福快乐、了解、勇气、忍耐,以及完整的情爱时,超越就会发生。对某些人来说,追寻意义的结果,到头来就是失望;而另外一些人,追求的结果,是敞开接受所有的事物。只要我们去追寻,就须回顾过去所拥有的,会立刻紧紧地围绕着我们,以及淘汰无关的,因为它不会带给我们正确的高峰经验。

除上述的论述,另一项研究是在探讨对丧亲的主观经验,以及此经验对其个人的生活所带来的影响。受访者都是旧金山区的居民,年龄自二十五岁至七十七岁不等,其中十位男性,二十一位女性,他们都是分别在六个月到三年前遭受丧亲之痛者。他们不自觉地清晰地描述和真实地和盘托出自己的体验。

在所有受访者中,有二十一人因其丧失亲人而体会到人类存在的短暂、无常与非永久性。许多受访者表示,他们更加察觉到自己无法预知生命的变化,不能察知生活会有何种变化。他们更深刻体会到无法阻止所爱的人死亡,也无法使他们免受苦难。他们都这样说:"没有一件事情是肯定且确切的,每一件事都可能像这个样子,你可能一下子失去你所拥有的全部,我想我就是生活在这样的恐惧中。……你原来认为它只是发生在别人身上,可是它现在却发生在你身上,而你也知道它是多么容易再次发生……"

研究者指出,这种经验使人领悟到生命的脆弱。所以,人们会变得加倍小心谨慎,也许不是对你自己的生活,而是对那些你所爱的人的生活采取更加审慎的态度。

死亡所造成的失落,是最具损伤力的经历,似乎使人们更深地察知生命的短暂与脆弱,以及人类是如何因生命里发生的悲剧而受到伤害。在受访者中,有一位母亲整日处在害怕她可能会失去另一个小孩的恐惧中。另一位母亲,小孩遭遇溺毙,则不停地抗议控诉说:"为何让我儿子死去?没有人让我选择一下。"

在现代生活中,我们眼看着那些中年期丧子的悲切,尤其老话说的"白发人送黑发人",不知他们还存有何种希望。他们的一切仿佛都会随死者而去,包括财富与希望。有些失落者行尸走肉似的,久久不能平静下来。

研究者指出,当人们体会到没有一件事是恒久、安全、可信赖的时候,会因此产生无依靠、无保障的感觉,且会产生焦虑。访问会谈的结果呈现了诸如"死亡教会我们没有任何事是有保障的,没有任何事是永久的",以及"现在我们还活得好好的,也许下一刻就不知道身在何处了"等的反应

丧亲者的心理是复杂的,明知道怎样悲伤都于事无补。然而情感上对死亡的接受,却是痛苦艰辛的,很少有人能处之泰然。一位母亲说:"我的眼泪及那种心痛的感觉,似乎片刻不曾消失。"另一位母亲则说:"我知道这很难令人接受,也知道这是已经发生的事实,我需要去面对它,然而,我宁愿不去面对它。"

失去无可替代的亲人,所引发的痛苦与空虚,有二十六位受访者表露对亲人肉体的消逝,而感到莫大的悲伤。有些受访者认为,亲友的死亡,在他们的生命中留下一种永久的空虚。他们认为:"伤心、难过、损失如此多,没有人能够来填补替代,一切都不同了。"

有十六位受访者表示他们因与家人朋友的永离而沮丧不已;有几对夫妇对好朋友的死亡感到痛苦伤心。一位鳏夫在失去妻子后流露出一种矛盾的情绪说:"我已经习惯

一起做某些特定的事情。……可是,她走后,像失去什么似的,一种苦乐参半的感觉。"这种悲伤包含矛盾情感,在丧亲的痛苦中,含有一个无可替代的人的喜悦。这是因丧亲之痛反映到对死去的人的亲密关系,追怀他们过去的幸福感,丧失妻子最伤心的莫如自己认为:"你那亲爱的太太把你撇下不管了,你已变成一个多余的人,这真令人伤心。"

一般人认为丧亲者有着莫名的哀痛,尽量避免在这段时间去接触他,即使见了面也尽量避开触及引起他痛苦的事,以免触景伤情,其实这是错误的观念,心理学家认为,人们不敢和当事人讨论其丧亲事件,将会使当事人需要重新建立的社交关系变得更拙劣。这种疏离感,因无法撇开自己谈及亲友的死亡而变得更加强烈。

一般人的错误想法是:"当人们知道你的情况后,不知该从何处与你交谈,因为他们认为不管跟你说什么,你都可能因此崩溃,这更令你伤心。"事实恰恰相反,受访者中一位含泪的年轻寡妇说:"我觉得有点被伤害了,他们从不问问我怎么办。……我是他们唯一的孩子……他们不该不问问我呀!"

研究结果发现,与家人或朋友间的疏离,会使空虚感加剧。家庭与社会可发挥重要的功能。寡妇需要机会表达她的感受及谈论她的丈夫,若缺乏与他人沟通,复原的过程会变得缓慢。这种混乱、不知所措与疏离,使丧亲的人像是黑夜里的幽灵,似乎不断地漂浮于外在真实世界与内在心理世界之间。

丧亲所带来的打击如此之大,在于它粉碎了人们的安全感。但某些人视不安全感为造成这种无止境悲伤的决定因素。心理分析家强调,面对死者所持的矛盾,除去不断的自我谴责、愤怒、罪恶感等反应外,如果成功恢复,此过程可将人们从与死者的关系枷锁中释放出来。而在丧失配偶的情况下,不安全感是从对配偶在情感上的依附,及独自一人生活感到焦虑中产生的。

七、忧郁的中年

成年以后到了中年期的男女,逐渐面对自己的健康问题:家庭、婚姻、性问题、转业、失业危机;丧亲之痛与失落感接踵而至,难以接受。他们较其他任何时期会有更多的郁闷。

(一)精神科医生也难幸免

曾是美国精神医生的凯·詹姆逊,一向是帮精神病患者解危的他,不料自己也严重地郁闷起来,他描述自己当时的心情说:"我觉得自己乏味腻人、能力不足、思绪不清、反应迟钝且毫无生气。我彻底怀疑自己能否做好任何事,我的头脑停滞,精疲力竭;这团灰色物质只是提醒我性格上一串可怕的不足和缺点,使我饱受折磨。我曾问过自己,这样活下去有何意义"。

美国国家精神研究中心主任佛莱德温是一位忧郁症专家,他说:"三四十岁之间的人,最容易患忧郁症,而且患者多是有成就的人,通常他们有很强的能力,负责任、效率高,能够掌握人生走向,也因此一旦事业不顺,就认为自己已不行了。那种失落、无助和无力感更是深刻,而且会使他对人生不再有信心和兴趣,生活都会失去重心,陷入一种沮丧的情绪中。"

(二)忧郁的妈妈杀子

美国一位忧郁的妈妈,亲手将五名自己的子女淹死在家中浴缸里,举世为之震惊。

三十六岁的美国妇女叶慈打电话请警察到她家,让警察看五名被她淹死在浴缸的子女。她说:"我杀死了我的孩子。"看得警察大惊失色。

警方表示,他们相信孩子是淹死的,叶慈出门时,身上还是湿的。当时她还大喘着气,可以看出她已方寸大乱。警察问她孩子在哪里,她就带他到卧室。只见一张床单覆盖着六个月大的玛丽和两岁的璐嘉、三岁大的保罗和五岁的约翰。第五个孩子,即七岁的诺亚,陈尸在浴缸中。

她的丈夫说,叶慈在两年前生下第四个孩子时,即得了"产后忧郁症",目前还在服药治疗中。当地的社工人员也证实这点,且纪录显示她在1999年6月18日曾企图自杀。

(三)中年人愈来愈郁闷

根据研究,在正常人中,只有约百分之二的人,可以经常拥有愉快的心情;百分之五的人,每五天中会有四天感到不愉快;至于其他大多数的人,则十天中就至少会有三天感到不愉快。由于正常人心情也会起起伏伏,有时甚至不快乐多于快乐,一旦遇到过激的不快乐,自然会发生想象不到的结果。

现代社会中的中壮年男人,愈来愈忧郁,人们形容这是"心的感冒",并流行蔓延开来。这一族群背负着家庭主要经济来源,一有闪失,很可能导致家庭破碎,也使成长中的子女连带受到冲击。因为四十岁至五十岁之间的男人,他们的子女正处于十五岁至二十四岁之间的人格和生命价值的成长期,或正踏上就业之路。

四十岁左右的男人,也面对愈来愈多的竞争,他们发现资源愈来愈少,无力感也随之而至,会在日常生活中显现出来。如:抱怨多,透露出悲观的想法;对金钱感到焦躁不安;难以抗拒悲伤或沮丧,心情郁闷;失去对原事物的兴趣或欢乐,活动量下降;非处于节食状态,而体重明显下降或增加(一个月体重变化量大于百分之五);几乎每日失眠或嗜睡;生活能量降低或每日疲累,失去活力;罪恶感、无力感、无助感及对未来的绝望感;无法集中注意力及社交退缩;反复自伤的想法或企图。

第六章 老年期情绪发展与障碍

第一节 含义

何谓"老年期"？若以本书情绪的发展各章依次论述，当推为六十五岁以后的人。但六十五岁以后的人是否"老"，历来有不少争论，引来不同观点。

"老"，亦有不同的含义，它是一个名词，代表称呼；是动词，则代表"老化"过程；是形容词，是指"旧"，或一种心理状态。美国社会将老视为轻蔑的语言和负面看法。

古希腊时期的大哲学家亚里士多德对老年人也持否定的态度，他认为老人由于尝尽了千辛万苦，因而有下列的表现：对任何东西都持怀疑态度、总是看到事物消极的一面、不轻易相信别人、情绪不稳定、心胸偏狭窄、忧思重重、缺乏热情、冷若冰霜、利己吝啬、寡廉鲜耻、不修边幅、依赖性增大、丧失理性、沉浸于往事的回忆、喋喋不休、爱议论以及性欲减退而至消失。明显地，亚里士多德是以行为特质来界定老年期的。

阿维森纳在其编纂的《医典》中，把人生分为四个时期：①成长期（青年期，到三十岁为止）；②全盛期（最美好的时期，到三十五岁或四十岁为止）；③衰老期（到六十岁为止）；④衰亡期（到死亡为止）。

老年期若以年龄来界定，远者可溯自我国《文献通考·户口考》："晋以六十六岁以上为老，隋以六十为老，唐以五十五为老，宋以六十为老。"我国公务员退休男女有别，男性六十岁，女性五十五岁。联合国分析世界各国人口结构后，以六十五岁为"老"的标准。

有人口学家曾经调查过欧洲十八个国家，有十二国是以六十五岁为老的标准；美国的老年扶助法及日本的老人福利法也都规定六十五岁为其下限。

对大多数国家而言，一个人到了六十五岁，不论本身愿意与否，都必须承认自己已进入成人后期，或称老年期。这时期的男女，须从他们的工作岗位隐退，退于次要地位，变换成另一种角色,直到他们与生活了半世纪以上的社会长辞为止。

这种从年龄的累进来界定老年人,只能说明随年龄增长身体老化,却不能界定老年期的人生意义。

因此,有人从生物老化来解说,一个人因身体结构和生理上的长期衰老,各部位机能退化界定谓之"老人"。但是,有些人实际上还年轻,而各器官机能却不如六十五岁以上的人。所以,单从生理现象来作老人的认定还是不够的。

有人从心理层面来看,所谓心理老化,是指行为上的老化,没有"求新的欲望"和"求成就的欲望",又显出保守、固执、自私等一些老人心理现象。当然,如果不顾其他生理、年龄因素也不合理。

另外,还有从社会层面谓之"社会老化"和工作能力层面谓之"功能老化"来界定,前者,指个人因年龄而导致社会角色方面的改变;后者,则因年龄增长所导致工作效率和效能的减低。其实两者都不周全。

总之,若从单方面界定老年期的含义,是不可能的。人是一个完整的个体,其包含整个的社会、心理、生物和年龄各个层面。

第二节 老年期情绪发展的理论研究

老年人受到生物因素不可避免的退化,自身人格特质构成的行为模式和固有的旧思维难以适应急遽变迁的社会等影响,因而形成其错综复杂的情绪,在行为反应上常常引人侧目。故此,历来生物学家、心理学家、社会学家及医学界等致力探讨人们衰死的原因和由于生理上的变化而带来情绪上的变化,并发展出不同的理论。

一、西方的生物学观

从生物学观点探讨人类何以老化,有下面几种理论。

(一)衰竭论

此理论是基于人体就如机器的观点,最后它的零件总会用旧,而致机器毁坏、报废。

(二)废物论

认为积存在身体中的无用之物,在衰老过程中扮演了重要角色。

(三)生命率论

认为人的生命力是有限的,我们用得愈多,它就消耗愈快。

(四)胶原论

胶原是一种与结缔组织有关联的物质,它存在于器官、皮肤、血管等处。胶原会随着年龄增长而变僵硬,导致组织丧失弹性。

(五)自动免疫论

认为人随着年龄的增加,抗体突变,引起身体细胞产生一种非自身所需要的蛋白质,且显示它是外来之物。当它们出现在身体内时,自身就会产生抗体,企图将其中和,此即为免疫反应。而当抗体在身体内产生突变,反应愈剧损耗愈多,遂致人衰老。

(六)突变论

认为人们身体中细胞的功能,是受到遗传因素(DNA)的控制。当遗传引因素发生突变,之后的细胞分裂能使它继续生存下去,但当更多的细胞产生突变时,则会引起器官中小部分细胞产生变化,因大部分突变都是有害的,因此,丧失其原有功能,使得由这些细胞组成的器官变得衰老无用。此说与上述自动免疫论略同,只是后者强调DNA因素。

(七)失误论

突变理论是针对遗传因素所造成累积的影响,而失误理论则更扩大此关联,其变因包含了遗传因素、蛋白质组织及酶素反应等失误所造成的累积影响。

(八)微循环论

这是一种新近解说人体衰老的理论,认为人体微循环障碍是导致衰老的主要原因。

此说的观点,人的心脏就如水泵一样,是全身血液流动的动力;分布全身的大小血管,则是输送血液的主要"河道";密布全身的毛细血管,宛如"小支流"和"灌溉渠道"。人体主要靠血液输送养料和清除废物,若管道不通,就如田中秧苗得不到水和养分,必枯死无疑。

此理论认为,微循环功能随年龄增长而呈下降趋势,其中尤以五十岁至六十岁的人最为突出,是多病和衰老的危险年龄段,这是因为处于此年龄段的人,已度过一生精力最充沛旺盛的中年时期,正处于明显的生理上退化性变化时期,同时长期的身体消耗和各种不利于健康的刺激和储蓄,使他们成为社会上负荷最重的人群。这种重负荷状态,极易引起体内代谢的不平衡,甚至造成一定程度的病理改变,从而影响血管的流通,显著加速退化性生理改变,导致人体微循环功能障碍,最后导致衰老的急剧演变。这也是五十岁以后各种疾病多发的根本原因。

但是研究发现,七十岁以后衰老速度相对缓慢。八十岁以上的健康老人,其微循环功能并不继续下降,甚至与四十岁至四十九岁年龄的人相仿,有的还会好一些。

(九)细胞交互影响论

认为有机体是复杂的,几乎身体的每一部分要适当地依托其他部分的功能。任何变迁都会影响身体结构的回馈作用,此虽非最初的起因,但它会通过一连串复杂的反应,而导致身体衰老。

二、东方的中医学观

依照中医学论点,老人有下列情形。

(一)脏腑渐衰

人体阴阳血气的盛衰、四体百骸的强壮与否,都与脏腑功能的强弱息息相关。《黄帝内经·灵枢·天年》指出:五十岁,肝气始衰,肝叶始薄,胆汁始减,目始不明;六十岁,心气始衰,苦忧悲,血气懈惰,故好卧;七十岁,脾气虚,皮肤枯;八十岁,肺气衰,魄离,故言善误;九十岁,肾气焦,四脏经脉空虚;百岁,五脏皆虚,神气皆去,形独居而终矣。

(二)容易受邪

所谓"邪",是指外在环境刺激因子。以中医学观点,疾病的发生必须具备两个基本条件:一是外在的,另一是内在的,外在因素谓之"邪",是属于环境因素;内在因素是身体本身的抗病机能,谓之"正"。中医观点认为,正与邪的斗争,始终存在于人体内,年轻时,大多数的反应是"正可以克邪"的健康状态,而人一旦衰老,则会成"正虚"的局面,此时若遇到环境变化,又会转变为"邪实"的局面,形成"正虚邪实"的致病条件。因为"正虚",所以它又有"微邪即感"和"感邪深重"的特点,因此,老人有容易感冒,而感冒后一发不起的案例。另外,"正虚"也会造成"反复受邪"和"杂邪兼感"的病理特点,所以老人有多种疾病同时感染和感冒后并发多种疾病的情形。

(三)易伤七情

老人的情绪反应,容易表现得较为主观、自信、保守、固执,当经验脱离实际,客观不能符合主观时,会产生精神上的压力,表现为急迫、沮丧或自卑而喜怒无常。情绪的不安和紧张,促使血压升高,身体免疫力下降,有时大喜、大怒、大悲的情绪变化,常常是老人猝死的原因。

(四)易生积滞

老人脾胃之气渐衰,食欲减退,容纳量减少,饮食稍有失节,容易产生积滞现象,即消化不良,脾胃为后天之本,日久缺乏营养来源,使得精血的补充,脏腑的给养,都会受到影响。

(五)多瘀、多痰、多风为患

老人外感和内伤发病的机会都要比年轻人多,因而造成气滞血瘀和痰饮的途径相对增多。同时老人痰浊、瘀血及外感等,皆易发热,热盛风动,加上肾虚肝火旺,故老人多见风症,即所谓之"中风"。多痰、多瘀、多风,三者互见或混合出现,常是老人病的特点,尤其痰瘀互结,是许多老人病难诊难治的主要根源。

第三节 老人生理机能退化情形

一、视力

研究发现,人在六十岁前视力仍在水准之上,之后便急剧变化,其原因不外是:①随着年龄的增长,晶状体逐渐硬化,因而造成皮肤及核层的屈光率差异减小;②随着年龄的增长,晶状体变浑浊,呈黄褐色,因而造成物像的清晰度下降;③由于白内障早期所产生的状体肿胀,造成清晰度下降。

以上是说明远距离视力变化的情形,至于近距离视力的变化尤大。根据研究,于三十厘米左右的读书距离内视力减退,在老年人中十分明显。其原因已查明,是由焦点调节功能的下降所造成的。随着年岁的增长,焦点距离逐渐加大,到了六十岁时,在一米之内,只要物体不从眼前离开,焦点就无法调整(三十岁为十四厘米、四十岁时为二十五厘米、四十岁以后,调节能力急剧衰退)。因此,老人多必须戴老花眼镜,会造成活动不便,情绪也受到影响。调节能力衰退的原因有二:一是晶状体硬化;二是睫状体的功能减退等。

二、听力

听力的衰退是因刺激阀随年龄的增长而急剧下降。根据研究,随着年龄的增长,音域会变窄。听力不足自然影响人际交往。

三、味觉

据研究,老年期的人,舌前方三分之二的地方,几乎已不存有味觉,只有舌后方三分之一左右地方和咽喉还有少数味蕾。味蕾是随着年龄的增长而减少的。所以老人有"食不厌味"的困扰。

四、嗅觉

有人曾用樟脑做实验，结果显示，嗅觉的辨别能力随年龄的增长而衰退，并确认丧失嗅觉辨别的老年人变得多起来。日本人曾用草莓香精做实验，确认嗅觉的辨别能力随年龄的增长而减弱，六十岁以上这种衰退现象更为明显。所以老人与脏乱为伍也不觉臭。

五、痛觉

据研究指出，随着年龄的增长，痛觉会趋于迟钝；痛觉阀随年龄的增长而升高。所谓痛觉阀，研究者是用痛觉阀装置Hardy-Wolf来测定疼痛知觉阀和反应阀，受试者开始诉说感到疼痛时，就是皮肤的刺激痛觉阀。测验结果显示，青年人（10至22岁）的痛觉阀为0.289g；中年人（22至44岁）为0.324g；老年人（45至85岁）为0.347g。

六、触觉

根据研究者对脸部比较敏感的眼睛及其四周用测定刺激强度的毛发测验显示，在五十岁至五十五岁间，触觉基本上不受年龄增长的影响，但到五十五岁以后，骤然变得迟钝。

七、细胞

生物寿命长短的关键在于细胞。细胞在生物体内存活期间不停地分裂，但它的分裂能力并非永无止境。由于细胞寿命有限，所以生物体也会衰老和死亡。根据研究，按细胞的寿命长短及分裂能力，细胞可分三类，其与行为反应关系密切。

第一类称不分裂细胞，是一经繁殖便丧失分裂能力的细胞群。如脑神经细胞及肌肉细胞等。

第二类称休眠细胞，在没有外来刺激下，不进行分裂，但保有潜在分裂能力。当生物体受伤，立即繁殖，如软骨细胞、肾细胞及肝细胞。

第三类称连续分裂细胞，寿命很短，但只要生物体存在就不会停止分裂繁殖，如皮基底细胞、消化器官细胞等。

脱氧核糖核酸（DNA）的衰老，也被认为是细胞衰老、死亡的原因。

八、感觉统合系统退化

感觉统合系统包括视觉、前庭觉、体感觉（含听觉、触觉、压觉、冷热觉等），在身体逐渐老化的过程中，其传导速度会变慢、传导力减弱，因此，年纪大的人需要较强烈与较长时间的刺激，才会有所反应，若感受不到周遭的变化，当然也就无法做出适当的反应，这是老年人容易跌倒的主要原因。感觉统合系统与人的平衡能力有关，因其退化会直接影响别人的平衡能力,老人无法整合各种感觉讯息,误判的结果,就会造成重心不稳,导致摔倒,常懊恼不已。

九、整体机能退化

人步入中年以后,身体各部机能都会变化,学者曾对三十岁至九十岁的人进行各种器官的生理机能与随着时间的消逝所产生的变化进行研究。研究指出,这些生理机能的变化与寿命相比,从早期开始就直线下降且难以停止,只是下降的程度是依器官本身各种机能的不同而有别。如七十岁的人与三十岁的人相比,神经传导机能只下降百分之十左右,但脉搏跳动输出量则下降约百分之三十,肺活量约下降百分之四十,肾的血液流量约下降百分之五十。

生理机能良好,才能保持身体内、外适应一致,而其逐渐下降,必带来不良适应。

第四节 老人心理变化情形

心理学家论人们的老化,是以其人格特质与情绪的改变为着眼点,有下列各种论点。

一、埃里克森的心理社会发展危机论

埃里克森认为,人的一生各阶段有不同的危机。

依照埃里克森的观点,老年期将面临"危机八"的"自我统合与角色混淆"。老年人濒临生命即将终结,思索其一生的意义和重要性,这个阶段的主要任务是内心达到统一,对自己一生感到满足,或对自己过去所作的选择和结果感到不满与失望。因此,这是人生检验阶段,如果结果是成功的,将会有超越感,了解生命不只是生理现象,生命的意义不能以生理的特点、物质的拥有,或社会的成就来衡量。然而,若是检验的结果是失败的,未能感受到生命更大的意义时,则会对生理生命将尽和已经失去的机会感到失望和沮丧。

自我偏见则表示个体拒绝即将面临的死亡,沉溺于眼前的自我满足,或作垂死的挣扎,设法苟延残喘。健全的老年人必须坦然地面对死亡的事实,超越此时此地的自我,并对死亡的必然性得出一种肯定的观点,进而超越自我。这种对死亡预期的成功适应,将是晚年的人最大的成就。否则,会发生危机——不良适应。

二、理查德等人的适应论

该论点是以老人的特点说明处世态度。一般而言,老人的处世方式是顽固、缺乏弹性、疑心重重,但也有适应良好的。有人认为人的一生就是一个适应过程,要想适应社会,就必须有灵活性及弹性。理查德等人按照老年期的适应状况,分成以下五种类型,每一类型都会影响情绪。

(一)成熟型

有智慧,具有十分统一的人格;感到自己一生收获不少;理解现实,并以积极的态度面对现实;积极参加工作,对家庭及社会中与他人的关系感到满意;关心面广,面对未来,对未来的生活并不感到苦恼。也就是悠闲自在型的老人,对衰老这一事实十分理解。

(二)安乐型

这是隐居依赖型,看上去好像十分悠闲自得,而且对自己目前的处境也十分了解,但实际上把自己的生活完全寄托在别人身上。无论在物质还是精神上,都在期待别人的援助。因为感到无责任和无负担,所以不喜欢工作,胸无大志,满足于现状。

(三)装甲型

这是一种自我防卫较强的类型,对恐惧、苦恼都用强烈的防卫机制来对付。通过不停地活动来抑制自己对衰老的恐惧。因而结果往往是一边倒的,而且对余暇缺乏了解,不承认老年的价值,通过不停地忙碌来回避老年期的展望和死亡问题。对青年人持嫉妒心理的也是这一类型。

(四)愤怒型

无法承认自己已经衰老这一事实,怨愤自己尚未达到人生的目标,把自己的失败归咎于他人,并表示出故意和攻击性。偏见较深,常常表现出恐惧、抑郁,对年华的消逝持强烈的反感,没有丝毫兴趣,自我闭塞。

(五)自我谴责型

与愤怒型不同,这一类型人的攻击性是深埋在内心的,把自己的不幸全归咎于自己,对一切事物都持悲观的态度,几乎丝毫不表示出对别人有任何兴趣,孤独孑然,有时甚至会走上自杀绝路。

三、社会环境论

这种理论观点与撤退论相似而又相对,是指老人的活动受社会环境因素的直接影响。人生活在社会环境里,无法不受社会环境的影响。老人虽然从工作岗位撤退,社会生活领域缩小,但是他仍然要与社会接触,所以仍然要受社会环境的影响。尤其现代社会环境错综复杂,任何人都无法摆脱与它的关系,老人生活于其中,自然免不了受它的影响。如在一个纷乱的社会环境中,大众传播会左右人们的情绪,不看不听,心里总会惦记究竟今天发生了什么;去看去听,社会上今天发生的事,总是不尽人意,直接或间接影响到自己的情绪,甚至促使热血沸腾,恨不得马上披挂上阵参加战斗。

四、年龄阶层论

这一理论观点与活动论相似但又相对,指老年人按年龄等级去从事社会活动,是主动参与。按照年龄等级划分,区别不同年龄的老人在社会上有不同的角色、权势和义务。当老人在六十岁左右时,身体尚健康,发展也成熟,所扮演的角色仍然重要,仍有人脉,权势仍未完全消失,尚能尽义务,可是到了七十岁左右,其活动率降低,角色方面逐渐失去重要性,远离人群,权势已消失,要尽的义务也愈来愈少。

第五节 老年期情绪障碍背景分析

人生几何,对酒当歌。譬如朝露,去日苦多。

——曹操

一、老不可挡与集体衰老

历史人物曹操,一代枭雄,亦会感慨人生苦短。我国自古即有炼丹之术,秦始皇派徐福带童男童女各三千寻祖洲,其目的也是找长生不老的仙丹。目前为止的药物发明,仍不能成功地阻止人类的老化,至多只是延缓老化而已。

人口老化是现代社会的一种趋势,老人过多,造成国家负担加重,往往成为社会问题。老人自身健康差,疾病增多,也造成家庭问题,甚至促使家庭解组。如果个人不为自己未来的老年生活未雨绸缪,当"老"这个问题社会责任化后,势必由政府和后代子孙共同承担。

老人的问题往往会促使其家庭解组,常见老人卧病过久,子女乏力照料而弃之不顾。父母老迈,子女争产,已不是新闻,其他的案例也不胜枚举。

世界人口的老化会带来另一种危机,即"社会、集体的衰老",因为生物的衰老必然影响到社会整体也发生衰老现象。寿命和生命曲线就是从集体观点来看生命衰老的例子。社会、集体的衰老不仅影响人类的将来,也将影响一般生物物种的盛衰。

同时,研究发现,在集体的巅峰期,即密度最大的时期出生的小白鼠,与在它之前出生的小白鼠相比较,其生命明显短得多。密度过高之后是集体的总数减少,密度下降后,它们的行为方式是畸形的,不会恢复到原样。另外,在这类集体中,活到集体衰退期的雄性,从外表上看十分健康,但血液中的雄性荷尔蒙值却非常低,丧失了生殖能力。

根据上面的研究,引申到我们人类社会,老年人口愈来愈多,发达国家早已成为老人社会,而发展中国家也逐渐进入老人社会,集体进入高龄,集体进入衰老,集体进入死亡。令人担忧的是,除了因生存空间密度高带来个人种种障碍,每一个家庭也因此受到牵连,从点构成的面而成为整个社会的衰老,将有发生崩溃的危险。

另一个令人担忧的问题,在集体衰老后,当到达某一个时期,会不会发生集体死亡。如果按前述的研究,是不无可能的,即使有些青壮年人存活,由于现代社会人口密集,尤其都市,其生殖能力也大受影响,如此类推,人类这一生物物种前途堪忧。

相反地,生物体栖息密度过低,两性没有相遇的机会,也无法进行繁殖,即使能够繁殖,多数是近亲相交配,使后代发生问题,终将导致灭种。人类社会中的人一旦失去与其他人交往,便会陷入孤独、紧张状态,使交感神经机能亢奋,造成生殖机能下降,竞争行为及异常行为增加,寿命缩短,结果会产生出与密度过高相似的现象,这种由孤独所产生的密度过疏,也会给个体及集体的衰老带来极大影响。我国传统一向祝福人们长寿,可曾想到长寿会给老人带来孤独等种种不良适应,这些应是现代社会老人的问题。

(一)主观方面的丧失

身体神经系统、感觉系统的衰老(生物上的丧失)

自己已经感觉衰老(心理上的丧失)

与社会脱离(人际关系的丧失)

(二)客观方面的丧失

1.家庭成员的丧失。包括:①子女长大搬出家庭,在外独立生活,尤其那些住得很远的,见面机会不多;②女儿出嫁,有她自己的家庭生活,老人不便与她们生活在一起;③相依为命的老伴,遽然而逝,顿成无依状态,虽有子女依靠,心理也不会平衡;④亲情无价,幸福的家居生活一旦被拆散,其内心的寂寞是难以形容的。

2.经济的丧失。包括:①金钱为生活中的重要因素,老人收入少或没有收入,对金钱的支配无法控制,产生不安全感;②老人伸手向子女要钱,总觉得难为情。有些子女亦不主动给父母金钱,更使父母用钱不方便;③老人接受外来的救助,又觉得自己已是无用之人,自卑之心油然而生。

3.文化背景会使人疏离。包括:①工业化社会竞争激烈,不讲人情,而老人身体老化,不是年轻人的对手。致老人产生退缩不敢应战的心理;②老人的看法与观念被认为赶不上时代,也不认为有价值,所以常被讥为迂腐。文化是一种生活方式,常会改变,而老人常不太主动去适应;③部分年轻人对老人的观感不友善,认为老人霸占他们的位置,应该快交棒,老人不愿受这种污辱,只有退避一途。

第六节 老年期情绪障碍

一、老人性格特殊而构成特殊老人

由于年龄增长会造成以下的行为和情绪变化:①健康及经济上的不安全感;②生活上的不完全适应所造成的焦虑感;③在精神上由于兴趣范围减少而造成的孤独感;④对身体舒适兴趣大增;⑤活动兴趣减少;⑥"性"冲动减退;⑦对新东西的学习和适应都有困难;⑧一个人孤零零的寂寞感;⑨猜疑心、嫉妒心加重;⑩变得保守;⑪喋喋不休,爱发牢骚;⑫爱回忆往事;⑬性情顽固;⑭不修边幅、邋遢、随随便便;⑮总喜欢收集破烂。

(一)人格测验方面的研究

罗夏墨迹测验结果显示,老年期的疑病、歇斯底里、抑郁、妄想症倾向很明显。老人对与己无关的事毫不关心,自我为重的看法,无法正确地掌握客观的情况,无法控制自己的欲望,为细微小事感到不满,容易产生误解,行为与思维十分刻板,情绪感受性衰减,缺乏想象力。

(二)西方心理学者的研究

有学者研究指出,老人由于受强烈的失落感影响,常有下列反应。

1.哀伤。配偶或其他亲人的去世,老人情绪反应最强烈,长期哀伤将会导致精神失常、情绪低落,严重者会有长期焦虑症状,并导致失落与沮丧、健康减退。

2.罪恶感。老人很喜欢回忆往事,在回忆中往往蓦然地想起往日一些不愉快或冲突的事件,重新检讨往日的言行,有时不免觉得不是"昨是今非"就是"昨非今是",罪恶感便油然而生。又因老人逐渐迈向死亡,自觉来日无多,对往日曾受托而尚未照做之事,便耿耿于怀,产生悔恨之情,如欲实行受托之事,又觉得来日无多,往往是心有余而力不足,饮恨终日。

老人在这个阶段只有回忆,没有展望了。回忆一生中所作所为不无罪过之处,往往会有一些行为以求补偿,如所谓浪子回头,就是基于罪恶感而衍生出一种赎罪心理,以后积极助人或皈依宗教,企图忘却过去的罪恶。

3.孤独感。孤独感是老人普遍的现象,也就是心灵的空虚与寂寞。当家庭成员有所改变,儿子自立门户,女儿出嫁,尤其老伴去世,好友凋零时,孤独就会笼罩在心头,难以改变,只有默默地承受,直到死亡的日子到来为止,当老人失去健康或因病卧床时,又乏亲人照顾,孤独的情绪使伴随而生的恐惧更为严重。在公园长坐不发一语的老人,整天抱着宠物的老人,他们寂寞不知如何打发日子,或整日与电视收音机为伍,时看时听时睡,日子在惶惶不安、迷迷糊糊中过去。有些老人甚至把自己孤立起来,很少出门,不与过去的朋友联系,渐渐地能够交谈的人愈来愈少,使自己更加孤独。

4.沮丧。沮丧也是颓丧,或称抑郁,是老人在至亲好友相继去世后的心情。从工作岗位退下来的老人,一直觉得事情还没有做完单位就不要他了,使他耿耿于怀,也无力反抗和申辩,命运就这样给别人判定,甚至觉得整个社会都是这样待他,为不公而感到沮丧。又因老人未能排除其悲伤、罪恶感、孤独感及愤怒等,由轻微的沮丧会演变成沉重的沮丧。于是有失眠、失望、厌倦、乏味、抱怨等症状出现。

5.焦虑。老人面对没有未来的世界,只有与孤独、疾病相伴,死亡的阴影挥之不去,这些都是老人焦虑的原因,也可以说老人的忧虑是与时俱增的,退休初期是为适应环境而焦虑,随后收入减少要为日后生活支出而忧,还有身体日渐老化,百病丛生,日薄西山死亡之念,时时涌现心头。尤其老人不必去上班工作,有充足的胡思乱想时间,想得愈多,烦恼就愈多,焦虑也就愈多,就更容易生病。

6.无助感。由于社会形态的改变,由以往的尊敬老人,变成现在的有时候蔑视老人。这种现象使老人失去自尊及文化上的惯有地位。由于老人在社会中失去作用,不受重视,失去过去的影响力,总害怕一旦有事,有求助无门之虞,命运已不再操之在己,周遭可以信赖的人愈来愈少,可以使唤的人都已远离,无助之情就油然而生,甚至放弃求助。

7.愤怒。老人脾气大,不好侍候,常觉得社会对不起他,抛弃了他,忘了他以往对社会的价值和贡献,现实是这样的冷酷无情。他也发觉对外界环境控制力愈来愈弱,甚至几乎是零。唯有以愤懑相对,来纾解心中的怒火。有时候也会对周遭的家人愤怒,怀疑这些人不忠不孝,对不起他。

(三)丧偶

讨论话题——附栏:有这样严重吗?

一位经历丧妻之痛者曾在报纸上发表他的感想说:"妻子走后,我到今天都无法接受她已逝世的事实……早年我俩曾经讨论过生死,希望都能死得有尊严,妻子病危时,要我签署放弃电击和插管急救,然而,往后我没有妻子的日子,孤独的我如何支撑下去?一向我的生活起居,都由妻照料无微不至,事到如今,爱我反害了我;这些日子以来,我每每在半夜惊醒,回想我俩鹣鲽情深,往事历历如绘,一阵阵的悲戚涌上心头,不禁掩面痛哭,我心已碎,漫漫长夜,一直饮泣到天明。妻的告别礼拜,我请牧师安排多唱几首她喜欢的圣歌。我从我的油画作品中,挑出两幅百合花悬扶起在场,好让妻再看到生前最喜爱的油画。"

上述是一个丧亲者的典型例子,情绪反应会有悲伤、忧郁、思念、睹物思人的情形。表现出失眠、茶饭不思、神情恍惚,甚至有"病态认同"情形。

许多心理学家都指出,丧偶是一个人一生中所面临的最严重的心理创伤。夫妻情感愈好,彼此依赖愈深,愈难承受丧偶之恸。老人丧偶后会面临许多情绪和实际上的问题,甚至是在不理想的婚姻中也会感到有所损失。

(四)老人的"性"问题

1. "性"的含义。何谓"性",日本学者解释说:"往往会狭隘地把性视为只是性器官的结合,但这绝不能说是正确的观点。性不只意味着性交,即使观看异性的容姿、握手、接吻,甚至只与异性交谈,等等,都是道道地地的性活动。"

同时,其也列举相关实验,实验人员把大阪市弘济院中卧病不起的老人放在男女混合病房内。结果发现,在这些老人身上起了明显的变化,在许多方面得到改善。病房内的交谈增多,老人也比以前整洁了,智力测验的成绩上升了,不满、牢骚减少,都热切地渴望早日康复,食欲也增加,等等。又据报道,在札幌市某个老人特别护理院中,采取以男女同室制,促进男女的日常交流,也获得与上述实验相同的效果。异性仅仅是躺在相邻的床上,就能获得与上述相同的效果。有研究指出,只要老人看中了心上人,就能返老还童,不再生病了。

2. 老人的"性"谬误。从上述可以了解,"性"对老年人是何等重要,但不幸的是,世俗的枷锁,许多人对老年人的性生活持反对态度,认为老年人精力已经枯竭,不能进行性活动,老年人进行性活动有害身心,并举偶发的性行为中所谓的"马上风"案例造成的心肌梗死为证;再者,"老不修""老不正经"等不当的语言讽刺,使一向性活泼的老者,不得不压抑自己;另外,对老人持一种刻板印象,认为老人是性无能者,否则便是性变态。

事实上,某些生理因素可能妨碍性的活动功能,如糖尿病、明显的肥胖症,心脏病、脑脊髓疾病等。此外,有学者曾指出,六十岁以上男性的阳痿,在心因性方面,大多源自生活上的压力,伴侣间无法沟通,或潜意识中焦虑、紧张、抑郁、罪恶感、没有信心等,而大部分老人却不会察觉到自己心理有问题。至于器官性阳痿则源自静脉血管问题,导致神经传导障碍或荷尔蒙失调。

对于女性，根据相关研究报告，伴随衰老会有性器官的形态变化，阴部、大阴唇、小阴唇的脂肪组织消失同时变薄，阴蒂有若干缩小，膣壁变薄，皱褶消失，整个脂腔会逐渐缩小。这些由衰老所造成的组织变化，会给性活动带来某种影响，但它并不构成性活动停止的因素。

美国学者在访问过六十岁以上的男女后的结论指出，早年性生活较活跃的人，较可能在晚年继续保持活跃。维持有效性行为，最重要的因素是不间断的性活动。一个保持性活跃的健康男性，通常到了七八十岁，仍能有性行为；女性的性能力，以生理而言，可持续一生，对年长妇女而言，满足性生活的障碍在于缺乏适当的性伴侣。

误传老人无性欲的另一原因，是认为性激素的枯竭，这完全是一种误解，根据耿丝等的研究，除少数人以外，男女性激素的分泌量与实际的性行为之间，根本不存在相关性。在摘除了成人的精囊、卵巢后，即使不再分泌性激素，仍完全能够有性活动。有时阳痿会发生在性激素分泌旺盛的青年人身上，也足以说明性激素的有无或减少，不是左右人的性活动的唯一因素，只是其中因素之一而已。对人的性活动而言，发达的大脑活动、情绪心理尤为重要。不可否认的是，性激素的衰竭，会导致女性停经，男性精液分泌量和精子产量减少，但不会使性活动停止。

至于所说的"马上风"特殊案例，据研究统计，事实上这种机率只有百万分之二，危险性相当低。甚至1997年英国内科杂志还发表一项研究，每月性行为次数少于一次的人，因心脏病而死的机率，反而是每周两次以上的人的一点九倍。在1997年有一项很重要的"普林斯顿共识"，对心脏病人能否进行性行为做了明确的指引，低危险群的心脏病人（包括心肌梗死发生两个月以上、血压控制在140/90mmHg、第一次心绞痛或心衰竭、轻微瓣膜性心脏病等），性行为很安全，不需经由心脏科医生的特别评估，只需由家庭医生追踪即可。如果是高危险群的病人（如心肌梗死发生在两星期以内、血压高于180/110mmHg，严重心律不齐，第三或第四级心衰竭、不稳定心绞痛及严重的瓣膜性心脏病），则必须由心脏科医生进行内、外科治疗后，才可有性行为，至于病情介于两者之间的"危险未定族群"，先做二甲双胍心电图检查，只要通过检查，就能安心进行性行为，不必自限。

3.老人的"性"反应。随着时代的进步，性观念大为开放，老年人对性生活的态度亦发生重大改变，调查发现，尽管人的性欲强弱存在着显著的差异，但是大部分的老人仍有性欲是一个无可争议的事实。老人坚持适当的性生活，有助其保持脑年轻化，因为性活动可刺激活化大脑功能。

马斯特等曾对老年性活动进行实验观察，指出老人的性反应可分为四个阶段：①兴奋期;②平坦期(或称持续期);③高潮期;④消退期(或称恢复期)。此四个时期的反应强度,年轻人与老年人各有不同。也有研究者将此四阶段变化予以表格化(见表6-1),便可一目了然。

表6-1　中年以上性生理变化表(性学大师马斯特和琼生的统计资料)

性生理周期	年轻人(29—40岁)	中年以上(50—70岁)
1.兴奋期	性刺激后,几秒钟可以完全勃起。	①需要几十秒钟。 ②勃起不完全。
2.持续期	伴随反应:睾丸上缩,血管充血,Cowper's giand分泌射精前分泌物。	①持续时间延长。 ②伴随反应不明显,无射精前分泌物。
3.高潮期(射精期) 第一阶段:射精的冲动。 第二阶段:精液射出。	共2~4秒。 前列腺(精囊):每0.8秒收缩一次。 前列腺收缩时间加长。	无或1~2秒。 前列腺只收缩一下。
4.恢复期	几分钟后又可接受性刺激而反应,能维持勃起几分钟至几小时。	要几小时之后才能再反应,射精后几秒就不勃起了。

研究发现,年老女性在性兴奋初期末端乳头会凸起,尽管不太强烈,却仍然可以看出乳腺胀起。阴蒂也像青年时一样产生勃起反应,但大阴唇、小阴唇的反应略有衰减,膣腔(阴道)润滑液体的分泌速度减缓及量有减少的倾向,高潮的持续时间减短,但却有与年轻女子相同的收缩形式。年老男性达到阴茎完全勃起、射精所要的时间,比年轻人长;在性高潮时,精液射出的距离变短,射精收缩次数减少,在还未感到性高潮接近或临近感觉的心理反应的情况下,就进行射精。

马斯特等认为,根据上述观察结果,女性到了相当年纪以后,仍能对有效的性刺激具有充分的反应,也可能得到性高潮;性激素的减少,虽然会减缓性反应的速度与强度,但完全有可能进行性活动。至于男性,如果没有患急性或慢性的性功能丧失症,虽年过八十,仍可进行充分的性活动,纵然有很长一段时间没有性行为,只要有适当刺激,仍能恢复。

4.老人的"性"兴趣。老年人对"性"兴趣程度如何？1971年美国杜克大学曾针对六十六岁至七十一岁年龄层中的二百六十名男性和二百四十一名女性进行"性兴趣"调查,结果是对性有兴趣的男性为百分之九十,女性为百分之五十。具有"强烈关心"者,男性为百分之十,女性为百分之二。1976年丹麦的哥本哈根性科学研究会,对八十六岁至九十岁年龄层中的六千二百名男性进行调查,对性表示有兴趣的人有百分之五十一。1973年日本东京都学者以全国三个地区的五百名老年会员为对象进行调查,结果回答有性欲的老年人,男子有百分之九十二,女子有百分之五十二。我国曾对九百五十一名六十岁以上的老年人进行调查,表明对性仍有兴趣者:①六十岁至六十五岁的人为百分之六十六点四七;②六十五岁至七十岁为百分之五十点二;③七十岁至七十五岁为百分之二十八点八一;④七十五岁至八十岁为百分之十七点六五;⑤八十岁至八十五岁为百分之八点五七。

事实上,任何一个国家里,性的主要角色仍是男子,而女子仅是配角而已,迄今仍未能充分突破这种限制,压抑使女性未能畅所欲言,导致男女性兴趣的差异,不过,老年男女的性兴趣(性频率),随年岁的增长而递减,在所有的研究中都是一致的。根据全球中老年人性学健康调查报告,五十多岁时,为每周四点八次;六十五岁时,为每周一次;八十岁时,为零点一次,但是,不管怎样,不会突然销声匿迹。

另外,纽曼和尼采尔斯调查美国北卡罗来纳州的老年性活动指出,性活动频率多样化,每周三次到三个月一次。在进入老年期以前性活动频繁的人,仍保持高频率。杜克大学的调查,六十六岁至七十一岁的年龄阶段,每月一次的占百分之四十八;每周一次的占百分之二十六;停止的占百分之二十四;其他占百分之二。哥本哈根性科学研究会的研究,性活动的实行率,七十一岁至七十五岁是百分之五十六,到八十岁仍保持在百分之二十。瑞典某调查统计研究所的调查发现,六十岁前后,性活动频率在每月四次以内的占百分之九十点五;五次以上的占百分之九点五。日本东北大学的调查,性生活频率,六十岁为每月三点七次;七十岁为一点九次。

老年女性的性活动调查,所显示的结果一向要比男性的性活动频率低很多。事实上,在高龄妇女中,年龄愈大,手淫率愈高。有日本学者指出,根据他的调查,性交的可能者,男性为百分之八十六点四;女性是百分之九十三。

5.老人的"性"障碍。从种种研究显示,老年人不分男女,大多对性有需要、有兴趣,也有性的高潮反应,只是稍异于一般青、壮期的人。至于性障碍也是一样,按《DSM-IV》所指的性疾患,多发生于青、壮期的人,老年人的性障碍问题,主要来自下列各种因素。

(1)迂腐的道德观:这种迂腐的道德观念,一则来自老人自己,认为对性恬淡无欲是高尚的人格修养;外来的对性的鄙视,"老不修"等不当批评和对老年人的性持反对态度,迫使老年人进行"性"事时胆战心惊,不能为所欲为,乃至临阵时弃甲丢盔,或是草草了事,久而久之变成疾患。

(2)家庭壁垒:事实证明,老年人需要有性生活,可是家庭因素往往构成壁垒,如老伴去世后,子女常常会反对父亲续弦或母亲再嫁,因而筑成壁垒;或是年老夫妻之间不和,性就难配合一致,因而构成同床异梦的壁垒,然后是住屋问题,由于孩子长大结婚后与父母同住,空间有限,老年夫妇被迫独居一隅,或两老分床而居,无形中阻隔了老年双亲的性活动。

(3)身体上的疾患:老年人性活动障碍,一方面会因自己疾患的认知自觉,如糖尿病、心脏病等,不敢过度"操兵";另一方面来自医生过高评估性活动对疾病造成的影响,老人强迫自己压抑性欲,以渡难关。严重的精神疾病、酗酒、吸烟等也都可能成为障碍。

(4)性反应的误解:对性反应的误解,也会成为老年人的性障碍。有人误以为阴茎勃起、阴道黏滑需要时间过长,是病理现象。或者毫不理解的态度去对待这些问题,所以就忌讳性活动。

(5)隐发的性问题:老人的性障碍不仅止于上述主客观环境条件限制了他们的性活动,还有一种所谓"隐发的性"问题。依心理分析派理论的解释,即是"潜意识"的一种"投射作用"的心理防卫方式,把自己不为社会他人认可的行为欲念加于对方,借以减轻自己内心的焦虑,是不合逻辑的(相反的现象可以代表同一件事物)、是没有时间观念的(不同时期的事件也可以并存),也是没有空间的(没有一般的大小和距离关系。因此,大东西可以配小东西,相隔很远的地方也可以凑在一起)。例如,在老年夫妻之间的不和中,也有由于性的不满而造成的问题,开始责怪对方爱情不专或怀疑对方另有新欢,因而引起争吵。又如婆媳、公媳不和时,在日常生活中容易造成婆婆干涉年轻夫妇的性生活,过分地指桑骂槐,指责公公对儿媳妇有所觊觎等;特别是丈夫早亡,在性生活方面受到抑制的婆婆,明显有此倾向。父母与子女间的不和,也由潜在"性"的不满引起,如对子女的生活进行过分的干涉、强迫结婚和要求传宗接代、责怪儿子宠爱媳妇而冷落老人等。也有人认为这是老人眷恋子女的亲子之爱,而寻求性欲的替代满足。

明显地,老年人的性障碍与青、壮年期的性疾患不同,但性能力衰退造成的心理障碍较为普遍。在2001年全球性的调研中,统计那些接受访问的人自认性能力衰退的年纪,全球平均为六十三点四岁。

6."性"有益或有害。我国晋代医学家葛洪在《抱朴子》中称"房中之法十余家,或以补救损伤,或以攻治众病,或以采阴益阳,或以增年益寿。"《养性延命录》说:"房中之事,能杀人,能生人,譬如水火,知用之者,可以养生,不知用之者,立可死矣。"

可见性问题在古今中外皆受到很大的重视,因它可以之生,也可以之死,端视你的观念和做法。

性生活是有益的,它是一项心、脑、血管、精神等都参与的全身性活动,对身体影响极大。性冲动来临时,人的情绪会激动至最高点,心跳次数显著增加,研究显示,有时每分钟竟高达110~180次。当性交进入持续期时,血压收缩可上升2.67~10.7千帕,舒张压增加1.33~5.33千帕;进入高潮时,收缩压升高5.33~13.3千帕,舒张压升高2.67~66.7千帕。此时全身燥热、悸动、肌直,连眼底动脉也可以感觉出来。

2004年1月,美国《时代杂志》称,研究发现,做爱可抗忧郁、能增寿和防癌症、改善心脏健康、加强对抗疼痛的能力、增强免疫系统,以下是这项研究的发现。

(1)心脏:研究心肺功能为性爱的好处提供最明确证据。做爱能够消耗约两百卡热量,相当于跑步三十分钟。达到高潮时,心跳和血压通常都会提高一倍。因此,应该可以断定性爱就像其他有氧运动能防止心脏病。

1980年在英国威尔士进行的研究发现,每周做爱至少两次的男子,十年后心脏病发作的可能性,比每个月做爱不到一次的人减少一半。

(2)控制疼痛:功能性核磁共振造影发现,性高潮会启动脑部消灭痛感中枢,指示身体分泌脑吗啡和类固醇,会暂时麻痹各种疼痛神经末梢并减少焦虑不安。

(3)性爱的治疗力量:1999年,对一百多名大学生进行的研究发现,每周做爱一两次的人,体内免疫球蛋白含量比禁欲者多出百分之三十。

(4)快乐长寿:已婚的人寿命通常较长,也比较不会忧郁。但这是性爱较频繁,还是因为有人做伴,或是促使他们结婚的某种良好性格所致?研究结果发现,经常做爱确能延长寿命,比较不易陷于忧郁,也能够减少妇女得乳癌或男子得前列腺癌的可能性。

另外,有人持相反的意见,认为淫欲有害,性有害之言,首推现代医学称性猝死,即性交时发生死亡。据统计显示,男人性猝死多发于三十岁至五十岁,平均年龄约四十六岁。日本有一学者搜集五千五百五十九例猝死者,其中三十四例发生在性交时,脑出血引发者十四例。其中二十七例死于夫妻的性交时或性交后。婚外情易引发猝死,曾有研究者对一男子进行动态心电图监测,发现他与情妇幽会时,情绪较激动,心率从每分钟九十六次突然加快至一百五十五次,并出现早搏。日本的一百八十四名男子性猝死死者中,婚外性交者占一百零六人。中医有肾亏之说,指的就是男子性爱过度所致。

由上述可知,性是有其需要的,它有益健康,但不可肆无忌惮,否则,不但有损健康,甚至会丢掉性命。综合专家建议仅供参考:①在性行为中,心理的健全与否十分重要。性功能障碍中,有不少是心理原因影响了性功能的正常发挥;②性爱前戏的爱抚十分重要,使神情相互吸引,行为上相互依恋,感情上相互支持,都关系到性爱功能的发挥。妻子在性爱活动中不单是被动的接纳,多一点主动有助性高潮的到来;③老人性生活的次数多寡、时间长短,可根据自身的情况,顺其自然,过与不及都有碍身心健康;④在某些情况下不宜进行性活动,如刚洗完热水澡、长途旅行或过度疲劳、高兴过度或悲痛至极、一方发高烧、女方阴道出血或炎症。另外,急性病患者、高血压患者、头痛、头晕者;⑤一旦有性功能障碍,不宜自行采用偏方,以免延误治疗时机。伴侣间应相互谅解,一起寻求专业医生协助。

(五)银发族离婚问题

1.一般情形。夫妻离婚通常以壮年期的人居多,有所谓"七年之痒"。但时代已经不同,现代人对婚姻的盟约老少相同,银发族离婚逐渐普遍,"五十年之痒"现象普遍出现。不过,以欧美社会居多,他(她)们的观念正逐渐改变,对婚姻的盟誓不再是等死般的得过且过,在认定还可以健康过好些个年头后,同时决定要让日子过得快乐些,分手事件立即显现。

银发族离婚的原因,美国新闻周刊在一项专访中报道,女性理由多是厌倦付出;男性理由多为寻第二春。如美国一女子基蒂的丈夫提出离婚要求。她的丈夫七十四岁,她七十二岁,两人结婚四十八载。在他离去前,基蒂还盘算着要和这个她五十年前一见倾心,二次大战时是战斗飞行员的帅小子一起来个环游世界旅行。但是一名年轻女子介入,丈夫决定舍她而去,她盼望着丈夫会回心转意,但他一去不回头。

寿命长短对银发族的婚姻有影响。"至死方休""永世不渝"的盟誓,在20世纪初还不算太难信守。当时人类平均寿命只有四十七岁,如今则有七十六岁。愈长寿,"相看两厌"的时间愈长、龃龉愈多。美国律师协会凯特说:"在我祖母那一代,他们只想到结婚、生子、死亡。今天,我们发现人还有好多年好活,还决定让自己活得更快活。"至少对男性而言,药物也助长此气焰。

晚年离婚确实有增加的趋势,根据有对这个社会现象进行追踪调查的马里指出,过去二十年,六十五岁以上美国人的离婚率提高百分之十一之多。也因晚年离婚者日增,美国律师协会还特别成立一个"迈向黄金年纪,五十岁后拔去婚戒"小组。

报道中还指出,老人精神病学家格拉夫说:"大家愈来愈敢说:你知道,我已这样过了三十年,真是够了。"

老年人婚姻随时间的增长而平淡,不能维持年轻时的浓情蜜意,也许是促成银发族离婚的原因之一。一项以十七对婚姻持续五十年至六十七年不等的夫妇为对象的研究,根据长达五十年以上的观察和访问,将近四分之三的受访者描述:多年来基本上很快乐,或早年最快乐,中年时(通常是育儿期)有低潮。七十岁以上的人感觉婚姻幸福的程度不及六十三岁至六十九岁的人。或许是年龄的增长和身体的疾病加重了婚姻的负担,而且对婚姻中的温情和亲密有较多期待的女性,对婚姻的满意度较男性低。

别以为退休后夫妻有更多的相处时间,可以弥补年轻时为生活奔波而聚少离多的缺憾,其实不完全是。由于丈夫脱离工作,并不在意亲密的关系,而妻子却可能开始产生追求个人成长和自我表现的兴趣,在角色的改变中,夫妻双方可能会为家务事或其他事情争吵,这些吵闹也逐渐侵蚀到夫妻的感情,尤其妻子仍在工作,丈夫已经退休的情况,妻子可能为自己的工作担子沉重而感到不平,因为退休的丈夫一周花在家务事上的时间平均不到八小时,而妻子却得花上将近二十个小时,并分担超过四分之三的家事。所以,正如美国《新闻周刊》报道所言,老年男女分手的理由并不相同,老年妇女通常是厌倦再扮演付出的角色,一味地"付出,付出,付出",却换不得应有的认同与尊敬,让她们心灰意冷。她们要求离婚,是希望拿到自己的钱,过自己想过的生活。

相反地,老年男性退休后面对上述为家事不平而喋喋不休的老妇,反而助长他离婚去寻找第二春,如果老妇因不满而"罢工"不再做家务事,甚至对老伴不理不睬打"冷战",无疑是逼使老伴到外面去找"野食"。美国《新闻周刊》另指出,《替老客户打离婚官司》一书的作者说,他曾有过四十到五十年的快乐时光,他的老婆凡事都替他打理,甚至帮他剥玉米。但第二任妻子完全不是这么回事,还与前妻的成年子女时起冲突,最后自然是法庭相见了。

经济因素也是晚年离婚增多的动力之一,现在的老人比过去多金,妇女离婚后所过的生活要比早期的失婚者来得宽裕。

另外,晚年的婚姻也常因配偶一方的健康不良而受到严厉的挑战和考验。必须照顾行动不便一方的人,可能会觉得孤立无援、愤怒、挫折,此时若稍有冲突都会令婚姻的存续受损,甚至以悲剧收场。

退休迁居也是许多婚姻的拆散因素,已退休老人异地生活时往往将妻子留在原籍。退休通常意味着个人活动的终止,生活的原有架构也因此土崩瓦解,让夫与妻同时找到一条摆脱婚姻枷锁的出路。

日本由于地狭人稠,男人被迫至外发展,其中不乏银发族者,一踏上异域有如脱缰野马,不是嫖妓就是"包二奶",一旦东窗事发后,也就缘尽情了。

2.银发族离婚的不利影响。也许有人以为离婚后可以获得更多的自由,今后不必为对方付出作考虑。其实不全对,且听前述案例的基蒂在离婚后说:"老年失婚比年轻离婚承受的打击更大,也更加支离破碎。一方面疗伤止痛的时间减少,另一方面涉及的人事更多,何况自己还有三名子女和两名孙子。"

再者,现代妇女离婚所过的生活虽然要比早期失婚者来得宽裕,但也并非完全如此。根据研究,以美国为例,尚有百分之二十二的离婚退休妇女生活无着落。她们的年纪都在六十五岁以上,年收入少于七千九百九十美元。

更有多数六十五岁以上的离婚者,可能面对的情景之一,是子女都已羽翼长成离巢,而在长期婚姻后,可能难以适应一个人的生活,尤其是当离婚后,可能让人很难去找到年纪相同相爱的伴侣,同时又失去旧朋友。许多人在离婚时,同时也失去前一段婚姻的所有朋友,使自己活在一个孤独、寂寞的老人世界里。

有研究也表明,五十岁以后离婚的人,对改变的适应较年轻者困难。年老的离婚者,对未来的希望更少。

另一份研究显示,离婚和分居的人,对家庭生活的满意度要低于已婚者,男性对友谊以及和工作无关的活动满意度较低，女性的生活水准也会下降。对离婚的两性而言，心理疾病和死亡率都较高，可能因为老年离婚者的社会支持度不足之故。

第七节 老人身心症导致的情绪障碍

一、一般情形

最使老年人痛苦的，莫如长年的各种疾患不断出现，仿佛没有断绝的一天。世界上的老人，难得有几人是因年老心脏衰竭，在睡眠中自然死亡的，几乎大部分都患有生理、心理疾患而痛苦挣扎，使家人不得安宁，自己也不舒服。日本曾做过这样的研究，调查对象共九十一人，男性十七人，女性七十四人，平均年龄七十点三岁，六十五岁以上最多，占五分之三，最高年龄为八十七岁，年纪最轻为六十岁。访问的内容是问他们为什么要到庙里来参拜？结果显示，不希望卧病不起给人家添麻烦的占百分之九十三；受不了癌症等疾病痛苦的占百分之十八；被年轻人看成累赘的占百分之七；已不想活下去的占百分之六及其他的占百分之十七。对老人而言，"卧病不起"都有恐惧心理，有强烈的否定情绪。

老年期身体上的慢性病，可能导致行动障碍，引发情绪上的不安：美国退休人员协会研究指出，该国大多数老人至少有一种慢性病症状。最常见的为关节炎，占百分之四十八；高血压占百分之三十七；心脏病占百分之三十；白内障占百分之十六；听力受损占百分之三十；腿、臀、背和脊椎的受损占百分之十七。这些虽然不是老年期的精神疾患，但它一直困扰着老人的情绪。

老人最易患的十大慢性疾病，依次为高血压、风湿、痛风、关节炎、心脏病、呼吸系统疾病、白内障、糖尿病、骨折、心脑血管疾病、肝胆疾病，以及各种溃疡。1980年初期，北京医院调查一千五百二十名六十五岁以上老人，发现他们全部患有某种疾病，而一个人常患有两三种以上疾病。卫生部1986年调查一万二千三百九十九名六十岁以上老人发现，其中慢性病患病率为百分之五十八点八四，显著高于各年组平均慢性病患病率百分之二十三点七二的水平。疾病是老年人常常饱受而又难以排解的精神压力。该调查还发现，约百分之二十左右的老人有各种不良情绪。与此同时，躯体也相应发生变化，出现睡眠不安、心区不适、食欲不振、血压波动、动辄发怒及疲劳等身心障碍。退休后的老干部中患有各种疾病的高达百分之三十九。

老年期躯体上的疾患所带来的痛苦，会随着年岁的增长而增加，甚至终其一生，而老人们心理上的疾患,多数也由于躯体疾患引起,往往也会使老人的精神为之崩溃。

二、老年痴呆

(一)老年痴呆的生理因素

老年期身心疾患,从大的分类而言,分为以下几类。

1.大脑器质病变。主要在脑内组织结构上有病理变化的疾病。

(1)急性型:又称急性脑病综合征,以意识障碍为主要症状,常随伴有幻觉和神经兴奋,多数表现是阵发性的。

(2)慢性型:又称慢性脑病综合征,以智能障碍(痴呆)为主要症状。多数的老年期特征,大部分反应在退化性大脑病理变化上,所以又称"老年性痴呆"。这是由大脑组织的病理性退化过程所造成的。

依上所述,急性型多属脑血管性痴呆;慢性型属老年性痴呆。

2.功能性障碍。这是一种与大脑器质性病变无关的精神疾病。一般对药物、心理治疗,以及对环境的调整等有反应,较易治疗。

老人身心症种类、名称繁多,痴呆是其中之一,且是常见的。

(二)高龄痴呆症

这是伴随高龄而来的混沌、健忘、毫无生气、感觉麻木、呆头呆脑、认不出回家的路,甚至大小便无法自理等,来形容这种明显的智力受损的老人。也因此而命名"高龄痴呆症"。

痴呆症状除痴呆外,还伴有其他精神情绪方面障碍,如:兴奋、幻觉、幻听、妄想、忧郁、徘徊、企图自杀等症状。

老人痴呆以老年人的大脑衰老为主因,所以常称为"老年性痴呆"。老年性痴呆症中,有"一次性"和"二次性"因素,大脑器质病变与由此造成的智力障碍为一次性因素;由于大脑功能异常、代谢障碍、忧郁症、行动障碍、人际关系及环境变化等所造成的为二次性因素(如图6-1)。事实上,不论一次或二次性,其发生原因是相互影响与关联性的。

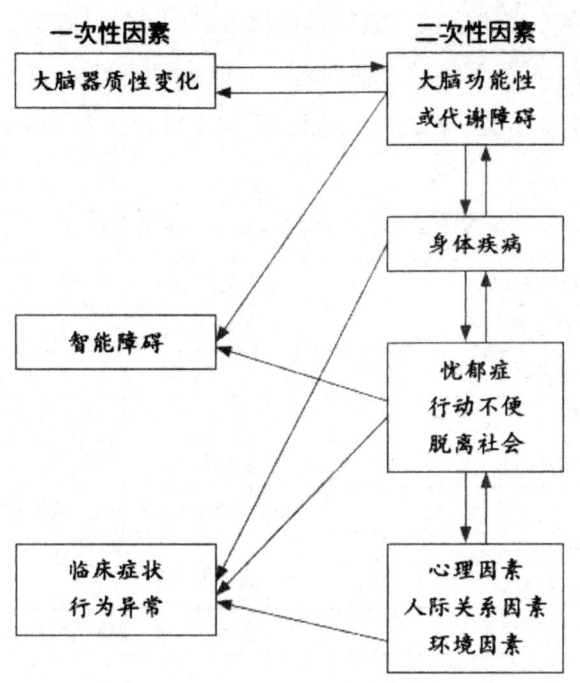

图6-1 痴呆状态的原因

日本学者曾对住在东京的约五千名六十五岁以上老人的生活与健康进行调查发现,老年性痴呆的约占百分之四十五;功能性精神疾病的(忧郁、神经症等)约占百分之二点四。前者卧病不起的占百分之三十三,而后者只占百分之六点九。

造成痴呆症的因素复杂、多样化,痴呆症不全等于老年性痴呆,老年性痴呆只不过是老年期发病的痴呆性疾病中的一种。除此之外,还有"血管性痴呆",即脑动脉硬化痴呆。研究发现,脑动脉硬化痴呆,必然会并发多发梗塞灶,即多发性梗塞性痴呆。

值得注意的是,麻痹症、正常压力脑积水症、颅脑外伤后遗症、酒精中毒、营养失调等,也都会成为老年期痴呆的因素。有时发病原因不止一个,特别是在高龄期的痴呆症状中,老年痴呆可与血管性病变一起并发成所谓"混合型痴呆"。

老人痴呆发病于七十五岁前后,体态上的特征为:脑重量减轻、脑神经细胞萎缩性变化等。此症发作过程缓慢,且是发展性的。最初症状多为健忘或行为怪诞,随着程度的加重,会出现明显的异常行为,注意力衰退,对新事物几乎全部记忆不清,一件事要反复问好几次,甚至朝夕相处的亲人也无法辨认,连自己的住所也找不到。甚至会丧失对时间、空间的感觉。到最后期大小便都无法自理,有时玩弄自己的排泄物。

血管性痴呆,发病要比老年性痴呆来得早,多为六十岁左右,分急性和次急性两种。有脑溢血和脑栓塞病史,或在这些间发性脑血管障碍之后而来的智能衰退,造成痴呆症状。初发时,有三个主要症状:头痛、眼花、记忆力衰退。此外,还会有耳鸣、失眠、麻痹感、疲劳感之类的神经衰弱症状。随着症状的加剧,上述身体或精神上的症状消失,继之以记忆力衰退为主的痴呆症状日益明显。一般血管性痴呆,其特征为脑岛中可以看到有记忆损伤,而不是千篇一律的记忆障碍,其程度很少像老年性痴呆那样到不可收拾的地步(表6-2)。

表6-2 老年性痴呆与血管性痴呆比较

	老年性痴呆	血管性痴呆
发病年龄	65岁以后	从45岁起
性别	男女比例为1:3,女子居多	男子居多
经过	发展性、固定倾向	成阶段形发展,有浮动倾向
病症的有无	早期发生	后期发生
自我感觉症状	少	初期有头痛、头胀、麻痹、眼花等
精神症状	1.明显的人格障碍 2.完全痴呆	人格能保持到后期
其他	欣快症、饶舌症	多伴有病灶、神经学科的局部症状

(三)老人痴呆的环境因素

根据路透社报道的一项研究报告指出,老年痴呆与童年环境有关。研究人员指出,来自大家庭的人似乎患老年痴呆的机率较高。

这项研究是由华盛顿大学研究小组所做的调查,发现有五名或更多手足的人患老年痴呆症的机率,比手足较少者高百分之三十九。研究者表示,大家庭往往经济情况较差,家庭成员健康会受到某种程度的影响。

研究调查西雅图保健组织七百七十名年龄六十岁以上的会员,其中约半数患老年痴呆症。他们的脑子显示最初症状的某些部分是童年及青少年时期贫穷环境所致。因为贫穷生活环境对儿童的发育和成熟有莫大的影响,这样的环境阻碍脑子达到完全成熟,而发展不全的结果,会使脑子功能不全。研究也发现,在近郊长大的人比在市区长大的人较不易患老年痴呆症。

(四)老年痴呆的特征

老年性痴呆在心理异常表现方面,最早引人注意的是人格的改变,变得孤僻,活动减少,主动性差,对周围的人、事、物兴趣减少。急躁、固执己见、自私自利,以自我为中心。对人冷淡,对亲人也漠不关心,情绪不稳,常因小事情而暴怒,容易与人发生争吵,无故打骂家人。病情加重后,表现低级意向和欲望增加,不修边幅。不注意卫生,生活不检点,缺乏道德和羞耻感,甚至发生违反道德的行为与违法行为。随着病情的发展,智力障碍日趋明显,记忆力日渐衰退,乃至出现严重的遗忘症。

(五)痴呆症的类型

有关痴呆症的类型,研究者论述繁简不一,按《DSM-IV》的标准,痴呆症又可分为阿尔茨海默型痴呆、血管性痴呆、其他一般性医学状况造成的痴呆、物质诱发之持续性痴呆及多重病因造成的痴呆等。

不论以上哪一类型的痴呆,都有以下"A"及"B"两项共同的症状。

A.发展出多重认知缺陷,同时表现下列两项:第一,记忆损害(学习新讯息或回忆过去已学习资讯之能力损害);第二,存在下列认知障碍中的一种(或一种以上)。失语症,语言障碍;运用失能,即使运动功能良好,但执行力损害;认识失能,即使感官功能良好,仍无法认识或分辨物体;执行失能,组织、排次序、抽象思考有障碍。

B.准则A1及A2的认知障碍造成社会或职业功能的显著损害,并彰显了原先功能水准的显著下降。

各类型痴呆症除有上述A、B两项共同症状外,其余在发展上各有以下"C"和"D"的不同:

1.阿尔茨海默型痴呆。

C.病情特征是逐渐发生且认知功能持续地变差。

D.准则A1及A2的认知障碍并非下列任何一项所造成:①造成记忆及认知持续恶化的中枢神经系统疾病,如脑血管疾病、帕金森病、亨廷顿病、硬脑膜肿瘤;②已知会造成痴呆的全身性系统疾病(如甲状腺功能低下症、烟酸缺乏症、高钙血症、神经性梅毒症、艾滋病病毒感染);③物质使用诱发的疾病。

E.此缺陷并非仅发生于谵妄的病情中。

F.此障碍无法以另一种疾患(如重忧郁病、精神分裂病)作更佳解释。

依据发作之类型及特征,可分为早发型以及晚发型。若在六十五岁或更早即初发称早发型,六十五岁以后才初发谓之晚发型。不论早发或晚发,都可能伴随着谵妄、妄想、忧郁心情、行为障碍。

2.血管性痴呆。

A与B的共同障碍如上述,C与D如下。

C.有局部神经学病征及症状(如深部肌腱反射增强、伸肌足底反应、假性延髓病性瘫痪、步态异常、四肢之一软弱无力),或经由实验室证实的脑血管疾病(如牵涉大脑皮质及其下白质的多发性梗死),可判断与此障碍有病因学之关联。

D.此缺陷非发生于谵妄之病情中。

其主要特征和阿尔茨海默痴呆一样,有伴随谵妄、妄想、忧郁心情和行为障碍的可能。

3.其他一般性医学状况造成的痴呆。

A与B的共同障碍如上述,C与D如下。

C.由病史、身体检查或实验室发现的证据显示,此障碍是一种以上所列一般性医学状况的直接生理后遗症所造成。

D.此缺陷并非仅发生于谵妄的病情中。

依病因学之一般性医学状况为:HIV病(艾滋病)造成的痴呆、头部创伤造成的痴呆、帕金森病造成的痴呆、匹克氏病造成的痴呆、亨廷顿病造成的痴呆,克雅氏病造成的痴呆,以及其他如正常脑压脑积水症、甲状腺功能低下症、脑肿瘤、维生素B12缺乏症、颅内放射治疗等造成的痴呆。

4.物质诱发之持续性痴呆。

A与B的共同障碍如上述,C与D如下。

C.此缺陷并非仅发于谵妄病中。

D.由病史、身体检查或实验室发现的证据可以判断有一种物质使用(如药物滥用,临床用药)的持续效应在病因上与此缺陷有关联。

诱发的持续性痴呆的特定物质包括:酒精、吸入剂、镇静剂、催眠剂、抗焦虑剂及其他未知的物质。

5.多重病因造成的痴呆。

A与B的共同障碍如上述,C与D如下。

C.由病史、身体检查或实验室检验的证据可判断,痴呆有一种以上病因(如头部外伤加上长期酒精使用、阿尔茨海默型痴呆合并之后发展的血管性痴呆)。

D.此缺陷并非仅发生于谵妄的病情中。

总之,不论何种痴呆,最使当事人困扰的应是痴呆症的初发期,他们意识尚清楚,会因无法使自己的肢体运行自如而焦虑、忧郁。到了后期,他已经没有困扰的感觉,即使大小便失禁、不洗澡、不更衣,甚至出门后认不出回家的路,也并不以此为忧,只是困扰他的家人而已,等到他走完人生最后一刻方算解除。

讨论话题——附栏:初老期痴呆

四十八岁,在某一私人公司任职十余年的会计主管。一年多来,工作能力下降,同时伴随有忧郁和焦虑症状,且日益恶化而住院。

经检查发现,他的情绪显得忧郁、焦虑,且时常无法专注于谈话,显得漫不经心、答复医生的询问速度缓慢,音量小且内容贫乏。思考方面,有被害妄想,也有自贬现象。

注意力不集中,对自己的智能衰退有病识感,因而甚为忧郁。智商在一百左右,与其教育程度相比,有下降现象。经脑部检查发现,脑沟有扩大现象,尤其在额叶及顶叶最为显著,即脑室有轻微扩大现象,判断力、抽象思考及定向感仍属正常,远程、近程记忆仍保有,计算速度虽慢,但仍正确。生理检查及神经学检查无其他异常。

综合当事人的症状,他患了"初老期痴呆"。医生主要是根据当事人的脑气室影象判断。

三、阿尔茨海默症

阿尔茨海默症颇似初期老年痴呆,但本质不同,阿尔茨海默症(AD)的特征是缓慢出现,是发展性、不可逆性的痴呆,多发生于老年期,偶尔出现于中年期,世界拳王阿里是在这种年龄期,不过也有报道他是患帕金森症。

阿尔茨海默症的大多数受害者为六十五岁以上的老人。据估计:六十五岁以上的人有百分之六至百分之十;八十五岁以上的人有百分之二十到百分之五十得了此病。而发病年龄在四十岁至六十岁之间的人,男女比例是一比二至一比三。

阿尔茨海默症的另一特征:智能衰退是渐进的、缓慢的,早期不易为患者察觉,且不致影响他的工作,其临床病史可分为三个阶段。

第一阶段:记忆力衰退、工作效率不佳、方向感不好,且有困惑、激动不安等情绪障碍。

第二阶段:智能加速衰退、性格改变且呈现顶叶症状群,如语言困难、运用失能、领悟失能及计算能力丧失;甚至有帕金森现象,或幻想、幻觉等。

第三阶段:智能衰退更严重,患者对周遭漠不关心,变得行动不便,甚至出现失禁等现象。

阿尔茨海默症发生的原因,到目前为止,仍未发现其真正病源,有各种理论提出不同的说法,如生化上的某种缺陷、病毒感染、基因的倾向、免疫系统缺陷,或是铝中毒等,这些都经研究者提出,但并未见有单一的确切原因说明,似乎各种原因都有。

发生在初老期中的阿尔茨海默症,被指为原发性痴呆,一直被认为来自遗传,但对较晚期出现的症状,据研究者指出,则较难查出其基因倾向。

现代已有充分的证据,在尸检时发现阿尔茨海默症患者脑部都有特征性的神经病理学和神经生化方面的改变,如海马、无名质、蓝斑、颞叶顶皮层和额叶皮层有神经细胞数量减少,并形成盘丝状的神经原纤维缠结,和由淀粉样变性多发性神经炎斑块及颗粒状的空泡。

尸检中发现,阿尔茨海默症病人与死于其他原因的同年龄人相比,脑皮层和胆碱乙酰转移酶活性下降可达百分之五十至百分之九十五。而且此酶的活性减低与病人认知障碍程度相关。此外,尚有其他方面的生化病因都证实与此症有关。

四、匹克氏症

匹克氏症是由匹克(Pick)首次描述,故而命名,病因仍不清楚,临床上归为痴呆综合征。伴有额、颞叶局限性萎缩,和阿尔茨海默一样属于原发性退化性痴呆,发病比阿尔茨海默少,发病年龄约在五十岁至六十岁之间,男女比例约为一比二,但也有报道称一比三至一比五不等。

匹克氏症的临床表现,是明显的性格改变和社会行为失控,它不是记忆力下降,而是行为幼稚无法自制,说谎、酗酒、偷窃、乱性、没有礼貌、懒惰、恶作剧及犯罪行为,且不以为耻。和阿尔茨海默一样,早期可能出现大小便失禁。有人强调本症和阿尔茨海默不同在于早期出现口探索症,摸、抓跟前的物体,饮食过度等综合症状,但此时幻觉、妄想少见。

随着病情的发展,记忆、智力障碍愈来愈明显,表情愚蠢,欣快或冷漠,间或有短暂烦躁不安,活动过度,词汇量显著减少,出现持续言语、语句重复、刻板,有时默不作声。肌肉张力变弱,但也有明显的帕金森病症。晚期的智力、人格衰退和其他痴呆难以区别。

五、帕金森症

帕金森症常与老人痴呆、阿尔茨海默症和匹克氏症混淆不清,因为某些行为反应有颇多类似之处。

帕金森症是詹姆斯·帕金森于1817年提出,为此,后人将此病名为"帕金森症"。

帕金森症多发于六十岁以上的老人,虽年轻人患病比率不高,但还有一至两成,文献记载最年轻的帕金森患者只有十岁。白种人帕金森症发生率高于黄种人。

一般而言,帕金森症的症状最早是从手部颤抖开始,有研究指出几乎有百分之八十至百分之九十的患者都是先出现单侧手部颤抖,接着变得僵硬,然后动作缓慢,且手部出现症状后,同侧的脚也会出现类似的症状。年轻患者较年长患者略有不同,年轻患者症状较易自下肢开始,发生僵硬、震颤等的比例会比上肢高,且会出现抽筋、刺痛、动作不灵活等症状。

归纳帕金森症的患者有三大临床表征:①运动缺失。动作迟缓或缺失。转动身体显得僵硬;步履倾斜向前,快速小碎步;面无表情,状似戴面具;②生理学检查时呈现迟钝僵硬及肌肉僵直等;③身体的任何部位会有两侧性细微颤动;手指有"数钞票"的动作。

帕金森症发生的原因,主要是脑部神经的一种黑质细胞不明原因提早退化、死亡,以致黑质细胞分泌的神经传导物质"多巴胺"明显减少,接受讯息的基底核得不到足够讯息而导致此症。但患者中少部分有遗传家族史,可利用遗传基因检出加以确定。

此症目前尚无预防方法,但若早期发现,可以用药物补充多巴胺的不足,可是也无法阻止黑质细胞的退化和死亡,在五至十年内出现药物依赖,十五至二十年后可能瘫痪。

由于长期用药无法控制病情恶化,使患者灰心、颓丧,甚至放弃治疗;患者也由于行动迟缓、颤抖、僵直及生活上种种不便,而造成情绪上不安、沮丧、自卑……

医生指出,诊断此症的依据,主要是根据患者临床症状,只要具有上述症状两种以上,即可诊断为帕金森症。不过,由于使用某些精神类药物或急性中毒、脑中风、威尔森氏症也可能引起类似症状,有时诊断不易。

六、老年期失忆症

(一)概说

老人特征之一,是"陈年往事记得多,眼前发生的事记得少"。例如,他可以回忆幼年期在什么地方捡到一粒从树上掉下来的龙眼,正在高兴时突然被另一位小朋抢走,自己大哭起来;可是,现在当面介绍的朋友,转身就忘得一干二净。年纪大的人,难免"过目即忘,听过即忘,说后即忘",或是"骑在牛背上找牛"的丑事时常会发生。明明钥匙放在身上,可是却找不到,进不去门。到室内想取件衣服,但到房间后却想不起要些什么。这些日常生活中常常发生在老人身上,这种现象叫作"失忆症"。

(二)失忆的类型

按《张氏心理学辞典》的解释,所谓"失忆症"又称"健忘症",指丧失记忆力,尤其有意回忆时,出现过去的经历想不起来的现象。按病因来分,失忆症可分为两大类:一是"心因性失忆",指记忆力丧失是心理原因,是个人将过去痛苦的经验予以压抑,排除于意识之外,因而回忆不起来;二是"器质性失忆",指大脑受伤或病变所引起的记忆力丧失。

根据上面的解释,任何年龄层的人都有可能患失忆症,不仅只限于老人。而失忆的种类林林总总,根据临床上表现,有下列十数种之多。

1.情感失忆。纯粹由于情感上遭受打击而丧失记忆力。

2.有限失忆。又称局部失忆,指个体记忆力的丧失只限于某一孤立的经验事件。

3.近事失忆。又称病后失忆,患者不能记忆的事,只限于失忆事故之后发生的事情,在此以前的事反而能够记忆。

4.选择性失忆。只对某种事物丧失记忆,而对其他事物记忆正常。

5.后续失忆。是某一时间因某一特殊事件之后丧失记忆,而且一直延续到现在。多由于心理因素所致。

6.离解失忆。是在突然状况下忘记自己或过去的一切,但生活习惯仍维持正常。此种纯属心理因素,发作后数小时可能自然恢复。

7.要事失忆。对特别重要的事不能记忆,不重要的琐事反而牢记。

8.幼年经历失忆。是个体长大后不能记忆幼儿时期的事情。依精神分析论,其原因是幼年生活痛苦,个人对于痛苦经历予以压抑,不愿记忆所致。但按现代认知论的解释,幼年经历失忆现象,是经历记忆贮存与表征的问题。幼儿经历的贮存未经语言符号编码过程,成年后不能转换为符号表征,即使留存在记忆里,却不能以语言表示出来。所以,幼年经历失忆不能视为疾患。

9.柯氏失忆。又称酒精失忆、酒精性精神病,是由于长期酗酒或严重营养不良所导致的复杂型失忆。患者不但丧失对往事的记忆,且已无法学习新的事物。

酒精性精神病是一种较严重的失忆症,并附有其他精神心理疾患,都是起因于过度或长期酗酒,造成急性脑炎或脑组织损伤,而导致严重心理失常症状,患者有妄想、谵语、幻觉、记忆力损伤及判断力下降等现象,此症有两种主要形式。

(1)震颤性谵妄:是急性的,有明显的焦虑,在极端兴奋或失望时会有战栗、幻觉等症状。

(2)柯氏精神病:是慢性的,其症状是毫无系统的曲解记忆、丧失记忆、胡言乱语等。

10.局部失忆。又称有限失忆,意指记忆力的丧失只限于某一孤立的经验。

11.器质性失忆。泛指因生理机能失常而导致记忆能力丧失的一切情形。

12.催眠失忆。指被催眠者清醒后,不能记忆催眠状态下他所说的话或所做的事。

13.心因性失忆。指患者记忆力的丧失不是器质性原因所导致。此症多由于突如其来的精神打击所发生。

14.旧事失忆。是患者对病发之前的事情不复记忆。

(三)失忆者的心理与行为问题

失忆者的行为及心理问题,包括幻觉、妄念、幼稚、冲动、激动、攻击行为、非攻击性激动、忧郁、注意力分散、木讷、退缩等。

四种失忆者所产生的心理及行为问题如下。

1.阿尔茨海默氏失忆症。

(1)外观仪表:早期者衣着及外观尚无特殊变化,不像额叶萎缩患者于早期显示出个人卫生习惯差。但中、晚期后即逐渐忽略其仪容外表,甚至须提醒或劝诱哄骗去洗澡、理发、梳头、剪指甲等。

（2）器质性行为改变：早期无特殊异常，于中期后即呈现表情迟钝、木讷、欣快感、傻笑、缺乏病识感、激动不安、愚昧及不适当的社会互动等行为。

（3）注意力：早期患者常可胜任"数字重复"的测验，但中期后逐渐退化，晚期则完全失败。且对外界环境较大的刺激容易模糊，当专心注意一件事时，无法将反应转移到另一件事的刺激上。当指示患者照你的手指转动时，他往往只凝视着你的脸，无法转动手指。

（4）语言：早期即显示出语言方面的退化。于规定的时间内，在有时间压力的状况下，患者无法讲述多种的动物、工具、水果等名称。

2. 血管型失忆症。研究者指出，其包括皮质层或多发性梗塞失忆症及下皮质层或小血管失忆症。后者因影响到前额至下皮层之回路功能，而较前者产生更多心理行为问题。但亦视其侵犯部位、形态及脑部缺血的范围大小而定。

（1）忧郁症状：发病初期忧郁症比例与阿尔茨海默症相似，追踪半年后血管性失忆症中百分之五十仍有忧郁症，而阿尔茨海默症只有百分之十一仍有忧郁症，上皮层多发性梗塞（占百分之二十五）之忧郁症盛行率少于下皮层之小血管失忆症（占百分之四十三）。

（2）焦虑症状：较阿尔茨海默症少。

（3）妄念，占百分之三十六至百分之五十六，而阿尔茨海默症只占百分之二十六至百分之六十三。

（4）幻觉：占百分之十六至百分之六十，而阿尔茨海默症占百分之三至百分之五十三。

3. 雷维氏体失忆症。若侵犯黑质细胞而产生帕金森氏症，四周抖动较明显；若是侵犯大脑皮层产生认知功能退化及精神症状，百分之十五至百分之二十五早期时认知功能退化；若侵犯交感神经系统会产生自律神经失调。

此型失忆症所产生的精神行为症状多于阿尔茨海默症及血管型失忆症，时常跌倒或失去意识状态。

（1）视幻觉：于早期即出现，占百分之三十三，其中有百分之十一至百分之六十四看见形状清晰、栩栩如生的影像，而引起多种情绪的反应，从害怕到愉悦或淡漠。

（2）听幻觉：占百分之十九，其中有百分之十至百分之三十时常合并嗅、触幻觉，而被误诊为晚发型的精神病及颞叶癫痫。

（3）妄念：占百分之五十六至百分之六十五，源于回想幻觉事件而产生固执、系统化、复杂且怪异的内容。

(4)焦虑症状:占百分之二十五至百分之五十二,包括减少进食、容易冲动、攻击行为以及睡眠困扰。

(5)忧郁症状:占百分之三十三至百分之五十,与帕金森症相同,却高于阿尔茨海默症的忧郁症状。

4.颞额叶失忆症。

(1)先有人格及行为的改变,又名额叶失忆症:表现为迟钝、冷漠、缺乏动机、无病识感、个人卫生习惯差、刻板固执、幼稚等。

(2)面部表情平淡,没有悲伤、忧愁、哭泣、无助、无望感或自杀意念等:缺乏生活、身体或语言之活动动机及持续性之注意力。对外界环境事件之刺激或沟通缺乏情感反应。但有时会有类似躁郁症的情绪突然冲动、无理取闹,有时亦有强迫、刻板、重复的行为表现。常有诙谐不适当之言行,晚期呈现性欲过强等幼稚行为。

(3)若额叶萎缩,亦有可能出现失语症。

不过,值得注意的是,据研究人类有三种不同的记忆系统:感觉记忆、短期记忆和长期记忆。每种记忆有其不同目的,某些记忆障碍是受到身体老化影响,但感觉记忆除外,分述如下:①感觉记忆。大脑记忆系统最肤浅层面,人们看到、听到、嗅到、尝到及摸到等的一切讯息,暂时贮存保留起来。如影像、声音、味道、气味及触觉等仅保留一两秒左右;视觉刺激保留三分之一秒至一秒之间;听觉刺激约保留两秒。感觉记忆停留时间很短,除非转至短期记忆,否则感觉记忆中的印象很快就会消退,这也是感觉记忆遗忘快的原因。研究显示,这与老化没有关系;②短期记忆。短期记忆是将讯息保存在意识层面,保留期间为一两秒至半分钟。根据研究,一般而言短期记忆能力会随年龄的增加而呈现下降趋势,尤其在六十岁以后下降更为显著。此种衰退现象与分心有关,为记忆内容脆弱,易受干扰产生替代现象所致。但与记忆容量无关;③长期记忆。长期记忆是将过去所有的知识、经验经过短期记忆的编码过程转入长期记忆中。

根据研究,年龄对长期记忆没有影响,所以老人易唤起陈年往事。而个体之所以无法唤起某个讯息的记忆,通常是由于"线索"不足,只要给予足够线索,就能回想起以前的事。老年人容易触景生情,就是与发生的线索有关。

从上述记忆的研究可以了解,老年人的记忆有问题,应属于病态的失忆症。不全是记忆系统的全面老化退化,但多少与老化退化有关。

讨论话题——附栏:老人失忆症的居家治疗

老人失忆症除药物与行为治疗外,物理治疗师呼吁不要忽略居家运动治疗,且应尽早介入。居家治疗主要有三大部分。

柔软运动(每日10分钟):可学习整套健康操,或是踩低阻力的室内脚踏车,要不然转转身、弯弯腰。目的在维持关节活动度及灵活度,促进血液循环。但要避免剧烈快速的活动。

深呼吸运动(每日早晚各10至20次):目的在增加肺活量,且可帮助容易躁动、紧张的患者稳定情绪。

肌耐力训练(每日至少15分钟):分高阻力低次数,低阻力高次数两种,包括躺在床上抬臀、抬腿运动、踩室内脚踏车,目的在加强体力,并改善平衡能力。

此外,老人勤读书,也可防止老人失忆症。医学界研究证明,知识程度比较高的人,患老年失忆症的机率比较低,患病的年龄也会往后延。原因是人的智力和记忆力与脑细胞间的联络活动有关。用脑的人,大脑血管经常处于舒张状态,可输送充足的氧气和营养物质,带动血液循环。大脑基于"用进废退"原理,多用脑,即使"打麻将",也会使脑细胞活起来。

七、老年期忧郁

(一)概说

屈原是战国时代楚人,忠心耿耿却不为楚王赏识,二度流放途中,不知不觉走到汨罗江边,眼前是一片茫茫江水,觉得受到秦国侵略的楚国和自己的前途,也和眼前的江水一样前途茫茫,兴起无限的感慨,就抱着一块大石投江而死,时为公元前277年农历五月五日,享年六十三岁。

屈原的轻生自杀,有人探讨此与屈原患了忧郁症有关,从他的遗作中不难看出他轻生之意,如《渔父》:"举世皆浊我独清,众人皆醉我独醒……宁赴湘流,葬于江鱼之腹中。安能以皓皓之白,而蒙世俗之尘埃乎?"渔父笑答:"沧浪之水清兮,可以濯吾缨,沧浪之水浊兮,可以濯吾足。"来开导他不可固执己见,应辨识环境再作决定。

屈原有道德洁癖,自觉世风日下,境遇不佳、无常,自己清白尽忠,却连连遭到放逐。拂逆之事多,愁闷之心易结,肝气郁结的结果,就是现代医学所言的"忧郁"。

世称"科学之父"的意大利物理及天文学家伽利略,因其想法与当时的罗马天主教会相反,而触怒教会,后被监禁、酷刑、辱骂,在法庭被迫认错推翻自己的理论,最后郁郁而终。后人多认为他是患忧郁症而亡。

清末李鸿章,生逢大清国最黑暗、最动荡年代,他的每一次"出场"无不是在国家存亡危急之时,大清要他承担的无不是"人情最难堪"之事。八国联军入北京,他奉召议和,签辛丑条约,赔款四亿五千万两,分三十九年还清,年息四厘。列强还说:"四亿五千万中国人,人均一两,以示侮辱。"李即遭到国人指责,"卖国者秦桧,误国者李鸿章"。

李鸿章于签订和约之初得到的指示是,"敬念宗庙社稷,关系至重,不得不委曲求全"。然而,国人并不谅解他,洋人还污辱他。和约签订后,李鸿章即大口吐血。

李鸿章垂暮之年忧郁成疾,站在他床头逼他签字的俄国公使走了之后,身边的人大哭:"还有话要对中堂说,不能就这样走了!"李又睁开眼,身边的人对他说:"俄国人说了,中堂走了以后,绝不与中国为难,两宫不久就能抵京了!"李鸿章双目炯炯不瞑,张着嘴似乎说什么。身边的人再说:"未了之事,我辈可了,请公放心!"李鸿章目乃瞑。

李鸿章郁闷之情,可从其在病榻上上奏朝廷窥知:"臣等伏查近数十年内,每有一次构衅,必多一次吃亏。上年事变之来尤为仓促,创深痛剧,薄海惊心。"

李鸿章死时享年七十八岁,后人都说他是受辱吐血而忧卒。

从古至今,上至王公贵胄,下至贩夫走卒,皆难免罹患忧郁,各年龄层的人都有,唯独老年人所占的比例较高。据医学界统计表示,老年人得忧郁症的比例高达百分之十六到百分之二十六之间,平均每四到五名老人当中就有一位患忧郁症,而其自杀率是一般人的三十倍,是自杀的最大族群。忧郁症常发于女性,是男性的三至五倍,但男性忧郁症的死亡率却是女性的两倍。

(二)老人易患忧郁症的原因

老人忧郁的原因,包括生理和心理两方面因素,身体病痛和社会、家庭状况的改变,都会产生忧郁症症状。忧郁症依医学的分类,又可分为"内因性"与"外因性"两大类。前者是体质发生变化而起;后者是受环境的影响。事实上,生理、心理的内因与家庭社会环境的外因,是互为因果的,如因为年岁增大后身体老化所带来的病痛,可能引发忧郁,而忧郁又会加重身体症状等。

1.老人忧郁的生理因素。医学界已一致指出,多数的忧郁症患者,是因身体本身缺乏某种生化物质,也就是说体内神经传导物质的浓度不足,从妇人产后患忧郁症便可得到证明。

老年人较一般人易患中风,根据研究指出,百分之六十五到百分之七十的中风患者,半年内会出现忧郁症状,因为中风是脑部大区域的细胞坏死,情绪控制中枢在脑的深层,包括基底核、海马体等,这些地方控制人的情绪状态,很多人中风后虽未留下肢体上的障碍,却留下了忧郁症,即中风的破坏只影响到情绪而未影响肢体。

研究者指出,随着年龄的增长,脑内单胺氧化酶(MAO)也在增加,已被认为是容易造成老人忧郁症的主要内分泌原因。

再者,一项研究发现,较低自尊的人血液中的某些神经荷尔蒙浓度较低。这项研究是用社会阶级分明的猴族实验的,发现在族群中领导地位较高的猴子比位置较低的猴子血液中神经性荷尔蒙浓度明显偏高,不管这个现象是先天的还是后天环境所决定,至少可以提供一个假设证明,这类神经性荷尔蒙与自尊有关,自尊低通常是忧郁患者的潜在特征。

肌筋膜炎疼痛与忧郁有关,因为患忧郁会影响免疫系统而引发肌膜疼痛。

有此一说,常忧郁对骨头不利。温哥华英国哥伦比亚大学针对五十一位饮食状况极佳的少女进行测试,问她们是否忧虑体重,并用低剂量"X光"测她们骨头的矿物质含量,结果发现,那些对体重较关切者的骨质密度比较低。决定骨质的因素除了基因、身高外,研究人员也发现,"忧郁"影响骨质程度达百分之八。此一实验虽然以少女为样本,但不难推论证明一般老年男女骨质疏松连带产生的忧郁。

癌症与忧郁症的关系,有研究发现,有忧郁症的患者在每年追踪观察后,患癌症的机率较高;然而有些癌症患者最早出现的症状表现,就是忧郁症。引申解释,可以确定的是忧郁可能致癌,癌症可能助长忧郁。

国外曾有一项很有名的研究,针对某公司两千多名员工追踪二十年的结果发现,起初就有忧郁症状者比没有忧郁症状者患癌症的机率高出二点三倍。这项研究虽因不够严谨引起争议,但常保持快乐心情较不易得癌症,应是不变的真理,身心都健康的人,患癌的风险就会少些。

另一个值得研究的问题是,某些癌症病人,可能在身体病灶还未出现之前,先产生忧郁症状。有某些肿瘤本身会分泌出荷尔蒙等物质,可能会干扰大脑的血清素接收器,使得病人先出现忧郁症状。

再者,研究发现,大部分忧郁的人,体内的"自由基"会增加,使免疫力降低,的确可以使身体中不好的细胞活跃,长期累积之后就形成癌症。由此可以充分说明忧郁症的生理"内因性"因素。但是这种内因性的因素,往往是由"外因性"而起,而成为一种恶性循环。

2.老人忧郁的心理因素。

(1)疑病与焦虑:临床上常见许多老人在各科门诊逛来逛去,昨天觉得手臂发麻不舒服,今天觉得心跳好快喘不过气,去各科检查却找不出病因。医生指出,经常抱怨身体有症状可能是老人忧郁症的表征。

焦虑可在任何年龄的人身上发生,但一般来说,平均有百分之二十的老人报告有身体上的焦虑症状。老人焦虑症状常伴随忧郁症,有时一些特殊情况,例如,邻居、社区、犯罪消息、社会经济、国际情势不稳、战争威胁、都会刺激老人的焦虑。而咖啡因更是一种致病因素。比较严重的焦虑,有时是由于身体上的问题。如:甲状腺亢奋,心律不齐等药物戒除也会引起老人焦虑。

曾有研究指出,老人忧郁患者,有三分之二会出现焦虑症状。

(2)缺乏自信:老人由于各方面都不如年轻时那样得心应手,有处处低人一等的感觉,常有许多思考和行为特征,如自我怀疑、错估自己的能力、习惯上对自己的成就打折扣、对证实负面自我形象的失败经验特别敏感。"我老了""我做不来""我将会失败""我一无是处"等预设立场不断在脑海中浮现,或是反向扭曲性的"防卫心态"而虚张声势,企图掩饰自己脆弱的自信心,以及否定自我没有价值的形象。

这种自信心低落的老人特征,会造成他无法安心相信任何真实美好事物会降临在自己的身上。因而显得多疑、敏感不安,难以摆脱不愉快的现状,这都与忧郁症的发生有密切的关系。

3.老人忧郁的社会因素。老人忧郁的社会因素,多半是家庭或外在压力造成。其实老人的人际关系网缩小,生活上会有孤独感,老伴、老友,或同年龄的人逐渐凋零带来的哀伤,因能力下降使物质条件降低等,都会使老人产生忧郁。

尤其现代社会变迁快速、科技发展日新月异,老人过去所受的教育背景,实难应对今日时代的进步。年老了,汽车不会开、不能开,也不便开,面对方便的交通工具,自己却无能为力;电脑时代来临,自己不敢、不愿、不会,自然成为"电脑文盲"。尽管自己饱读诗书、满腹经纶,面对这个时代却是一筹莫展。

4.老人忧郁的复合因素。大多数忧郁的老人致病的原因,少有是单一的,多与生理、心理、社会等内在、外在因素有关,构成一个循环体。

老年期忧郁症中,据研究,百分之七十五具有身体疾病或心理上受到压抑等发病原因。特别是在老年期,由于尝到了健康状况不良、退休、丧偶等滋味,这些使他们不仅缺乏准备,同时还要习惯这些状况带来的生活变化,自然难以适应。

再者,伴随身体障碍而带来的痛苦,经济收入减少,以及失去与社会的联系等,临床上这一刻的老年人身心疾病发病率最高。

老人忧郁常与药物构成循环,如因药物并发忧郁,由于忧郁而加重药量,而使中枢神经系统等受损,使病情更为严重。

(三)老人忧郁的反应

老年人的忧郁反应,除有与其他年龄段的人具有类似的反应外,多随伴着其他症状,且变化多端,如下。

1.强烈的不安与焦虑烦躁感。一些更年期的特征,老年人身上也多发生。如总感觉坐也不是、站也不是;无法安稳地待上一会;焦虑烦躁到了极点,感觉处处不安全、不安宁感十分强烈。

2. 冥顽的疑病症。根据统计,老年忧郁患者有百分之六十有疑病症状。客观上在身体方面稍有不适和不健康,就成天嚷着有病,跑遍大小医院求诊,不惜劳师动众,小题大做,逢人谈病,并以自身经历提供偏方,甚至求神问卜,荒诞不经的行为层出不穷。这都是老年期忧郁患者常有的特征。

3. 妄想。老年人的忧郁,多伴随有妄想症,由于老人自尊低、受社会排斥,而带来被迫害的妄想症。稍有经济条件的老人,常会怀疑别人对他有企图,谋财害命,即使至亲好友,多些接近和照顾他时,也会被怀疑是为了将来争夺遗产,如果这些人久久不来探视,就会被骂忘恩负义,或刻意冷落。他也不敢单独走到外面街上,恐惧汽车故意撞他,会被谋杀,也不敢单独去公园散步,陌生人或熟人稍一接近,也会怀疑对他别有用心。这种被迫害妄想症会伴随老人的忧郁症纠缠终生。令人慨叹:"唯老人难养也,近之不逊,远之则怨。"

老人的妄想症也常强烈表现出罪责妄想和疑病妄想。前者,常以为自己落到今日这种地步,都是自作孽的结果;后者,在生病严重时,甚至怀疑自己的身体是不是已经开始腐烂,或正在消失的一种虚无缥缈的感觉。

4. 多具有假性忧郁症形式。多数老人是以忧郁症的身体症状为思考,如头痛、头脑昏沉、心悸、呼吸困难、便秘、腰痛等,而掩盖了忧郁症的典型精神情绪症状。如失眠、意志消沉等,这是忧郁症患者所共有的。

5. 易伴有全身性身体功能衰退。老人忧郁患者,多数由于食欲不振、肠胃吸收障碍,及年老生理机能衰退等,造成不能充分摄取食物养分,所以造成营养失调,往往导致身体功能衰退,并容易产生其他并发症。

6. 有时伴有意识障碍。研究者指出,在百分之十的老年期忧郁症患者身上,可以看到他们有短时间的意识障碍,此时会造成精神错乱,并有自杀的念头。造成这种障碍的原因主要来自:发烧、代谢性疾病的并发、营养失调,以及精神疾病药物引起的副作用等。

7. 有时呈现假性痴呆。假性痴呆是指个体动机极低或极端冷漠的情况下所表现的行为。在此状况下,个体对环境的反应与智力无关,是另外因素(如极端惊恐或极度痛苦时)所致,故称假性痴呆。

讨论话题——附栏:她是忧郁? 或是失忆?

她的记忆力不好,究竟是忧郁? 还是失忆(失智)? 一位七十岁的老奶奶,一年前丈夫过世,子女在外地成家立业,自己终日沉溺在悲伤的情绪中,不仅深夜常常独自哭泣,也会忘东忘西,家人请她帮忙的事情,都忘得一干二净,因而被怀疑她患有忧郁症,似乎又有失忆(智)症的倾向,家人便请求精神科协助。

医生初次见到她时的确有忧郁症的典型症状。如说话、反应相当迟缓,对于过去喜欢的事情失去兴趣,无法集中注意力,食欲欠佳,半年来已经瘦了八公斤。

在进行关于失忆(智)症的神经心理学评估后发现,她在注意力、记忆力、速度测验上,有比正常人较差的反应,但正确性不输正常人,最后她被诊断为忧郁症。

临床上,许多患者被怀疑到底是忧郁症还是失忆(智)症,或两者均有。精神科医生们常发现在某些重大事件发生(如亲人去世等)后,认知功能都随着下降。到底是这些重大事件导致失忆(智)症,还是本身已经有潜在危险因子,借由其他问题催化加速失忆(智)的发生,尚无法明确,在临床上是常用"排除法"去厘清病患的疾患,如这位老奶奶,医生已经知道她的记忆力不好,是由丈夫过世后半年开始,所以不应排除忧郁症造成记忆力不好;在做神经心理测验后,更让医生确认病患的情形是由忧郁症所引起。因为忧郁症患者心智运作速度缓慢、注意力较差,可能导致患者记忆力有所缺陷,但这些能力并不会对患者的其他功能造成明显的伤害。所以,她对其他问题反应的正确性,并不会有很大困难。

相反地,失忆(智)症患者有时不只记忆力不好,其他的认知功能都有很严重的缺陷,这些不是单单注意力不好与心智运作缓慢可以解释的,患者的算数能力、对于人事物的定向感或是理解能力等,大部分会随着疾患而逐渐下降。

忧郁症常常会发生于"空巢期"的老年人身上,他们在辛苦一辈子之后,老伴过世、子女离家,留下自己孤单一个人,让自己很容易被忧郁所笼罩。

问题思考——附栏:如何分辨失忆与健忘

老人忘东忘西,常被指称失忆,也常被斥责为健忘,其实两者是有差别的(见表6-3、表6-4)。

表6-3 健忘与失忆的分野

健忘	失忆(智)
忘记刚才所做的事的一部分	完整忘掉所有的经验
记忆力消退	智能的降低
只会自我困扰,不会麻烦别人	会认为一切都是别人造成
不会不知道自己身在何处	不知道自己身在何处
日常生活没有特别障碍	经常幻觉、妄想,严重地影响生活
判断能力及理解能力仍正常	判断能力及理解能力逐渐消失

表6-4 如何区别正常老化的健忘及失智症的病态失忆

	正常老化的健忘	失智症的失忆
遗忘的范围	体验过的一部分	体验过的全部忘掉
过后再想起	经常	少有
依从口头或字面的指示	能够依从	慢慢不会使用
用笔记或提醒方法来弥补	能够使用	慢慢不会使用
对事情的判断力	正常	降低
恶化	没有或不明显	较明显退步
病识感	知道自己有健忘的现象	不知道或否认
自我生活照顾	对日常生活并没有障碍	对于日常生活有障碍,需要受看

八、老人睡眠障碍

(一)概说

睡眠障碍各个年龄层都有的,本书已有论述,但老年人的睡眠与其他年龄段的人有所不同。常见一些老年人,各餐饭后,在客厅或沙发上,或舟车旅途中,也不管与别人聊天或欣赏电视节目,说着说着眼皮就合了起来,甚至鼾声大作而不自知。可是一倒在床上就无法合眼,尤其漫漫长夜,睡睡醒醒,次日又面临昨夜未睡好所带来的身心疲乏和精神萎靡不振,自然影响到日常生活情绪,日复一日,有至死方休的感觉。

老年人睡得较少,男性尤其容易在夜间醒来,并且难以再度入睡。老年人睡得较浅,做梦较少,熟睡较少。年纪愈大,所需的睡眠时间愈短,婴儿可能要睡上二十二个小时才够,但八十岁的老人,平均每天的睡眠时间却只有五小时。

老年人睡眠的品质差,往往需要躺很久的时间才能睡得着,虽然睡着也很容易醒过来,这是老年人睡眠的特征。

临床医生指出,在老年人的睡眠中,"慢波睡眠"(恢复体力及维持身体恒定作用的时间)减少,所以总是觉得没有睡饱似的,而且睡眠时间整个往前移,快速动眠期也整个提前,打瞌睡的时间也大为增加。正因如此,所以老年人主观认定以为睡眠改变,医生指出,不必太担心,除非另有其他问题存在。

(二)失眠的原因

老年人面临失眠问题的比例,据统计有百分之三十到百分之五十。以医学的观点,他们常常合并有身心问题、内科疾病及服用药物等,包括如下。

1.内科问题。如心肌缺氧、胃食道逆流、打鼾、呼吸中止等。

2.睡前肌肉抽动症。可能是电解质的不平衡或神经元退化。

3.合并身心症。如忧郁、焦虑症、老年失智症、睡前喝茶、饮酒、喝含咖啡因的饮料。

4.安眠药成瘾。或一些慢性病药物,如降血压、抗帕金森症、抗组织胺等药物。

5.夜尿、前列腺肥大、晚上有神经疼痛、喝太多水必须常常起床上厕所等。

6.非常在意睡眠。几乎已经变成强迫性思考,整天想着晚上会睡不好等问题。

7.白天活动太少、睡得太多等。

(三)较特殊的睡眠障碍

国际上关于睡眠障碍症的分类已高达八九十种,下面是一些较特殊者。

1.浅睡期与入睡期的功能障碍。临床医生的报告指出,曾有患者每次一睡着不久,就因脚突然猛踢一下(且很用力)而惊醒,连带地把睡在身旁的老伴踢醒。相互对望一眼,看看没事又继续睡,没想到刚一睡着又来一次,重复的次数一多,患者除自己失眠外,老伴也受牵连而抱怨连连。

情况更糟的另一位患者,每次刚想入睡,就觉得似乎有蚂蚁爬过似的,很想抖一抖,总得起来走一走之后才会好一点;但一躺下想睡,同样的感觉又再出现。为此他一直抱怨家人,是不是床单没洗干净。

一般人在刚入睡时,有时会突然跳一下或缩一下而惊醒,可能是梦到从高处跌落、跳过凹凸不平的崎岖道路,或跨越深沟等。

前述患者于入睡不久,脚或手突然用力缩起而猛动一下,因为动作往往很大,不但自己立刻惊醒,枕边老伴也受到波及,医界称这是"阵发性肢体抽搐"所造成的。

阵发性肢体抽搐症状主要发生在脚,少数人发生在手,患者以老年人居多,该症原因非做梦引起,是动作系统的不适症,发生在入睡期,由于不断在刚入睡时发生而屡屡惊醒,所以因此失眠,更因为睡不好,长期下来就容易引起情绪的不安,脾气不好、烦躁等问题。

此外,一种病叫作不安腿综合征,同样以老年人为主,且大多发生在脚上;不过它是发生在尚未入睡之前,而不是刚入睡之时,且这些患者在即将入睡之前,脚上会有如蚂蚁爬过、针刺到似的感觉,很想摇一摇、抖一抖,在深层不安的模糊感觉中,必须下床走一走才会觉得好一些,但一躺下,同样的不适感又再度浮现,又忍不住下床走一走。由于不断重复同样的动作与感觉,所以患者也很容易失眠。这种疾患也称"感觉系统异常"。

阵发性肢体抽搐的动作系统不适症,以及不安腿综合征的感觉系统异常,都属于"浅睡期或入睡期功能障碍",发生原因医界尚不清楚,可能与压力、睡眠深度不稳、神经系统不稳定等有关,这类患者其实不少,约占睡眠有问题的百分之三到百分之五,每次门诊中总有一两名这样的患者。

2.快速动眼期睡眠的行为障碍。快速动眼期睡眠行为障碍,其特征是在夜间睡眠期间出现奇怪的行为,此行为是与睡梦中全身肌肉无法松弛有关。

问题思考——附栏:老先生为何大吼大叫?

黄老先生因为腰椎间盘突出,住进医院开刀,在术后第二天开始出现夜间整晚不睡、大吼大叫、比手画脚、似与别人对话、无法配合医疗、乱拔点滴针管,连续数晚皆是如此。弄得照顾的家属整晚如临大敌,疲于奔命,日夜轮班照顾无法休息,焦急烦躁的心情让人快要精神崩溃。

经精神科医生会诊,排除其他器质性因素所致的生理异常,评估为快速动眼期睡眠行为障碍而用药治疗,症状快速改善,仅偶尔说说梦话。

回溯患者的病史,原来他已长期失眠,服用安眠药十余年,十个月前一次小中风之后,每晚服用三颗安眠药,初入睡两小时内,会有说梦话骂人,偶尔半夜下床走路,神智不太清楚的现象。

快速动眼期睡眠行为障碍的临床表征是,在快速动眼时从很轻微的肌肉抽搐到严重的手舞足蹈、拳打脚踢、惊声尖叫、起身直立、追赶跑跳等都有可能,患者感觉在做梦,容易有意外伤害,如摔伤、骨折,或伤及同床无辜伴侣。

此睡眠障碍常发于男性老年人,因为与快速动眼期睡眠有关,常发生于入睡后六十到九十分钟间,发生的频率从一个晚上一次或好几次,到一个月一次都有可能,梦境与暴力有关,有受害的意念,对着人或动物质问,易反复发生。

临床上显示,老人家中风是一个危险因子,血压偏低也可能有影响,据研究指出,百分之四十二点九与神经科疾患相关。但是,不可与下列情形混为一谈:①老年失智引起的"黄昏综合征";②手术后引起的急性精神错乱"谵妄症";③药物引起的梦游、夜间失忆症;④其他的睡眠障碍,如梦魇、梦惊等;⑤重度睡眠呼吸中止症。

打鼾是成年人常有的睡眠障碍,但严重时,就会成为"重度睡眠呼吸中止症",肥胖的人及老年人较易发生。此症不仅影响个人生活,也会危及公共安全。

讨论话题——附栏:他每两个月撞车一次?

五十七岁的陈姓先生,有严重打鼾及白天嗜睡问题,经医院诊断为重度睡眠呼吸中止症,医生建议他使用氧压呼吸器治疗,但他无法负担三四万元的费用,一直没有使用,结果因为连续多次驾车肇事而被法院判刑。

另一位同样病情的蔡先生,平均每两个月就撞车一次,较严重的车祸致使他情况危急被送进重症监护病房。

打鼾不仅扰人清梦,影响枕边人的情绪,严重者还会变成健康的杀手。2001年调查四百位健康检查的民众发现,有百分之三十四的男性及百分之十四的女性每天打鼾。体重愈胖、年纪愈大,打鼾的比率愈高;而每天打鼾的人,患高血压的比例是不打鼾的三倍,心脏病患病率也高出五倍。国外的研究也发现,打鼾者发生中风的机会,是不打鼾者的三到五倍,睡眠呼吸中止症的患者,在睡眠中猝死的机会,也比一般人高出三倍之多。

从医学上解释,打鼾的原因主要是扁桃体、软腭及悬雍垂等组织过于松弛,平躺时使呼吸道变狭窄所致,其中有四分之一的人会因此产生呼吸中止症,这类人由于长期缺氧,一方面容易因肺压升高导致血压高,一方面会因心肌细胞坏死而导致心脏衰竭,进而威胁生命。

(四)睡眠障碍对情绪的影响

对老年人而言,睡眠障碍与年轻人一样会影响情绪。睡眠障碍与情绪不良互为关联。睡眠不足,造成次日精神不振、烦躁不安、影响生活品质等。情绪不佳又足以招致睡眠困难,心中总似有一块石头而放不下,辗转反侧,噩梦连连,甚至带来其他的心理与行为困扰。

例如,打鼾的人,其人际关系的发展会受到影响,没有人愿意和一个长夜打鼾的人共宿一室。参加旅游的团体成员,事先都会向旅游公司秘密叮咛,不少旅游公司也会在出发前调查顾客是否打鼾,当事者自有不同的感受。

自卑的情结,往往为打鼾的人所拥有,这些人十之八九也会肥胖,由肥胖而自卑,又加上打鼾不受欢迎,故而更自卑。由自卑而生退缩,更影响到人际的发展。

莫名的焦虑与恐惧,睡眠障碍可能会使呼吸中止,随时有睡觉时死去的可能,有这种可能性的顾虑,更不敢轻易入睡,久而久之将成为另一种精神疾患,不是没有可能。

从生理层面看,睡眠不单是休养生息,而是一种复杂的神经活动。睡眠不仅影响个人学习、适应能力与生活品质,进而影响精神健康,还参与身体某些功能,其中生长激素的分泌和免疫功能的更新就是最重要的工作。

全球交通事故所造成的死亡事件,一半以上是因为司机打瞌睡、疲劳及工作过量产生的睡眠障碍所导致,甚至很多重大事故都与工作人员缺乏睡眠,注意力及判断力降低有关,这项数据虽指一般人,但亦不乏老年期的人。

讨论话题——附栏:长寿的人不是好睡的人?

根据英国的研究,每天睡五至六小时比睡八小时的人长寿。这是以一千多名一百岁以上的老人进行追踪研究得来的结果。

与此同时,一份研究报告刊登在美国的一个期刊上。研究显示,与每晚睡六至七小时的人相比,每晚睡眠超过八小时的人更容易早死。这是根据美国防癌协会在1982年至1988年对一百一十万名美国人的睡眠习惯进行追踪调查记录所做出的结论。

研究人员发现,每晚睡八、九、十小时的妇女,与每晚睡七小时的妇女相比,前者的死亡风险分别增加百分之十三、百分之二十三及百分之四十一。与每晚睡七小时的男性相比,每晚睡八、九、十小时的男性,死亡的危险分别增高百分之十二、百分之十七及百分之三十四。

同时该研究也指出,反过来看,每晚睡五小时的妇女,死亡危险只比睡七小时的妇女高出百分之五,男子则高出百分之十一。然而每晚只睡三小时的男女,死亡的危险则分别增高百分之三十三与百分之十九。

这项报告未说明为什么睡得久的人死亡危险会较高,也未指出睡得少些会延长寿命。不过,担任该研究的领导人认为:"人每天应睡足八小时毫无根据。"医学界认为:"不是久睡有病,有时是有病才久睡。"人究竟应睡几小时?是由个人的"睡眠中枢"灵敏度决定。一般人是四至八小时,婴儿十六小时,一岁幼儿十二小时,小学生约八至九小时,中学生七至八小时。

第八节 老人的死亡情结

一、垂暮感伤

夕阳无限好,只是近黄昏。天际高挂美丽的彩霞,在一些老人看来不一定美,而似乎像高挂在天空中的一座丧钟,它的声响将随落日余晖进入黑暗的墓穴。老人到了此时渐渐会意识到自己的时辰不远矣!就像落日那样逃不掉地沉下去。可是它明天仍会升起,而我呢?

医生多鼓励老人读书以保持头脑灵活,减少得痴呆症的机会,殊不知老人在翻书的同时,往往悲从中来,不免想到人生如同翻书,一页页地翻,终有翻完的一天。

古诗《驱车上东门》,作者因见城北的坟墓而感叹人生苦短、恐惧与无奈,曰:驱车上东门,遥望郭北墓。白杨何萧萧,松柏夹广路。下有陈死人,杳杳即长暮。潜寐黄泉下,千载永不寤。浩浩阴阳移,年命如朝露,人生忽如寄,寿无金石固。万岁更相迭,圣贤莫能度。服食求神仙,多为药所误。不如饮美酒,被服纨与素。

近代文坛巨匠巴金,2003年欢度他百岁生日时,已不能讲话,更不能写字。当他九十一岁时,由于饱受胸椎骨折的痛苦,曾要求安乐死;且多次对家人和朋友说:"长寿是一种惩罚。"在他年轻时的一篇文章曾说过,他希望活到四十多岁,因为他不愿做一个"累赘"。晚年的他常说"自己是一个废物",最难受的莫过于许多亲人、朋友都先他而去,让他十分孤寂。有一次进行手术时对医生说:"不要用药了,让我死去吧!"

古代文人雅士,对于短暂的人生,各持有不同的情怀,如:王羲之对于短暂的生命,有"修短随化,终期于尽"(兰亭集序),无奈的感慨。

陶渊明则以坦然豁出去的态度,唱"纵浪大化中,不喜亦不惧。应尽便须尽,无复独多虑",不再执着于生死的顾盼与眷念。

苏轼在旷达中,回过头来享受人生的喜悦,纵情于"江上之清风,与山间之明月;耳得之而为声,目遇之而成色"的景物里而悠然自得。

托尔斯泰小说《伊凡·伊里奇之死》中主人公身患绝症,在绝望中一再自问:这意味着什么?为什么?生命不可能会如此可怕、无意义。如果真是如此,为什么我非得死而又死得如此苦恼?这其中一定有问题,……他将脸转往墙壁,继续同样的问题:"为什么,这个恐怖的东西究竟它的目的何在?"

二、死亡的概念

对于死亡一词的解释,历来众说纷纭,宗教家、哲学家、社会学家、心理学家、法律和医学家各有不同,如下。

(一)社会文化观

从社会文化的观点,对死亡一词的概念有不同的解释,不同的社会有不同的看法。有学者认为:①死亡是一种变项。在不同文化中都有某些不同的特别形象或物品来象征死亡。如降半旗、讣告、墓碑、灵牌……;②死亡是一种统计。如在每年中都有不同原因的死亡统计报告;③死亡是一种事件。个人的死亡是社会的一个事件,要有官方的文件证明和一定的处理程序;④死亡是一种状态。死亡可视为一种永久的状态、一种虚无的状态、一种等待或新生的状态、一种此生的经验、另一种形式的存在等(至于哪一状态要依个人的经验和宗教信仰而定);⑤死亡是一种比喻。在人们日常使用的语言里,常利用死亡的概念作为个人或物品无用的一种比喻。如说"你是一个死人";⑥死亡是一种神秘事件。死亡虽不可避免,但少有人去讨论;迄今为止,对于死亡仍然很少有相关科学性的正确资料。因此,死亡仍被披着神秘的外衣,仍然是一个无法回答的问题。

还有学者认为死亡具有多重意义,他提出:①死亡是一种界线。死亡是个人存在于世上的一种终点或界线。当终点的时间愈近时愈会注意。他研究指出,六十岁以上的人每天会想到死的问题者有百分之二十九;四十岁以下的人只有百分之十五;四十岁至六十岁者则为百分之十一;②死亡是对生命的掠夺;③死亡是恐惧和焦虑的基础;④死亡是一种报酬和惩罚。有人认为寿命的长短是个人生命中所作所为的一种奖励或惩罚。认为好人应该长寿,坏人应该短命早死,是一种报应观念。

(二)法律学与生物医学观点

以上各说只是阐述死亡的意义,若从法律学和生物医学的观点看,可通过死亡的概念去界定一个人的死亡。长久以来被接受与使用的标准是临床上这个人没有心跳与呼吸,如今更广泛被接受的标准是"脑死亡"。所谓脑死亡是指大脑没有活动。其明确的标准是:①对任何刺激没有自主性的反应动作;②至少一小时没有自主性的呼吸;③对最痛苦的刺激完全没有反应;④没有眼球的活动,如眨眼或瞳孔的反应;⑤没有姿势方面的活动,如吞咽、打哈欠、出声;⑥没有动作反射作用;⑦脑波反应无变化至少十分钟;⑧二十四小时以后再试验时,以上情况仍无改变。

(三)心理学观

历来的心理学,对死亡概念的研究,并没有很重视,尤其古典学派的心理学家对死亡的论述不多。早期的心理分析学派提出死亡焦虑概念,说明死亡是不安的情绪反应。后来的心理学家对死亡的研究也多着重在死亡者的心理和行为反应上,但却被批评概念模糊不清、反应空洞。

心理学文献中最常出现"死亡"一词的是关于丧亲与自杀。这样的论题,使心理学逐渐了解"失落"经验对人类发展的影响。

大多数"死亡学"的心理学研究都集中于死亡引发的认知、情绪,及行为的反应,这种实质上的概念,隐含着死亡为阴暗本质之刺激物,足以引发不安的反应。也有些心理学家或精神科医生认为,不安或扭曲的行为模式,根源于对死亡的恐惧。事实上,某些人确有短暂或持续的焦虑、恐惧,并与死亡有关。

发展心理学者认为,"死亡是一个任务"。从婴儿孩提一直到老年,人生就是一连串有待完成的任务,且每一个阶段的任务不同。人到了老年究竟有何种任务?莫非就是死亡?如果其终极任务就是死,那人生所为何来?这是人们应该厘清的。

死亡任务理论认为,人生结束时要面临死亡冲击是正常的,在面临死亡时会有压力、挑战及冲突,其实人一生下来就会面临压力、挑战和冲突,人们不必等待老年到来才有死亡压力和挑战。

大众心理学阐释何谓死亡,认为死亡是一种表现方式:死亡是生命的另一面;死亡是生命极致的实现;死亡是人生一切应然但未然之事。

三、死亡态度的研究

态度与认知、情绪和经验有关,研究者指出,不同年龄层的人对死亡的态度有所不同。

(一)儿童对死亡的看法

大体上而言,根据心理学家的研究表明,大多数幼童似乎将死亡想成是一种暂时的状态,通常要到五岁至七岁之后,才能了解死亡是无可扭转的。换言之,死去的人、动物、花朵都是无法复生的。约与此同时,儿童也了解到有关死亡的两个重要认识:一是死亡是共同的现象(所有生物都会死);二是死去的人不再有任何功能性的活动(所有生命功能都随着死亡而结束)。

英国心理学家安东尼和纳吉算是研究儿童死亡概念的先驱。安东尼曾于1937年至1939年间,亲自与一百七十位儿童进行交谈及测验,结果发现,正常的儿童的确会思考死亡之事。儿童有能力自行领悟死亡,并发展出一些意念。这些意念通常是与失落、分离、抛弃或暴力、攻击等主题相关联,不见得需要亲身经历大灾难才会幻想,如丧父而难过、强盗入室家人被杀害。即使他们不完全理解死亡的意义,仍然会以害怕、好奇与迷惑的眼光来看待死亡。

纳吉于1948年至1949年曾对三百七十八位三岁至十岁的儿童(男女各半,且包括不同社会、宗教背景与相异智力者)进行研究,她将研究发现归纳成三个不同阶段。

1.阶段一。五岁以前。通常不了解死亡是个终点,儿童依然视死亡为生命的延续,即死亡是存活的缩小版本。死亡与离别关系密切,不过是一种离别。他们以为人在墓园里仍活着,活动范围也许只限于棺木,但死人仍然会成长、摄取营养、呼吸、知道世上发生什么事,有人想念他们时,也会感受得到。

2.阶段二。五岁至九岁,儿童将死人拟人化是这个阶段的特色,许多儿童以为死人会在半夜出来游荡,人们看不到他们,死人是个骷髅人、天使或是马戏团里的小丑,至此,儿童似乎已经了解死亡是个终点。

3.阶段三。九岁至十岁,此时儿童通常可以了解死亡是无可避免的一个结果,不管你多么伶俐,跑得多么快,都无路可逃,人人必有一死。

(二)青年人对死亡的看法

青年人对死亡怀有高度的浪漫想法,死亡被认为是勇敢的象征,青年人敢于冒险犯难也是这个因素之一。勇敢、光荣与死亡常常连在一起。我们受到传统哲学的影响,鼓励人们慷慨就义,杀身成仁,舍生取义,死有重于泰山轻于鸿毛,轰轰烈烈地死去流芳百世等古训,渐渐地成为青年人的死亡价值观,和应对死亡的态度。有价值的死去是烈士,所以,我国出了不少为人称颂的烈士,如黄花岗七十二烈士都是青年人,视死如归,供后人敬仰。也常见一些作奸犯科者,按古代的法律,行刑前游街示众,这些行将砍头的人却不断喊着:"三十年后又是一条好汉!"这种虽然不足取,但他那种从容就死的态度不能不说是一种浪漫。不过也有胆怯的,尚未到达法场就双腿发软走不动路了,行刑队不得不拖着他上去。

一些气节高超的军人,常见其宁可战死沙场,弹尽粮绝时也不投降,自诩"只有断头将军,没有投降将军",豪气万丈。不过西方人却没有这种观念,一些投降被俘的军人将领,当获释返国时,受到举国上下英雄式的欢迎。也许他们的价值观是"留得青山在,不怕没柴烧",也可作为阐释中外的年轻人对死亡的不同态度。

事实上,不是所有的青年人对死亡都怀有高度的浪漫想法。相反地,相关研究显示,当青年人得了不治之症时,他们会以和一般青年人对生命的看法相矛盾、抵触的方式面对死亡。对宗教的兴趣和神秘观常变得更强烈。同时,常否定自己的真实感,这种否定及对情绪的压抑,使他们情绪阴晴不定。此时,他们的愤怒多于沮丧,对命运不公的愤怒常发泄在父母、医生、朋友或整个世界上。他们不甘心就这样死亡。为什么老天爷这样对待我?你们都抛弃了我,抱怨连连。

(三)中年人对死亡的看法

人们到了中年,开始逐渐接到至亲好友死去的讣告,也会开始意识到我也终会一死,而自己的身体健康已不如从前,对自己死亡的体会愈来愈深,对时间的知觉也有些紧迫感,了解到死亡的必然性后,还有很多事情等待完成而未完成,此时,人们会重新评估自己,以为日后重组人生做准备,因而带来许多焦虑与忧郁。这不但说明中年期的人对死亡的认知,也可说是他们对死亡的反应态度。

(四)老年人对死亡的看法

老年人对于死亡一事,以其丰富的人生阅历早已经意识到不能幸免,只是内心有着不同的打算,有些人是希望得到好死,有尊严的死亡……所以各人的表达方式不一,有些人为了赢得好死,故在最后的人生阶段,多做一些"利他"的事业,乐善好施,以赎前愆。有些人投入宗教信仰,希望死后升天,不要进入地狱受苦,早一点投胎转世。

什么是好死?想法不一,睡梦中一觉不醒好吗?可是家人一定会惊叫为什么一点预警都没有就这样走了,你不该这样不管我们!搭乘飞机空中解体、坐车突然两车相撞,都可能瞬间致人死亡,可是别人会将你归类为死于非命、凶死,还是说你不得好死?

什么是有尊严的死?所谓英雄、烈士,都是死亡后受人膜拜崇敬,他自己又有何感受?死刑犯于行刑前,狱方都会准备一顿丰富的酒菜给他饱尝人间最后一餐,形式上不能不算是优待。行刑过后,纸宝香烛,一样不少,死者何来感受?

据此,不论好死、恶死、有尊严的死或没有尊严的死,对已死者而言,他既没有愉快之情,也没有焦虑恐惧之意,都是在世的活人搞出来的。所以,有人说,在这个价值观与自己格格不入的世界,老年人常觉得自己像个旁观者,也因此"老年人对死亡不若中年人焦虑"。

以现代社会观点论述"尊严的死",是讨论病床上的患者,已到了末期无可救药的地步的人。这些人躺在加护病房的病床上,面色苍白,双眼紧闭,鼻孔中插着胃管、氧气管、从口腔插入肺中的抽痰管、手臂上插着点滴管、心脏旁贴监视心跳及脉搏管、下体插着输尿管、双手被绑在床沿的护栏上,怕他清醒时,自行拔掉这些管子,人工呼吸机在旁随时待命,还有其他急救的仪器,都连接许多电线和管子。此外,还备有必要的电击设备随时急救,必要时用手压心肺复苏术,有时病人的肋骨都会被压断,非常痛苦。这种新的医疗技术固然可以延长一些人的生命,有人称此为"机械生命",但是对于一个癌症末期的人,只会增加他的痛苦,延长他的死期。在宗教家的眼里,这是剥夺他的人性尊严和自由。

人应该活得有尊严,死得有尊严,应该自然地死去。被插上各式各样的管子以及绑手绑脚,最后仍难免一死,这样的死,没有尊严可言,当事人也很痛苦。总之,任何"加工式死亡"都是没有尊严的死亡。

四、老年人的死亡恐惧感

研究指出,一般而言,老年人对于死亡不像中年人那样焦虑,这是因为这些年来经过朋友、亲人的死亡,已逐渐调整对本身死亡的想法和情绪,使得自己对死亡已有所准备,尤其觉得自己的一生过得有意义的人,要比仍在怀疑的人通常更能接受自己将死的预期。但有些人的情绪很复杂,明知道迟早会死。本来没有可怕的,但是哪一天会死,却无法预知,因此无法做好准备,惧怕之情即油然而生。

约翰·摩根和理查·摩根认为死亡的恐惧之所以存在,是因为人们恐惧下列几件事情的发生:①死亡是将一个人的一生做了一个总结,不论过得如何,死亡即是结束;②死后世界到底如何?总是一个谜。虽然进了另一世界,但这样的世界是上天堂还是入地狱?不得而知;③死后的遗体如何?会发臭?还是会萎缩?难以想象;④死后无法再照顾子女,他们往后日子怎么过?令人忧虑;⑤死亡可能给亲友带来打击;⑥死亡使许多原来想做的事中断,无法继续;⑦死亡是凄惨痛苦的。

还有一些令人不可思议、既对死亡恐惧而又追求死亡的案例。这是20世纪末的事,广东省的一些乡村老人,惊闻政府即将实施火葬,他们却抢在期限之前自杀,以便占一席之地以后供子孙于清明祭拜。曾有一夜之间十数起老人自杀案件。根据消息,自杀原因除了抢地土葬外,还有些人以为火葬场因经济关系,采用集体火葬方式,数具尸体一起烧,烧完的骨灰是你中有我,我中有你,家属视需要拿取,更没有什么仪式可言,又何来尊严?与处理一般动物尸体没有两样,所以,这些老人怕火葬不无道理。老人心智不清,想法也特殊,有些老人在无意中也流露一些口风:"这样的烧多么恐怖?多么痛苦难受!难道他们也不想一想,若埋在地下阴森森的,单独在荒山野岭中,难道不寂寞恐怖吗?"这未免有点说笑,却反映出老人对死亡的复杂情绪。

老人对死亡的恐惧,也可自日常生活中反映出来,就是老人疑病症的产生,以及比一般成年人更注意保养身体。朝食药、晚打针、求神问卜妄图延长生命不死。这就是对死亡产生恐惧的自然反应。毕竟死亡对人类而言,实在是一个不安的根本问题,没有人真正不怕死。

魏斯曼是世界知名的精神医生,曾列举七个问题,让人们试着回答,更能感同身受体会老人面对死亡时的恐惧。

如果在不久的将来,你要面对死亡,什么事是你最关切的?

如果你很老了,最关键性的问题是什么?你将如何解决这些问题?

如果死亡是不可避免的,在什么情况下可使之较能为人所接受?

如果你发现已经很老了,何种的生活方式最有成效,而且最不损害你的理想与标准?

一个人能做些什么,为他的死亡而做准备,或是为任何一位亲密的人?

什么样的情况与条件,能使你觉得死了较好?何时你才会为死而做准备?

在老年期,每一个人都必须依靠别人,当死亡这个问题降临时,你比较喜欢找哪一种人?

以上的问题都与未来的人、事、时、地、物有关,这些变项谁能掌握?也足以说明对于死亡一事为什么老人会焦虑与恐惧的原因,就是这些不能于死后掌握的事项。

五、濒死反应的研究

(一)濒死的本能论

人有趋吉避凶的本能,当面对对其生存有威胁的事物时,必定在行为上有所反应。方式通常有两种,不是逃避就是反抗。老人遇到死亡问题时,通常也是依循这两种方式。

1.逃避。在意识或潜意识层面上,尽量回避去想死的问题。在行为上尽量不参加丧礼,以免触景生情。不去探望垂死的亲友,以免谈及哀伤的过去或现在,想到我以后会不会像他这样悲戚。

2.面对挑战。不承认自己已是无可救药的人,医生叫他不能吸烟、喝酒,他偏不信邪做给你们看,表现出一副勇气十足的样子。也许他确实凭着某些精神力量支持着而未立刻死去,这不无案例。有学者曾在美国底特律市民行为表现的研究中发现,闯红灯、不遵守交通规则、不先看马路两边就横穿马路的人较易想到自杀。他们比谨慎小心的行人,对自己寿命的期望较短。

(二)濒死的阶段论

人们除了猝死,交通事故来不及反应而死,心肌梗死来不及救援死亡等外,但凡因久病不起而亡,衰老行将就木等的人,在气绝身亡之前都经历一番挣扎,精神科医生伊丽莎白·库伯勒罗斯也是芝加哥大学的精神病学教授,曾与约五百名绝症患者在临危之前进行交谈,发现大多数的人于生命行将结束之前都经历了某种顺序的情绪反应,而提出临终心里发展五阶段论,依序如下。

1.阶段一:否认与孤立。当事人被告知死亡将降临的时候,大多数人的反应是震惊与不相信,他们会想:"这不是真的,不可能是我。"这种不相信的心理,导致有些人寻求其他的渠道,企求接受更好的治疗。但也有一些人得知这种消息后,会将自己孤立起来,呈现出一种隔离心理。此时他已经没有讨论的对象,又自觉被抛弃、被孤立。

2.阶段二:愤怒。当事实已被认定后,他们变得愤怒,他们会反问:"为什么是我,而不是别人?"会觉得很不公平,表现出易怒、暴躁。并对周遭健康、年轻的人感到嫉妒,而他真正愤怒、嫉妒的不是这些人,而是自己无法像他们那样健康、年轻,因此表达自己的愤怒。"要我去死而留他们活着,太不公平了。"这种挫折感就反映到生气、愤怒上来。

3.阶段三:讨价还价。当知道无能为力时,生气不但于事无补,反而使病情更加恶化,且死亡也无法避免,只好寻求妥协方法。"好了,算我倒霉遇上它,但是",这个"但是"、那个"但是",就是讨价还价。库伯勒罗斯将讨价还价的临死者比作一个孩子,开始对其父母的决定不满,表示生气,后来知道无法改变父母的决定时,转而用"表示良好的行为"去讨父母的欢心,这就是讨价还价,希望最后赢得父母的让步。但他不会赢得死神的让步。

一个将死的人,在他无法逃避最后的死亡时,往往会转变信仰,希望真正有灵异出现。或者许下一连串的愿望:"只要我再活一阵子,等我儿子毕业,我孙子入学……我就死心了。"这种讨价还价无非是祈求能苟延残喘多一点日子或免受苦难的煎熬而已。

4.阶段四:抑郁、沮丧。当一至三阶段的方法用尽,仍无法挽回或改变死亡命运时,人们在此阶段开始产生一种无助感,会为自己的生命即将消逝而哭泣与悲伤,抑郁或消沉。

5.阶段五:接受。这是最后的阶段,人们终将了解到"我的大限将到来",已经知道无能为力了,只好认命。这个阶段的人反而显得平静,几乎没有情感,也仿佛痛苦已经过去,挣扎已经结束,他不再否认、孤立,也不再愤怒、讨价还价或抑郁,对世界怀着一种宁静之感,接受即将到来的一切。

库伯勒罗斯这五个阶段代表临终的五种情绪发展历程,事实上,每一个病死者未必是依此五阶段走完他的人生。有些人可能只游走在沮丧和愤怒间,或两者都有。或者出现极大的冲突,而这些差异都因年龄、性别、种族、社会阶层和人格特点有关。年纪愈大、宗教信仰愈笃和修行愈深的人,对这种阶段理论的观念愈持怀疑态度,甚至否认存有这种情形。老人虽然不希望死亡,但他们并不害怕死。年纪较大的人,似乎觉得已经历了一生,尤其是一些较有成就的老人,自认为也不枉此生了。相反一些年轻人因为对前途憧憬,还没有活完应有的寿命,也没有太多的"失落"经验,此时死去,心里总有不甘,否认、愤怒、讨价还价及抑郁沮丧在所难免。

(三)濒死的行程论

由于阶段论难以解释个别差异,另有学者则提出行程论的观点,临终的行程是描述个体垂死过程的长度和形式,主要问题是放在"死亡是确定或不确定问题上"。行程论主要论点有四,如下。

1.预期在某一时间确定死亡。如某人患病,经医学上的检验证实是不治之症,医生告诉他只有六个月可活。

2.时间未知,但确定会死亡。如患者被告知存活期是六个月至五年。

3.不能确定是否会死,但在一段时间里必会有明确的答案。如正在进行试验性的手术,成功与否尚未得知,但手术后即可知道结果。

4.不确定是否会死,何时能知道也不可知。如一个患有心脏病的人,此病可能是致命的,也可能不是致命的,将来亦不知会不会引起一些问题。

学者指出,由于最后两种情况模糊不定,痛苦期会加长而导致整个过程适应的困难;知道个人将死,对处理个人问题和生活适应均有所影响,其实问题一、二,亦难使研究观念清晰。

(四)濒死的周期论

周期论者的观念与阶段论有很多类同,不过,周期论者认为濒死的过程并非依一系列的阶段进行,而是照三个时期发展。即剧烈期、和缓期及终结期。

1.剧烈期。当事人在此时开始了解自己的情况已无可救药,焦虑度已达到最高点,在这种高度焦虑状态下,他开始否认、生气或有讨价还价情形发生。

2.和缓期。当焦虑到达顶点后,会开始撤退,也逐渐地适应,焦虑程度逐渐减退。

与此同时,个体产生很多矛盾情绪,如害怕寂寞,害怕不知将来会怎样,对于即将失去朋友、身体、自我控制能力和自我认同等感到哀伤。这种害怕和哀伤的情绪同时存在,或与希望能作决定、接受死亡事实等情绪交替呈现。

3.终结期。当事人开始从这个世界撤退、弃守,结束于死亡,此时期为时较短。

严格来说,周期论是阶段论的缩写,剧烈期与阶段论的一、二及三阶段无异;和缓期和终结期与阶段论的阶段四和五看来也没有什么不同。何况阶段论者也已指出,并非每个人的临终都要经历所有的阶段或以相同的速度、相同的顺序发展。所以,将周期论视为阶段论的另一种阐释,似无不可。

(五)回光返照论

回光返照的概念在我国社会颇为流行,是指临死的人从昏迷中短暂恢复意识或行为状态。也许可以用纯粹心理或生理的原因来解释这类苏醒,然而却不能推定所有的案例都是出自相同的原因。有些濒死者会有回光返照现象,如一些临危的病人或老人,昏迷不醒,家人正在哀痛欲绝中准备后事,他突然清醒过来一如常人,但数天后仍不免死去;而有些病人或老人,一经昏迷则永远不起。

以医学观点,回光返照是药效的现象,濒死的人,医生都会出重手,如电击;下重药,如使用某些平常不使用的药物,希望患者复苏。若以迷信观点,多言患者心事未了,要有所交代。总而言之,回光返照是活人的解读,未必是事实。

六、死亡的预知

一般而言,医生可以预测癌症末期患者生命尚有多少日子,但未见有医生可以预知患者几时几分会死去。一个被判死刑的犯人,临刑前,法官验明正身,犯人可知死亡就在此刻。老人会预知终究难免一死,却难知确切时刻。

现代由于科学发达,预知死亡已不是困难的事,根据《星期日泰晤士报》的报道指出,美国人文特尔,将提供一种服务,为个人所有基因码绘图。此举可协助预测一个人会在何时、如何死亡。如果真如此,人类能预知自己死亡的时刻,真不知他们内心是怎样的反应,说不定这个世界会大乱;或许是大家沉寂无声,静静地等待死亡;或者兼而有之。

七、濒死的期许

谚语:"人之将死,其言也衷(善),鸟之将死,其鸣也哀。"一个死刑犯在法官验明正身时都会问他有什么交代的。

人的一生都有其未竟之志,有些人将它隐藏在心头,成为个人的秘密档案,等到临终那天才泄露出来。有的成为遗嘱,如财产的分配;有的交付后面的人完成心中未竟之愿,如孙中山先生的"革命尚未成功,同志仍须努力"。一个死刑犯往往在行刑前也会供出犯案动机和表示后悔。

一项研究发现,大部分的人都希望"老死",且老死在"家里",几乎所有人(96%)都期望自己警觉、清醒地面对临死的时刻,也几乎所有人都期待在确定的几分钟、几个小时或几天内死亡。主要原因是不希望长时间与病魔缠斗后痛苦而亡,与其如此痛苦不如早死早好。也有六分之一的人希望死于意外,对于这样意外的死,是迅速而无痛苦的。

八、易引发老人死亡的机制

在中国社会里,长期卧病的老人,常见在严冬春节前后的日子较易引发死亡。原因何在?尚未见有人研究。只是在这个全国人注重的日子里办丧事特别引人注目。所以,不免联想一些老人易在这个时间引发死亡。如果深入分析,也不无理由。

对卧病的老人或一般老人而言,寒冬会使其老化的血管收缩更为严重,至一定程度时,易较一般人的死亡率为高;从心理学的论点,老年人对过年的感慨特深。过年是欢乐团圆的日子,可是对子女不在身边或孤苦伶仃的老人而言是一种灾难,想不开的老人,往往会选择这个时候自杀。过年对老人而言,不是送旧迎新,而是一年又过去了,我还有几年好活?一种行将就木的失落感涌现在心头,悲伤过度终招致死亡。

其他重要节日易引发老人死亡!菲利普斯的研究发现,七十五岁以上的中国妇女,其死亡率在中秋节前低于寻常,节后又高于寻常。

犹太人重视的"逾越节"根据菲利普斯的研究,此时大约有百分七十五以上的美国犹太人会共进一种庆祝性的晚餐,通常是在家中与家人共度。研究发现,犹太人在逾越节前的死亡率低,节后的死亡率提高。

上述的两项研究更指出,对节日最重视的人而言,在节前其自然死亡率最低,节后则提高,好似某些接近死亡的人会尽一切力量以活着度过一个节日。不过,根据该研究指出,所谓的"逾越节效应",除犹太人外,并未发生在其他族群人们的身上,一如"中秋节效应"也未出现在犹太人、一般群众、老年中国男性或较年轻的中国女性身上。

由以上的观察研究可知,特殊的时间,容易引发某些人死亡,但因地区、族群背景不同而异。当然,个别因素也有关系,如贫病交迫的老人,在严寒隆冬的日子,自然较一般人难以维持生存。

中国人迷信,常说"鬼在夜里抓人"。然而,据不完全统计,人的死亡时间确实以夜间居多。为何会发生这种现象?据考证,远在春秋战国至秦汉时期,就已用"阴阳平衡"理论对此现象进行讨论和阐述。认为:人体在正常状况下,对昼夜阴阳变化有一定的适应性。但在患病的状态下,对昼夜阴阳变化的适应性较差。因此,病人常常在白天病情较轻,黄昏加重,夜半更甚。

这种变化现象目前已经初步获得现代医学科学的证实。因为人体内有些激素呈周期性分泌,具有一定的昼夜规律性,如:促肾上腺皮质激素、生长激素、催乳素、松果体素等,这就是"生物钟现象"。其中,促肾上腺皮质激素好比水和空气,是维持人体正常生命活动的基本物质。在正常生理状况下,人每天清晨睡醒或活动开始时,即早晨八至九点以前,这种物质的浓度最高,以后逐渐下降。肾上腺皮质激素在人体生理活动中具有重要作用。如肾上腺皮质激素中的糖皮质激素能相对抑制肌肉中糖的利用,使血糖增高,维持人体正常生理功能。此外,糖皮质激素对人体的免疫细胞(如淋巴细胞、吞噬细胞)有抑制作用,能抗过敏、抗毒素、抗炎症。当夜半时分,激素浓度较低时,上述功能不能得到充分发挥,则不利于病情的控制。

另外,睡眠时人体生理功能会发生一系列变化,如感觉功能减退、呼吸、心律减缓、血压降低、血液中二氧化碳结合力上升、呼吸中枢对二氧化碳敏感性减弱、肺通气量减少、人体副交感神经占优势等。这种变化,正常人能很快适应,而对于病人、年老者则具有不定程度的危害性。

综合以上所述,可见夜半时分的人体,依中医学观点"阳气趋于理",那些促进人体代谢、兴奋的激素血浆浓度较低,故对病人、老人产生一定的影响,从而表现为疾病加重。故说人病重"归天"多"选"在夜半时分,有其道理。"鬼在夜里出来抓人"的迷信说法,也因而流行开来。

再者,值得注意的是,霍普金斯大学社会学家大卫提出的理论认为:"人死亡是一种社会行为的形态,会受到周围社会状况所影响。"他统计了1904年至1964年间美国人口的死亡率,在总统选举的数周间,死亡人数最少,因这是一件大事,人们都笼罩在莫名的兴奋中,抱着很大希望,即使濒死的病人,也因此延续其生命。大卫也曾经将一千二百五十一名美国知名人士死亡日期排列出来,发现在生日前两三个月死亡的人数最少,而生日后三个月内死亡的人数最多。一位八十八岁病危的老妇,再过三天就是生日,家人一再呼唤她振作,果然这老妇在四天后才去世。

讨论话题——附栏:在死神面前抛出的讯息

2001年9月11日,美国纽约世贸大楼两座高耸的建筑遭到恐怖攻击,世人目睹它倒下去,瞬间化为灰烬。不仅重创美国,也震惊全世界。

此事隔九个月后,《纽约时报》采访部分生还者,他们目睹了北楼和南楼共计一千九百四十六人的死亡;也探访过遇难者的未亡人、家庭成员、朋友和同事,以及查阅相关的电话录音,分析了遇难者中至少三百五十三人在生命行将结束时,利用各种手段,从那死亡封闭的大楼内向外界抛出讯息。这些遇难者最后的内心世界,充满着"惊恐、愤怒、挚爱"。最后挣扎求生的人连同世贸大楼一起归于沉寂。

讨论话题——附栏:与死神搏斗的一幕

《纽约时报》的采访指出,没有人比直升机上的警察更能看出生命挣扎时的恐怖,人的脸贴在玻璃窗上,喘息着,在一百零四层,人们用电脑砸破玻璃,在烈火浓烟步步逼近时,纵身一跳即时解脱。南楼第八十一层,一群被困者,其中一人持有手电筒,他依次点名,点到者回答"Yes"或"No",以决定上行或下行。结果全体选择"往上走",后来全部遇难,他们都赌输了。

人和死神最后一搏时的本钱是运气、意志力和体力,在浓烟熏呛中,人们精疲力尽,依次卧倒在地,准备就此了结一生。只有一个人坐起来:"不行,我还得见见我的妻子儿女。"他挣扎着下楼,终于获救。有人在第一百零二层,一手抓住窗框,一手揽住一位妇女,离地面一千多米,这样的情景,惊心动魄。

生还者回忆说,人在困境中,无论认识与否,都会表现出"亲切"。两个男人扶持一个女人并安慰她:"我们在一起。"男同事鼓励女同事:"你能完成化疗,你也一定可以走完这些楼梯。"他终于扶她走下去,将她塞入拥挤的电梯,然后转身上楼,救助别的同事。

被飞机撞击的楼层正在起火燃烧,楼层之上的人为了逃避底下的浓烟烈火,而向上撤退,当他们精疲力尽爬到最高一层时,只差一道门,但是门锁着。有人用手机打电话给妻子:"我们已经爬到顶层,门锁着,通知911。"另一名男子在手机上请妻子稍候:"我再去撞门。"他回来接着说:"门纹丝不动。"这道门成了生与死的分界,可以想象他们当时的沮丧、无奈和愤怒。

有些人只能从死亡封闭的空间向外界张望、探询;有些是诉说感受,"热浪灼脸"。十分钟内四十一通电话充满打电话者的恐惧,有些人思维已经混乱到说错话;有些是开着手机说不出话,只听到背景的嘈杂声;人们尖声喊叫:"灭火器在哪?"有人相互安慰低语:"一切会好的。"有人讨论破窗逃命的方法;有人用上衣堵烟道的通风口;有人脱鞋敲打不肯出水的水龙头;有人说:"我们不知到何处去,但不打算下楼,不愿意闯入火堆。"这些场景都自手机中传至外面。

死亡逼近时,最后的遗言是:"带好我们的女儿。"还有丈夫叮嘱妻子保险金的安排;还有丈夫告诉妻子,为庆祝她的生日,他悄悄安排她去罗马旅游,现在很抱歉,只好取消了。最后大楼倒塌,绝大部分的人最后的惊呼是:"My God!"随即补充"I love you!"

这一幕,世人仍历历在目。

第三篇
情绪与压力、精神疾患

第七章 情绪与压力

第一节 概说

"压力"一词的流行程度,远甚于任何流行病。仿佛任何不良反应和疾患直接或间接都可归因于压力,它是人类致病的罪魁祸首。研究早已获得证实,压力是通过影响人体内的生化反应平衡而触发的一系列连锁反应。如果大脑、内分泌和免疫系统无法修复这一平衡,就会导致疾病的发生。

压力是一种复杂的情绪,若无情绪表现,则无从寻找压力的存在。因此,压力的研究范围涉及的学科甚广,包括:生物学、生物化学、神经内分泌学、免疫学、心理学、临床医学、心理卫生与精神病学、社会学和人类学等。

压力一词的概念源自物理学以及工程学,其产生条件是物体之间接触且发生相互挤压。例如,一座桥梁的结构,专家们能够测量出它可以承受多少压力(重量)才不致出问题。近年心理学家、社会学家和医学家借用此一术语应用于人类的行为上。然而,压力之于人类行为的复杂性,非一座桥梁所承受的压力能予以测量,故历来研究人类压力的学者探讨此一问题时多有不同的观点。

美国研究压力的学者寇萱说:"因为人类的行为反应,所依持的是他的大脑神经系统产生的直觉概念,有异于桥梁,所以,预测一个人的行为反应是困难的。"换句话说,要想全然了解一个人的压力,是有困难的。

压力并非是百害而无一利。专家们认为,并非所有压力都是有害的,压力对情感和智力的发展意义重大。美国普林斯顿大学的学者们曾这样说:"一定的压力确实有助于提高学习能力。"

心理学家都会承认,压力情境不十分严重时,反而可激励个人的补偿或升华心理,如英雄主义、提高工作效率、发展潜能、自我实现……心理、社会与环境上的压力并非全对健康有害,就看你怎么去想、去利用此压力,将消极的一面升华成积极的一面,化悲愤为力量,即所谓的"受苦有益"。有些时候,生活上的一些变化或苦难也是上天的一种祝福,若现在不明白这个道理,将来就会明白。因此,生活上的压力不一定全会造成身体的疾病,其作用看个人的应对能力、社会支持及其他相关因素的相互影响。

情绪和压力的关系,是一体的两面;情绪有好的一面,也有坏的一面。压力亦是一样,有好有不好。情绪所反应的,也是压力所有的。因此,本书所讨论的内容,可以从情绪层面去分析,也可从压力层面阐释。

第二节 压力的涵养

"压力"是一个非常复杂的抽象名词,要正确给它下一个定义,实非易事。学者有不同的说法,但大多数是从"刺激"与"反应"上加以说明,如下。

薛利认为压力是个体对不同环境的刺激,产生的非特定的生理反应。

荷兰学者认为压力是指遇到外界事件而失去生活的平衡时,为了恢复原有适应状态所损耗的精神和体力。

肯奈等人,认为压力不只包含威胁性重大的事件,亦包含每天发生的小事,只要有会威胁到生存的功能,或妨碍应变能力者皆是。

彭秀玲认为,不管是真实存在的,或仅是想象的,只要它能使个体失去平衡的状态,并刺激个体的内在适应以恢复原有之平衡状态的事件或刺激,都称为压力。

张春兴认为,压力是指个体生理或心理上感受到威胁时的一种紧张状态。此种状态使人在情绪上产生不愉快,甚至痛苦的感受。压力有时具有示警的功能,可使人面对压力的来源,进而消除压力的来源,解除威胁。

第三节 压力的理论研究

有关压力的研究,不同时期有不用的论点,先后分为:

一、生理病理反应论时期

20世纪30、40年代,以坎农和薛利为代表,着重于进行压力的生理病理反应的动物研究。学者认为这是研究压力理论的第一阶段。立论者的观点认为，压力是对有机体需求的一种生理反应，强调个体面对压力时的生理反应是可以测量得到的。如神经系统、内分泌系统等对压力的反应。坎农还提出一种"内环境稳定"学说，认为有机体处于紧张危险状态时，自主神经系统会自动调节做出适当的反应，这种反应将促使个体表现出不是"反抗"就是"逃避"，目的就是求得体内的平衡状态。此时的交感神经紧急动员，出现一系列交感神经占优势的生理现象，坎农称它为"危急反应"。危急反应是自主神经系统调节有机体的内在环境，使之维持平衡，从而适应新环境的一种过程。

薛利是一位生理心理学家，借用物理学压力一词用于生理学方面的研究，描述动物处于不同压力情况下，躯体的生理及病理学方面的改变。他以白鼠做实验，然后将研究结果归纳，用以解释人类的行为。

薛利将白鼠置于不同的压力情境中，观察白鼠在压力的持久存在与变化下，其躯体上表现出来的反应。该实验所采用的压力刺激是冷气、热气和有毒但不伤害它生命的食物等，有时只用一种或两种并用的刺激为压力因子，而采用最多的方法是将白鼠放置在可调整冷度的冰箱内，让它在极冷的压力下生活数月之久，以观察压力的时间长短与躯体反应的关系。研究者根据白鼠的反应，将其整个适应过程，分为三个阶段。

（一）警觉反应阶段

此一阶段依其生理不同的反应，又分为"震撼期"及"反震撼期"。前者，由于刺激的突然出现，个体产生情绪上的震撼，随之体温与血压下降、肌肉松弛，身体抗力要比平时差，显示缺乏适应能力；后者，如果在寒冷的情境中继续存在，肾上腺素分泌增加，继之全身生理功能加强，进入类似的"危急反应"。

警觉反应期，是在短暂的时间内出现身体内的生化反应，这个时期如果处理得当，身体会恢复到常态，压力警告随即消失。反之，此时的受压力者如果不能克服，即进入第二阶段。

（二）抗拒阶段

此时期个体会产生某种行动予以调适，不是更积极的抵抗、战斗，就是消极地逃避，以求弥平；此时躯体必须消耗很多资源才能赢得这场战争。也因为这样，躯体的抵抗力也跟着被削弱，随之而来的是各种疾患产生，常见的如消化系统的溃疡、血压升高、心跳加速、心肌梗死等问题也会跟着而来。

第二阶段躯体动员了全身的防御机制，阻抗能力高于正常水准，是适应的最佳时期，此时理应得到良好的调适，躯体可恢复常态。不幸的是，倘若压力继续下去，躯体的适应能力也继续下降，终将进入第三阶段。

(三)衰竭阶段

至此阶段,个体的适应手段已渐衰竭,陷入崩溃状态,若更进一步发展,所有抗力消耗殆尽,死神也将于此时降临。

薛利发现,无论外界刺激如何,有机体的反应是异常特殊的。他将以上三阶段适应过程的生理反应称为"一般适应症候群"(GAS),又称"全身适应综合征"。其发展如图7-1。

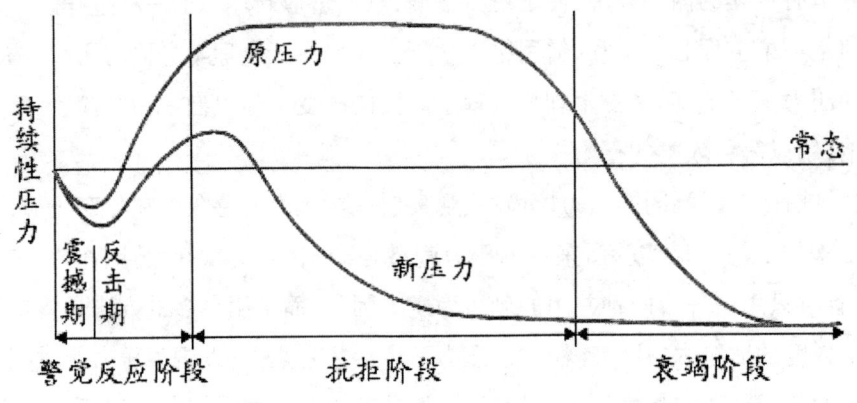

图7-1 一般适应症候群发展过程图

薛利提出的一般适应症候群的三个阶段,不一定依次出现,多数只引起第一和第二阶段的反应变化,且绝大多数是可逆的,如得到良好的调适、补偿或休整,有机体即可恢复正常,只有极严重的反应才会很快导致进入第三阶段的衰竭和死亡。

薛利虽然指称无论外界刺激如何,有机体的反应是异常特殊的,但他也认为,压力的反应,对个体而言,没有特别之处,对不愉快的或愉快的事件,在躯体内部都会产生各种生化反应。他以一对热恋中的情侣为例,当这对恋人正在热烈拥吻时,必定心跳加速,热血沸腾,内分泌发生变化,有如被蜘蛛、蛇蝎咬一样的反应。所以,薛利将压力分为两类,一为"良性压力",它可以使人振奋、愉快、增强动力,带来好处;二为"非良性压力",它可以导致疾病发生。他对非良性压力提出一种"压力—适应"学说,认为若适应机制失效,机体组织可能由功能变化发展成为病理学变化,继之发生疾患。薛利称此种疾患为"适应性疾患"。

二、认知论时期

此一时期主要是在20世纪50、60年代。

依薛利的一般适应症候群所表现的长期压力下的适应现象,曾经很多心理学家重复实验进行研究,他们认为其只可视为解释动物适应长期压力下的行为反应。认知论者也不以为然,他们认为,一般适应症候群的原则,只能解释人类应对生活压力的部分事实,不能用来普遍推论。原因是当事人对其构成生活压力的刺激情境,可能因不同的认知考量,而有不同的适应反应。

有学者强调认知评价在压力过程中的中介作用,将压力看成是"相互依赖变量的系统"和"高度个别化的过程"。对冲突或事件威胁性质的评价与判断,明显地受到个人特点和既往经验的影响。例如,一项对某人具有威胁性的事件,而对其他人不一定也构成威胁;在某一时间、某种条件下构成威胁,并不一定在另一时间也形成威胁。事实上,一般适应症候群是心理因素引起的结果、而不是物理压力源的直接结果。例如,实验观察证明,对将死的病人探查其肾上腺,发现有肾上腺皮质组织改变,而对昏迷病人探查,发现是正常的。研究者对此解释为创伤造成的心理影响引发一般症候群所伴有的肾上腺皮质改变,而不是创伤本身引起的这种变化。由此可知,压力反应不单是环境因素直接作用的结果,而是受到认知评价的影响。

在临床上发现,大部分的人都将压力一词作太过广泛的解释,而忽略个体引发压力状况的领悟程度——认知,压力并非自主神经的反应,而是涉及当事人对所涉及事件的解释。研究者曾以一对孪生姐妹做实验:

姐妹两人同坐一房间内,突然房间电话铃声响起。姐姐非常平静、自然地拿起旁边的听筒,在她心中似乎没有什么特别的反应,又毫不犹豫地将话筒放下,因为这是一通与她无关的电话。

妹妹此时就不一样,当电话铃声响起,内心反应极大、紧张、手心冒汗、心跳加速。原因是在直觉上她对电话铃声早有警觉,这是由于她早上离开办公室时,给老板留下一封辞职信,她自认老板会因她的突然辞职感到惊讶,必定会打电话慰留她,并称赞她十五年来对公司的贡献。其实,此时的电话是拨错号,当然也与她无关。

由此可知,电话铃声本身不会产生压力,对事件的认知才是决定性因素,每个人对压力的反应有个别差异,同样的压力源对不同的人,在不同的情境,会产生不同的反应。

三、心理社会环境互动论时期

20世纪70年代以后,很多研究压力的学者,提出一个由心理社会文化因素为压力源作用于有机体,而导致躯体疾病的模式,认为压力反应取决于个体的遗传因素、早年环境、获得的知识、经验等诸因素与压力源的相互作用。持久的压力反应,将出现疾病的前驱症状,继续发展则形成疾病。在这个过程中,又受到内外因素的调节(如图7-2),这种调节可以促成或防止疾病的发生。所以压力是一个复杂的过程,是一个不断变化、失衡又平衡的动态的整体。它反映多因素相互影响的过程,其输入和输出的变量由低而高,可从分子变量到社会行为变量,归纳起来有四种变量,即潜在的激活源、即时反应、长期后果和调节因素。

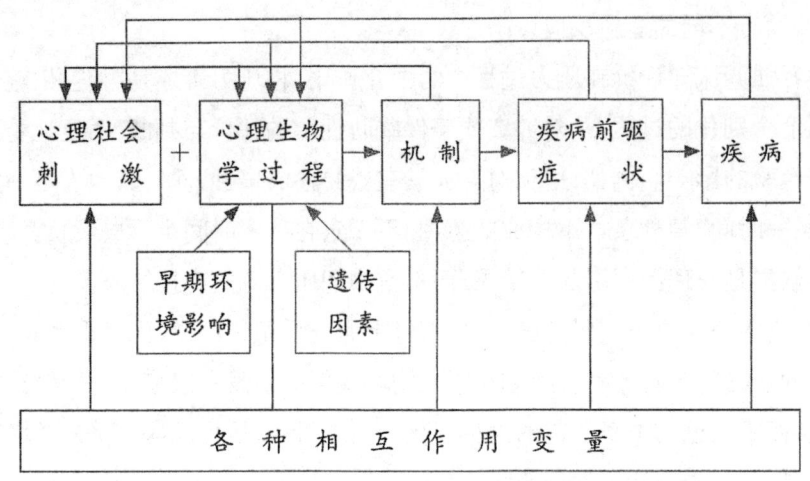

图7-2 压力的心理社会环境因素导致疾病的理论模式

米德和哈利迪(M. Meod & J. L. Halliday, 1975)是首先指出社会问题所造成的压力会导致疾病的人。认为个体的疾病是为了应对病态的社会问题才发生。两人专注于探讨不同时代与文化之下母子亲情关系,以及经济压力与价值体系的改变对某些疾病的流行率的影响。

文化因素会影响个人对环境压力的感受。例如,环境的刺激或压力会诱发从意识到情绪的反应,而更进一步地造成一连串的生理反应,情绪即身心症状,是个体为了适应或对付外界社会环境压力所形成的生理反应。

社会支持度的高低与个体承受压力的大小关系密切。1972年美国学者曾以一百七十位军人的妻子为研究对象,发现她们都有很高的生活变化以及较低的社会支持。若她们与那些虽然有很高的生活变化,却有较多的社会支持,或者是与那些虽然社会的支持很低,但生活上的变化却不高的妇女相比,这些妻子有较多的合并症。研究的结论指出,生活在高度的环境变迁或生活压力之下,若缺乏社会的支持,则较容易出问题。同年,另一群学者研究发现,气喘症的患者若其生活压力变化大,而其社会支持少,他们每天所需使用的肾上腺皮质类固醇制剂的药量较高。他们因缺乏社会支持,所以每天需要使用较多的类固醇药量才能控制住其气喘症发作。

研究者指出,妇女如果在生活上有很大压力,或遇到重大的生活变故之际,只有在她们缺乏知己密友的时候,才会很有机率发展成为"情感型的精神疾病",例如,躁郁症或单相抑郁症。另外的研究者也调查一家工厂,当倒闭关门的时候,那些被解雇、遣散而失业的员工,因为缺乏社会支持,而又不得不面对生活上的现实压力,许多人因而病倒。研究中也指出,一些人有较多的社会支持时,其体内的尿酸成分及胆固醇含量皆较那些缺少社会支持的人低。同样是躺在床上不便于行动的关节炎患者,有较多的社会支持者,其关节肿胀程度轻于那些少被人重视、关怀与探望的患者。

当今,无论是教育、心理或精神医学家,都喜欢采用个人与环境的互动论解释压力。但环境的因素是多元性的,是否构成压力,需视当时的情境和压力的质与量而定。

问题思考——附栏:故事一则

以前我国的读书人,十年寒窗最终目的就是进京考试,希望一朝成名天下知。

从前有个人要进京考试,在进京之前做了三个很奇怪的梦,因其岳母是解梦专家,于是去找岳母解梦,可是只见到小姨子,小姨子问明姐夫的来意,便说:"跟我讲好了,我看妈妈替人解梦,看多了,我也会。"

姐夫说:"我第一个梦是梦到在墙上种菜。"

小姨子惊讶地解说:"姐夫啊!我看你完了,在墙上种菜怎么会活呢?这不是白种吗?""那第二个梦呢?"

姐夫说:"梦见我穿雨衣打伞。"

小姨子又说:"惨了!那姐夫这次上京考试不是多此一举吗?""那第三个梦呢?"

"梦到棺材放在树上。"

"姐夫啊!我看你出门要小心,恐怕死无葬身之地。"

此人听了小姨子解梦后,心里忐忑不安,垂头丧气地离开,心想这次应考惨了,多灾多难。回家途中遇见了岳母大人,岳母见他气色不对,便问明原委。他将小姨子替他解梦的情形,整个重讲一遍。岳母听后便说:"我女儿解梦,这些都不对;我讲给你听。第一个梦,在墙上种菜是高种,这次考试你一定高中。第二个梦,穿雨衣还打雨伞是万无一失,锦上添花。第三个梦,棺材放在树上,表示官位一品。"

此人听完岳母大人的解读后,跌入谷底的心情,霎时翻腾起来超越巅峰。这可说明所谓"一样看花两样情"。

四、压力的中介变因

所谓"压力的中介变因",是指个体对压力的反应常因个人特点而异。常见有"A、B型性格""内、外控型性格""高、低度敏感型性格"。分别说明如下。

(一)A、B型性格与压力的关系

"A型性格"(type A personality),是指这类人具有极端的竞争性、高成就取向、攻击性强、缺乏耐心、急躁、闲不下来、强烈的责任心驱使、时间不够用等外显行为和生活方式。这种性格的养成,是现代都市化、工业化的社会产物。这类人在我们的社会里很

多,他们的走路方式也不一样,三步当作两步走,常跨阶上楼梯,进电梯门是侧着身子进入的,他们分秒必争,仿佛世界末日将至,永远有做不完的工作。A型性格一词是心脏病学家弗里德曼和罗森曼所创。

事实上,性格、情绪、压力与疾病的相关性,早在1628年由哈维医生发现,指出心脏病都伴随着痛苦、期待或恐惧而出现,这些情绪因而影响到人的心脏。一百五十年后,著名的外科医生约翰·亨特发现,狭心症患者的情绪与行为有关联性。心脏科医生威廉·奥斯勒发现,动脉性心脏病并不会刻意侵袭每一个人,却特别容易发生在一种特定性格者的身上,他相信生活在高度压力下的人及工作狂,比那些吃得多、喝的过量的人易患动脉性心脏病。他发现在他所有治疗过的患者中,他们都有较高的成就动机。1936年有精神科医生也发现,高压力及强力敌意倾向的人,易得冠状动脉心脏病(CHD)。

时至1974年,弗里德曼和罗森曼二人,继续前人的研究和发现,经过一系列的临床实验和病理分析研究,探讨行为和神经系统在冠状动脉心脏病产生上所扮演的角色,他们发现,患冠状动脉心脏病的病人与其性格有关,这种人的特征,佛、罗两人将它称为"A型性格行为"(TABP),是情绪与行为的复合体,这种人执着于战斗,想在最短的时间内,达成自己设定的多项目标,如有必要,不惜与他人或任何事物采取对立态度。佛、罗两人断言,A型性格特质的人,具有极端的挑战性、急躁、竞争取向,致力于克服环境中的障碍。

1981年,美国心脏医学会将A型性格列为患心脏病的危险因子之一。据统计报告:心脏病不仅高居美国人死亡原因第一位,而且美国人每年死于心脏病的人数,几乎等于全部死亡者的一半。心脏病患病率之所以如此高,一般认为与生活压力有关。同时,该学会将A型性格者的行事风格列出二十五项之多,将它制成问卷,用以诊断这一类型的人,认为如果下面这二十五题有半数以上答案是肯定的,希望他改变,生活节奏放慢一点。

1. 说话时会刻意加重关键字的语气。
2. 吃饭和说话时都会很急促。
3. 认为孩子自幼就该养成与人竞争的习惯。
4. 当别人慢条斯理做事时,会觉得不耐烦。
5. 当别人向他解说事情时,会催其赶快说完。
6. 在路上塞车或餐馆排队时,会感到愤怒。
7. 聆听别人谈话时,会一直想自己的问题。
8. 会一边吃饭一边写笔记,或一面开车一面刮胡子。

9.会在休假之前先赶完预定工作。

10.与人闲谈时,总是先提到自己关心的事。

11.停下工作休息一会时,会觉得浪费时间。

12.全心投入工作而无暇欣赏周围美景。

13.觉得宁可务实也不愿从事创新或改革。

14.尝试在限制时间内做出更多的事。

15.与他人有约时,绝对遵守时间。

16.表达意见时,握紧拳头以加强语气。

17.有信心再提升自己的工作绩效。

18.觉得有些事等着立刻去完成。

19.对自己的工作效率一直不满。

20.觉得与别人竞争时,非赢不可。

21.经常打断别人的说话。

22.看见别人迟到时会生气。

23.用餐时一吃完立刻离席。

24.经常有匆匆忙忙的感觉。

25.对自己近来的表现不满。

除了A型性格外,佛、罗二人将另外一类人定为"B型性格"(type B personality),其行为特征与A型性格者相反。他们较为散漫、松懈、和缓、满足现状、个性随和、生活较为悠闲、对工作要求较为宽松、对成败得失较为淡泊。事实上,B型人并非不求进取或缺乏成就取向,只是较为顺从生活潮流,而不是常常心怀战斗或与之对立和拼个你死我活。所以,这种人的压力自然会少,患心脏病的机率也相对降低,其他问题少有发生。

很多心理学家继佛、罗的研究后继续探讨,发现在心脏病患病机率上,A型性格是B型性格者的两倍;在美国白领阶层的男性中,A与B型性格者的心脏病率,A型是B型的三倍;白领阶层六十五岁至七十四岁的女性老年人,两种性格的人无显著的差异;唯在白领阶层的年轻女性,A型性格患心脏病的人数,则超过B型者二点五倍。男女劳工阶级,A与B两种性格,在心脏病的患病率上无显著差异。

(二)内、外控型性格与压力的关系

所谓"内、外控型性格",是指个体面对外界刺激事件时,一向所持的态度、认知、观念和是否可以控制的知觉。凡认为不幸的发生,皆将责任归于外在环境操纵影响的,谓之"外控型性格";相反认为所发生的过失,都与自己脱不了关系,不必怨天尤人,都应归罪于己,这种人谓之"内控型性格"。

研究内、外控性格的学者认为,内控型的人,较能控制生活中发生的各种事件,他们敢于接受挑战,也勇于负起责任,面对现实。因此,比较能击败外来施予他们的压力。研究也发现,内控型的人较能具备控制与掌握知觉的能力,因此,可增强调适压力的能力,及减低压力程度。

相反地,具有外控型性格倾向的人,对于不愉快的生活事件,其认知皆以为是由他人或自己命运所控制,他们将成败的责任归于外界。所以,面对压力时多采取消极的逃避策略,容易引发病态心理,他们以环境为诉求对象,挫折经常损害到他们的自尊,好似一切命中注定,反抗也是无用。

(三)高、低度敏感型性格与压力的关系

所谓"高、低度敏感型性格",是指个体对生活事件刺激、认知所引发的感受差异。有些人会因为一些鸡毛蒜皮的事连夜失眠,常说这是低敏感的人,这种人因对事件本身认识不清,所以会"风声鹤唳",一刻不得安宁,压力大;另一种高敏感的人,见解透彻、天性乐观、整天嘻嘻哈哈,认为天塌下来会有高个子撑着,正如古诗描述:"日出而作,日入而息、凿井而饮、耕田而食、帝力于我何有哉。"这种乐天派的人,出于对事件认识清楚,压力会小很多。

一般而言,研究显示高敏感度的人,生活压力与疾病没有显著的相关。原因何在?根据研究解释,高敏感的人,其性格喜欢找寻刺激,会产生移转作用。而低敏感度的人与疾病相关显著,因为这种人常逃避刺激,压力反而增加。

高敏感度者,常借着刺激作为调适压力之道,将压力的负面影响减至最低;低敏感度者,对于生活上种种变化反应,常是神经质、焦虑、敌意,将压力的负面影响扩大化。

第四节 压力强度与持久性

影响压力的中介变因,除上述的个人性格倾向外,尚包括压力的强度与持久性和压力的性质。如果压力过强,且继续不断,非人力所可抗拒的,即使是B型性格、高敏感度性格和内控型者,也难以承受。没有社会支持系统,有苦没有倾诉对象,压力也难减轻。

有一点须加分辨的,是上述所谓"A与B型性格"并非指血型分类上的A或B;所谓"内、外控型性格",也非指人格心理学上的"内向型人格"或"外向型人格";所谓"高、低敏感度类型",更与生物医学人体对外界刺激反应产生的疾患(如皮肤病等)无关。

至于心理学上所言的性格与压力有何种关系?日本的研究者曾以东京都内一家会

员制的健康检查所成员为对象,利用"压力、焦虑和人格量表"(SAPI)进行调查研究。内容多样化,其中九种性格倾向易有压力,它们是抑郁、情绪症、歇斯底里、强迫症、偏执、分裂症、反社会行为、爆发(攻击与敌意)、躁郁等。这些性格倾向与压力的强度指数值如图7-3。

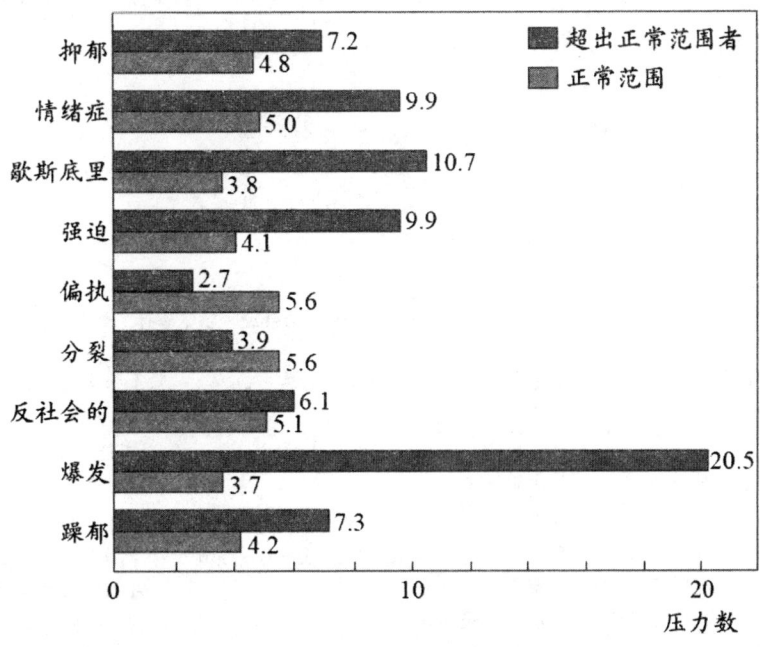

图7-3 性格倾向与压力数

自上述的研究中显示,"爆发"型性格的人压力最强,原因是这种人经常具有攻击性与敌意、没有耐性、情绪化,一点小事就不高兴、生气、与人争吵。他们常与其他人不和,自然会被他人和社会摒弃。可以说,他们的压力是自找的。

表中的"偏执"型性格,虽然它在整个研究项目中的指数只有百分之二点七,是数值最小者,但这项数据仍然超越正常范围。一个偏执的人,缺乏客观性、唯我独尊、成见深,这类人少有知心朋友,人际关系自然不好,孤独永远伴随着他,这就是他的压力。

第五节 压力的反应(影响)

在心理学上,"反应"与"影响"二词,有着连带关系。用于压力的研究上是指个体于外界刺激呈现的反应,因而影响到生理、心理、认知、情绪、组织、健康与行为等异常状态与表现。

由于有机体是一个不可分割的整体,生理与心理互为影响,所以压力没有单一的反应与影响,是互为因果的。

一、生理方面

有机体遇到压力时的生理机能立即启动,目的在增加身体内应对危机的能量,保持一种高度的"警觉状态",并采取一种应变策略(过程如图7-4)。

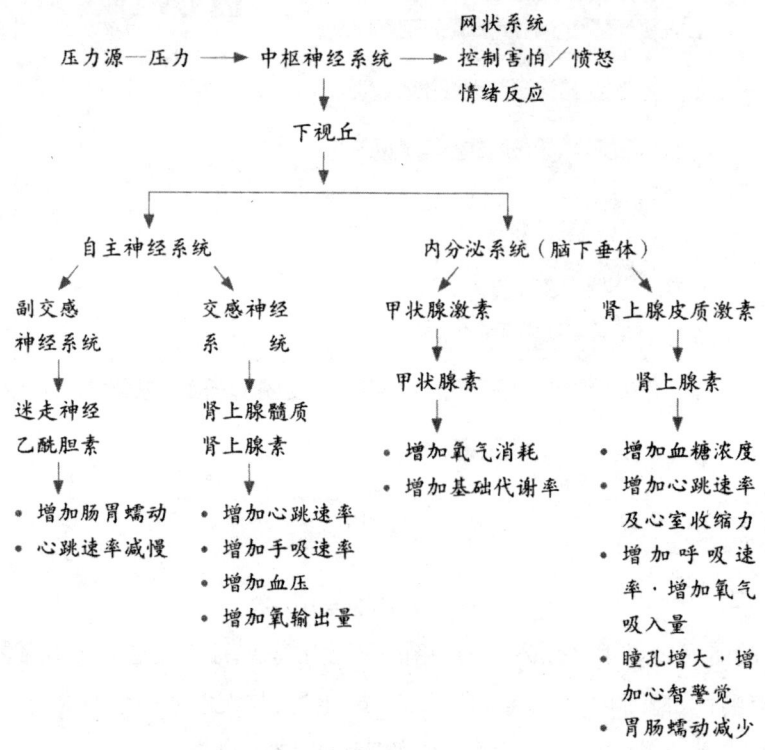

图7-4 压力的生理反应

自图中历程可知,个体遇到压力,即进入中枢神经系统,一方面进入网状系统去分辨压力,采取应变措施;另一方面进入自主神经系统及内分泌系统,其功能是调节各系统应对外来的刺激,当采取战斗策略时,交感神经特别兴奋,此时心脏收缩、心跳增加、血压上升、瞳孔放大、四肢肌肉收缩、流汗、呼吸增快、新陈代谢速度加快、血糖增加、肌肉紧张度增加,以及警觉敏感性提高。在此同时,内分泌系统中的肾上腺素分泌增加,其作用是应对身心的压力情境,增加蛋白质、脂肪,及糖类的新陈代谢,以提供身体所需的能量。相反地,当采取逃避策略时,副交感神经发生作用,乙酰胆素导致相反的生理反应。至于进入网状系统的,是心理上的"自我防御机制"。当面对压力时,两方面都动员起来。

长期的压力,将损害到人的免疫系统,在免疫系统中有一种叫作glucocorticoids的生化物质,当人遇到长期的压力时,此种化学物质分泌会受到抑制,使身体防御系统对抗感染和疾病的功能降低。

研究者发现,人体内有多种荷尔蒙会因外界的压力刺激而有所变化,心理压力会破坏内分泌系统的动态平衡,而导致身心症状、各种疾病发生。例如,个体在长时期慢性的压力累积下,或短期内相当重大的压力,不论是身体损害的压力或是心理上的压力,皆会改变或干扰内分泌系统的平衡,而导致身体出现各种各样的疾病。

交感神经系统及副交感神经系统是交替反应的,互相牵制及平衡,但压力亦会使此系统失去平衡,破坏体内的恒定状态而影响健康。

神经免疫学者的研究指出:心理压力会减低免疫力而增加细菌及滤过性病毒的感染机会;动物实验证明,压力可改变各项免疫功能,特别是抗体方面的。

二、认知方面

人们对事物的处理,首先是通过认知,并依学习经验再采取应变策略,以最有效的方式去处理。可是遭到重大的压力时,就难以此种正常程序进行,即发生认知上的错误判断,如指鹿为马、扭曲事实、判断错误、颠倒是非(压力与认知的关系如图7-5)。

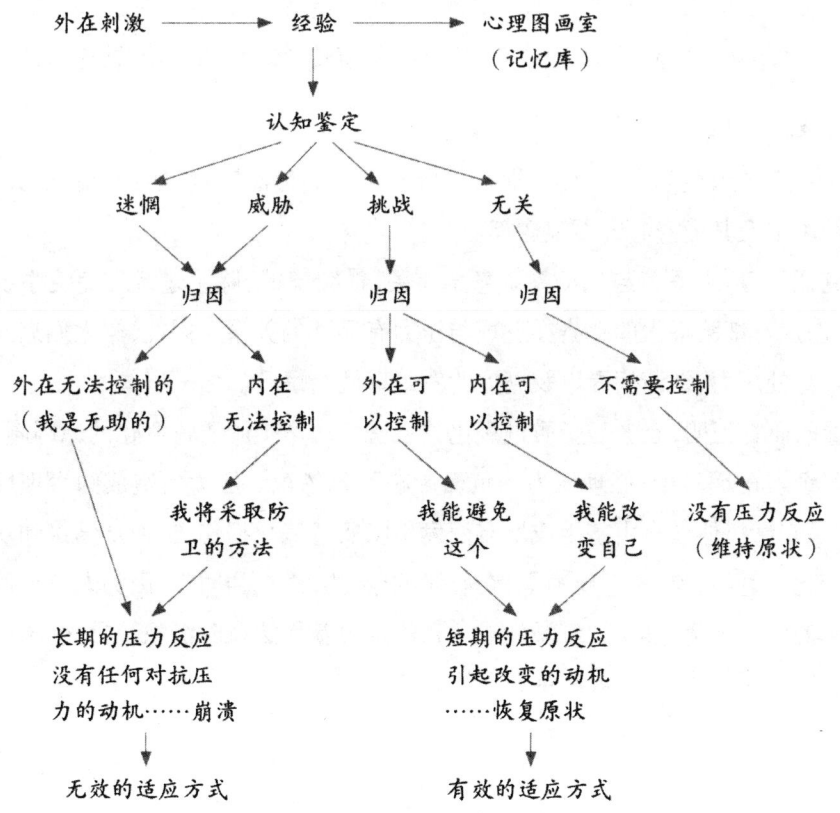

图7-5 压力与认知的关系

此外，压力对认知的影响，更会使人无法作决策、无法集中精神，易忘或过度敏感等。

三、情绪方面

压力对于情绪（或心理）的影响，常见的有由于挫折、无奈、失落感等而带来负面的心理，如：失望、焦虑、忧郁、恐惧、孤独、紧张、苦闷、罪恶感、压抑、否定、愤怒，积累后发生移转作用，进而失控造成精神分裂或自杀。

四、行为方面

人们遭到重大压力时，常有以下的外显行为，如：失常、手足无措、颤抖、失眠、疲倦、恶心、昏睡、退缩、分心、行为退化、知觉扭曲、解决问题能力降低、厌食或暴饮暴食、不动、活动量减少或骤增、闷闷不乐、喜怒无常、凡事缺乏兴趣参与、乏味、愁眉苦脸、自我评价低，进而暴躁、行为粗鲁，有攻击及侵略性、伤人或自残等行为。

另一方面，常易发生意外事件、药物滥用、酗酒、强迫性行为等。

五、组织方面

人际关系不良、高转业率、工作效率低、士气低沉、牢骚满腹、对工作不满、敌意与偏见，进而由自卑转变成傲慢、无理取闹，从妄自菲薄转变成妄加评断，缺乏理性。

六、健康方面

由于压力导致生理上的反应，而造成健康方面的负面影响，如：哮喘、偏头痛、神经质、噩梦、失眠及其他身心方面疾病等。

研究证明，压力系统与免疫系统息息相关，最突出的，除了过敏性免疫系统因压力致病外，癌症及细菌毒素的感染亦发现与压力有显著的关系。因此，当人们遇到急剧变故或长期身处压力，细菌病毒以及癌症的发生率就会攀升。

大量的研究证明，衰老与脂质过氧化关系密切。产生脂质过氧化的原因颇为复杂，但在已经证实的因素中，心理压力的负面影响不容忽视。压力所造成的生理反应表现之一，就是刺激机体氧自由基生成增多而发生脂质过氧化损伤，进而从结构和功能上促使心肌老化。老年人在长期压力下，在心肌的老化方面更为明显，因为老年人体内清除氧自由基的能力下降，其压力刺激生成大量氧自由基无法及时清除，更易受脂质过氧化损伤而加速心肌老化，致使健康更易受损。

第六节 压力的根源

一、概说

但凡能引发有机体失衡,并唤起适应反应的环境事件与情境,皆谓之"压力根源"。换言之,任何对个体有威胁性的刺激,同属"压力的根源"(压力源)。

从广义而言,本书各章节中所叙,如情绪的发展与障碍、情绪的介质等,说明个体受到不同的刺激会有不同的反应,也是一种压力源。综观历来学者的研究,实难截然划分何者是压力源,何者是情绪根源。只见研究压力的学者言之为压力源;研究情绪的学者称之为情绪根源而已。在理论与实证的研究发展上,其实二者是一体的两面。

数百年前,压力的根源出于自然界,如天气的极度冷、热,和引发灾难的天灾;有来自微生物的,如细菌、滤过性病毒、寄生虫,以及病菌引起的疾病;出自化学类物品的,如毒素、食品添加剂、化学污染等。而今人的压力根源多始于社会文化及心理方面,前者如工作场所、过度拥挤的交通,以及窄小的居室;后者如职场中的人际关系,自己工作能力难以应对日新月异的高科技要求,个人理想与现实受到威胁,企图达成某一目标时,既期待成功又怕不能达成受到伤害。

二、种类

有人将它划分为生理的、心理的、社会的、文化的等,但按心理学家的观点认为,所有压力源都包含着共同的心理成分,即被察觉到的威胁或挑战。若从现代人类的心理社会因素观之,学者将生活事件列为首要,依重要性分为三类。

(一)比较重要的生活事件

所谓重要生活事件,是指生活中重大变故,如丧亲之痛、离婚……美国华盛顿大学医学院的霍姆斯和雷希曾对五千余人进行调查研究,将日常生活危机编制成著名的"社会再适应量表"(SRRS),并以生活变化单位(LCU)量化。

霍姆斯和雷希将生活事件列出四十三项,将其重新适应每一生活事件所需的时间与精力,即对每一项(单位)变化的生活事件所感受到的压力给予分数从0至1000分,这些分数愈高,表示个人所感受压力愈大;分数愈低,则感受到的压力愈小。根据研究结果,依生活事件得分的高低排列如表7-1所示,例如配偶死亡得分最高,即压力最大,其次为离婚、分居……轻微违法压力最低。

表7-1 社会再适应量表

压力的强弱顺位	日常生活事件	计分	压力的强弱顺位	日常生活事件	计分
1	配偶死亡	100	23	小孩离家	29
2	离婚	73	24	姻亲的纠纷	29
3	分居	65	25	优秀的个人业绩	28
4	留置拘留所	63	26	妻子开始工作或是终止工作	26
5	家庭成员死亡	63	27	学校开学	26
6	自身生病或受伤	53	28	生活状况的变化	25
7	结婚	50	29	改变习惯	24
8	遭到解雇	47	30	与上司的纠纷	23
9	夫妻和解	45	31	工作状况的变化	20
10	辞职	45	32	搬家	20
11	家庭成员健康不佳	44	33	转学	20
12	怀孕	40	34	娱乐活动的变化	19
13	性障碍	39	35	教会活动的变化	19
14	家庭增加新成员	39	36	社会活动的变化	18
15	工作再适应	39	37	一万元以下的抵押或借款	17
16	经济状态的变化	38	38	睡眠习惯的变化	16
17	亲友死亡	37	39	家庭团圆的次数变化	15
18	调任不同的工作	36	40	饮食习惯的变化	15
19	与配偶争执的次数变化	35	41	休假	13
20	一万元以上的抵押或借款	31	42	圣诞节	12
21	丧失索回担保品的权利	30	43	轻微的违法行为	11
22	工作上的责任变化	29			

上述的研究发现,一年内LCU分数在150～199的人,于次一年中,将有百分之三十七的机率由于这些压力而引起疾病;分数在200～299的人,有百分之五十一的机率发病;超过300分以上的人,则有百分之七十九的机率致病。同时,预期某一事件发生,即使是小小的生活改变,如果长期发生,也会造成压力。

学者曾将这四十三项引起压力的生活事件分成三大项:即自我、亲情、成就。结果发现,引起压力排名前十项的第六项(自身生病或受伤)属于"自我"类,在整个生活事件中占百分之十四;第一、二、三、五、七、九项(配偶死亡、离婚、分居、家庭成员死亡、结婚、夫妻和解),属于"亲情",占百分之四十三;第四、八、十项(留置拘留所、遭到解雇、辞职),属于"成就"类,占百分之四十三。再加分析,如果将整个事件分类考虑,"自我"

占百分之十、"亲情"占百分之五十、"成就感"占百分之四十。研究者认为,若上述的分类正确,临床上有很大的意义,那就是压力的主要根源有两大部分,一是亲情、一是成就,这两项合计占百分之九十。

另外,弗里德曼研究指出,有百分之七十的人自述非常喜欢自己的工作,并觉得很快乐,只有百分之十四的人不满自己的工作状况,然而也觉得很快乐。这项研究也可支持在"成就"方面影响自己幸福与快乐的重要性。换言之,没有工作,失业在家,就没有成就感可言,生活与生存压力难以言喻。

根据"社会再适应量表"测量发现,生活变化单位(LCU)高者会引发某些身心疾病,分数愈高者,愈容易生病。如失落感,尤其丧亲之痛,学者曾研究九百零三名鳏夫,作为期六年的追踪访问,结果发现,丧偶第一年影响健康最大,其死亡率为对照组(一般同年龄男性有配偶者)的十二倍,第二、三年则影响不显著。另一研究指出,中年丧偶、老年丧子,以及意外事故的影响更大。派克斯等发现寡妇在丧偶一年内得重大身体疾病的比例较一般妇女(对照组)高出很多。有句歇后语:"寡妇死了儿子"表示无望。而美国纽约罗切斯特大学的教授提出"无望、无助"情结学说,指出当个人面临真实的、幻想的或威胁性的失落事件时,会产生忧郁的情绪反应,即无助、无望感,且具有下列现象:①自认为不再有能力,缺乏信心;②无法从人际间的关系获得满足;③感觉过去、现在与未来的关系已破裂,已不再连贯。

一项闻名遐迩的研究,标题是"破碎的心",这是由英国的一个研究团体所主持的。他们研究四千五百位鳏夫,在妻子死亡后六个月内,这些鳏夫的死亡率,与其同年龄的男人相比较,竟然高达百分之四十。

乔治·安德鲁曾搜集一百七十件发生在六年间的猝死个案,他将这些人的死因分成八类,其中五类是牵涉到一种或是另一种形式的无助感,如:心爱的人死亡或威胁要离开、极度强烈的悲伤、丧礼或忌日、失去偶像及自尊。

在安德鲁的档案中,记录一位八岁大的女孩,听到她哥哥死去时,当场跌倒死亡;一位八十岁的老妇,接到女儿去世的消息时立刻死去;另一人在参加他的妻子逝世周年祭典时猝死。安格鲁发现在这些档案中的猝死原因,有一个共同点,就是一种巨大而激烈的情绪与无助感交织而成。

宾州大学心理学教授马丁·塞利格曼曾以狗作压力测验研究,将实验组的狗悬空放在吊床上,并定期给予无法逃避的惊吓(电击)。塞利格曼发现,当他将这只狗放入另一个类似的压力实验装置(一边通电、一边绝缘)时,这只曾受电击惊吓的狗,不再打算逃避电击,只躺在通电的一边低声呻吟着。在对照组中(未受惊吓的狗),则毫无困难地设法逃到安全无电击的另一边。基于这个实验,塞利格曼称它是"无控制能力的知觉"。

且他相信这个理论可以应用到人类的身上。

讨论话题——附栏：战俘之死

一名美国海军陆战队军医,在越战时被俘,年仅二十五岁,于战俘营被囚禁长达五年半之久,最后去世。

他在战俘营中,前两年他的健康情况非常良好,主要原因可能是战俘营指挥官告诉他,只要合作,就会释放他,战俘营中以前曾有先例。他为了想获得释放,处处表现积极,而成为俘虏营中的合作楷模,并且成为思想改造的领导者。

后来,随着时间的消逝,他已经渐渐意识到营中指挥官是在欺骗他。最后,当他完全了解到真相时,逼得他变成了一具没有灵魂的"僵尸"。从那时起,他拒绝所有工作,排除所有食物和任何鼓励,整天躺在小茅屋里的狭小床上,吮吸自己的大拇指,就这样几星期后他便死去。

上述案例是一位于战俘营归来的少校告诉塞利格曼的。

塞利格曼认为,上述战俘的亡故,直接以医学上的解释并不适当,因为当事人曾拥有两年非常健康的身体。一个较为合适的解释应为"心理上的冲击",发现所有的行为都是徒劳之后,已经毁灭了再活下去的任何动机。以前所有的努力都是白费,而继续活下去亦无济于事,只有死亡一途。无望与无助才是他死亡的心理原因。

(二)困扰事件余波效应

压力的根源除重大的生活事件外,尚有日常生活中的困扰事件。重大事件除即时的影响外,还会余波荡漾地构成所谓"余波效应",也就是原发事件所引起的、后续的日常生活烦恼。例如,身心症状:头痛、头重、胸闷、食欲不振、腹泻、便秘、心悸、失眠等;不安紧张状态:焦虑、愤怒、攻击等;抑郁症状:心情郁闷、无精打采、对任何事物不感兴趣、想法悲观、躲避人群、行动迟缓、情绪低落、失望,并有自杀企图或自杀等;物质滥用:无法抑制自己的冲动而酗酒,或是吸食药物麻醉自己,以求解脱,不遵守社会规范、不敢面对现实等。

也有研究压力的学者将这种压力源称为"烦恼"或"微压力源"。就是指经历重大事件后,在日常生活中产生的不良适应症状。

宾州大学的研究小组给"烦恼"下一个定义:"一个负面而且是不可控制的连锁想象力。"研究小组曾对失眠有多年的研究,了解到在睡觉时产生不能控制的思绪,是失眠的主要原因,如果睡眠不良的人集中思绪于愉快的事物上,则较容易入睡。

学者曾设计一项实验,询问烦恼者与不烦恼者,让他们坐在一个安静的房间,松弛其身心,专注于呼吸。此时通过对讲机陆续和他们交谈,问他们注意力的焦点在哪里,或是说明他们自己的思想状态。结果发现,烦恼者很大的困难是无法排除负面的思考,也很难专注于自己的呼吸,总是具有负面的感觉。而不烦恼者少有这种情形。

另外,烦恼对行为的影响,莫瑟尔大学心理学家理查作过这方面的研究,他训练烦恼者和不烦恼者来分辨两种图形,发现烦恼者对图形的分辨能力较迟缓,而不烦恼者较迅速。这项实验显示,烦恼者行动不磊落、不易作决断。

为什么有些人会变成经常性的烦恼者,而别人则不会?研究学者指出,可能是有些人对于种种压力有不同的应对方法,如有些人是以他们的身体加以反应,有些人以其精神力量来克服,而另外一些人则诉诸烦恼。一些人之所成为烦恼者,是因为他们在日常生活中特别害怕犯错,或被批评。因此,他们就会去思考如何避免那些可能的危险,那些怕被批评的人尽量避免犯错,他们会想到许多的可能性和负面的考虑,也就不敢作任何的决定,认为如此可以渡过难关,事实上适得其反。

(三)工作相关性

所谓工作相关性压力源,是指与职业有关的压力源,是工作环境中影响劳动者心理、生理稳定平衡状态的各种因素。依组织的原理可分为两方面:①功能上的。是指职业劳动者本身的能力、条件是否能胜任组织方面的要求。本身的条件差,工作范围大且工作负荷重,故而形成较大的压力;②结构上的。组织形态小,难以获得升迁机会、久停一职而懈怠、无心工作、牢骚满腹,破坏组织气氛,更难获得上级青睐。另一方面,若拼命工作,钻营奔走,以求突破,难免会产生排挤情绪,致破坏组织结构,也未必能如愿以偿满足自己。不管是从消极不满的层面或积极作为的层面看,都会造成压力。

布朗大学社区健康及精神医学专业的研究报告显示,失去工作对健康有不利的影响。该研究是以底特律汽车工厂遭解雇的一百六十名男性工人为对象,从被解雇的第六周开始,追踪他们的健康状况长达两年之久。研究结果发现,这些人的自杀率是一般男人平均自杀率的三十倍,并且他们得胃溃疡的有三人、有八人患关节炎、两人有不稳定高血压症、六人有严重的沮丧、一人酒精中毒、三人有秃头症(头发全部脱光)、一人得痛风症。另外,还有三个人的妻子此时因胃溃疡而住院。丈夫被解雇影响到妻子身体,这也说明丈夫失去工作将会波及家人的健康,这个结果曾不被人理解。

何种情况会让工作者感受到较大的压力?有学者认为,面对不清楚的工作目标、周围的人对他的要求有矛盾、工作量太多或太少,无法参与影响他的决策,以及对其他工作者的专业发展必须负责任等,这些任何一项状况,都会让工作者感受到较大的压力。

有研究指出,一般蓝领阶层的职业压力可分为四类:①薪酬。由于通货膨胀而降低了购买力,而且可能因救济政策导致失业;②健康和安全威胁。新的产品或生产设备不适当的测试,会在工作中产生危险。这些危机也被媒体大肆渲染,再加上业主刻意规避政策的安全规定;③工作场所。通风不良、嘈杂或气味难闻等。通常在同一组织中,白领阶层与蓝领阶层的工作场所迥然不同,而造成蓝领阶层的妒忌和缺乏自尊;④丧失工作。担心失业的日子,会导致较高的焦虑和不安。

格林伯格在其所著《全面压力管理》一书中指出压力的来源:①工作的本质。物理条件差、工作的负荷过重、时间压力、对身体有危险性等;②在组织中的角色。角色不清楚、角色任务冲突、对他人负责任、组织权限上的冲突(内在或外在)等;③生活发展。过度晋升、晋升不足、缺乏工作安全、企图心受阻等;④人际关系。与上级、下属、同事的关系等;⑤组织的结构和气氛。独断独行的决策方式、行为的限制、公司的政策、缺乏有效的咨询系统等。

以上这些工作压力源影响的是个体的情绪,是工作者带到工作场所的,与工作本身无关,但却是职业压力的主要成分。它包括工作者的焦虑程度、神经质程度、不明确情境的忍受力和A型性格行为。

另外有些压力源是来自工作场所以外的,如生活问题、家庭问题、财务问题和环境问题等,会产生不健康症状。

讨论话题——附栏:成就欲的后遗症

人太过自信,往往经不起挫折,换句话说:挫折起于自信过度。但是没有自信,挫折会更多。悲伤,只因赞美被隐藏。沮丧,是由于成就欲太强。这些都是压力的根源。

据报道,佛朗西斯,六十岁,是美国一位聪明的商人,也是一位虔诚、充满同情、无私的基督徒,自小就机智过人,一路都是读有名的学校,大学毕业后参战,做事有责任心,勇敢、负责,很快就晋升少校。战争结束后开始他的另一事业。

在他三十年的工作中,常担任执行长的特别助理,时常由于解决困难问题,被下属尊敬与赞美,尤其在最困难的环境中,也能得到信任与支持。但不能理解的是,在他为老板解决许多难题之后,却常常渴望另换工作,而且有好几年都是这个状态。之后,每五六年就寻求换另一个工作,在三十年内换了五个,他无法表达要离开的原因,他错过了升迁的机会,最使他难以忍受的,他必须向年轻的上司提报告。

佛朗西斯曾尝试从家人的赞美中接受这个挫败与屈辱,并努力去寻找减轻压力的途径,常常去求医,他焦虑无法专心工作,失眠、精神恍惚、容易恐慌,经常被遭遇的困难击倒,最近几年他已经没有快乐的感觉,整天想到工作上的不愉快,而忘了光荣的过去。

佛朗西斯的遭遇,是由于他的自尊和信心,在工作上遭受挫折,无法挽回,他不再有安全感,如此频繁地更换工作,影响到他的储蓄和养老金。他太太形容他简直像病人一样,但也是一个从来不生气、乐于助人的病人,唯一不对的地方,就是太过自信,他希望别人能从他身上得到好处,但不想从别人身上得到好处。

佛朗西斯事业上的挫败,可以解释为因为老板多年来缺乏奖赏,而使得他沮丧、无助,而他自己亦太过自信、经不起挫折,过去他有过太多的赞美,当这些赞美日渐消失时,仿佛自己也跟着消失了。

不知有多少自命不凡的人,最后换来的,就是沮丧,毕竟人的高峰期是有限的,能够想清楚这点,你才不致在家中抑郁了。

有关压力源除上述依重要性分为三类外,综合研究者的意见,尚有如环境、生理、心理、情境、发展、人际和社会角色等方面的种种原因都可归为压力源,分别阐述如下:

(四)环境

环境的压力源是指人类生存的自然环境的突然改变(例如,地震、水灾、风灾)以及社会环境的变迁与意外事件发生(例如:政治变革、战争、火灾、核能事故、噪音、空气污染等),这些也可归为生活事件或困扰。

根据流行病学调查证明,高压力地区人们高血压的发病率低于低压力地区的人。这项调查是根据社会经济、犯罪率、暴力行为、人口密度、迁居率,以及离婚率来判断的。

噪音,除耳聋的人外,对任何人都会造成困扰,住在机场附近的人,似乎已习惯于听飞机的噪音,这种习以为常、习而不察,并不代表不受噪音的影响。通常当噪音不断地改变其音调、强度或频率时,对人的干扰最大。噪音的大小以分贝来表示,一般人处在八十五分贝时,压力反应逐渐显现出来,长时间暴露在九十分贝以上的声音中时,听力将会逐渐受损。据学者的研究,在日常生活中,常见的发声量较高的环境事物,普通小汽车七十分贝、大卡车八十分贝、尼加拉瓜瀑布九十分贝、地铁一百分贝、高分贝音响一百二十分贝、乐团演奏一百三十八分贝、气动铆钉机一百三十分贝以上、喷气飞机一百四十分贝以上。

噪音对人们健康造成很大的伤害,它会促使血压升高、心跳加速、肌肉紧张。同时,会使情绪易怒、失控和焦虑。专家说:"噪音是我们环境中,最烦人的压力因子。"并且根据实验研究结论证实,高分贝的噪音将导致血浆及去甲肾上腺素(NE)浓度立即上升,皮质酮缓慢上升。

社会对抗,冲突的任何一方,不论是胜或败,都会出现血浆皮质酮升高现象,败者升高的幅度与持续时间都超过胜者。在儿茶酚胺的研究中,得胜的老鼠去甲肾上腺素(NE)含量增高。

也有人将家庭环境视为压力的根源,如父母离异、亲子关系恶劣,家庭成员中婆媳、翁婿关系紧张,子女远离父母成为"空巢"状态,以及家中重大经济困难等。当然,还有丧亲之痛。

(五)生理

如:饥饿、口渴、疲倦、疼痛、感染、发烧、身体健康情形改变、睡眠问题等。

(六)心理

如:自尊、爱无法满足、感受到危险威胁、失望、挫折、绝望,自我控制能力不足、否定自我、安全问题等。

(七)情境

如:噪音、空气污染、交通紊乱、缺乏空间和隐秘性、经济拮据、缺乏资源,风俗习惯与伦理道德等。

(八)发展

如:求学、离家、谋职、结婚、生子、迁居、开始另一新生涯、发现自己身体改变、设法适应年老父母、配偶死亡、退休、独居等。

(九)人际关系

如:与同事、上司或同学关系不好,或很少(根本无)得到支持,敌对。疏离、被排斥、不为人接受、社交生活形态改变等。

(十)社会角色

如:社会角色差异、角色期待、冲突、被迫改变生活状况、战争或国际纠纷、价值观念或社经地位改变等。

从另一个角度看,也有学者将压力源分为期望与非期望两类,前者,如结婚、生子、升学等,是每一个正常人成长过程中都会有的压力;后者,如意外事件、生病、婚姻关系改变、家庭发生事故等,这些都不是任何人所能预期的,也不是自己希望的,难以阻挡这样突如其来的压力。

压力的根源更有人将它分为"急性"的与"慢性"的。前者,与前述的非期望性相似,如小孩生病、亲人发生重大车祸、家中老人突然中风倒地,须紧急送医等,均延误不得;后者,如家人中患病者要长期照顾及永远做不完的家务等。

问题思考——附栏:长期照顾卧病亲人可能早逝

美国研究人员表示,一个人长期照顾因病卧床的亲人或配偶,可能因持续承受压力造成免疫系统老化而生病乃至早死。因为人体一种名为"白细胞介素-6"(IL-6)的物质,其在长期照顾病患的情况下会过度制造,比平常增加四倍之多,这些物质因老化而致病，包括癌症、心血管疾病和机能退化等。因长期照顾病人，即使之后不照顾了，IL-6仍会偏高达三年之久。

第七节 压力与性别

一、角色期待与社会规范

性别角色与压力有何关联？可从社会文化环境的不同窥知。有些地区对女性的要求，受到传统刻板印象的影响，将女性期待成一位"超级女性"，她们应该是最佳的情人、太太、母亲和不支薪的劳工、厨房里的煮妇、外出时的贵妇，由于这种角色期待，导致女性极大的压力。

男性也有性别角色期待造成刻板印象导致的压力，社会上总认为男人是家计的主要负担者，是社会的主宰、英雄人物、有泪不轻弹、打落牙齿和血吞……如从前日本的社会，下班后男人不回家吃晚餐，是代表身份，即使没有应酬，也要拖延一段时间在外面闲荡一阵，骗骗老婆。这种强者的角色期待，就成了男性的压力。

二、各国的实证研究

不论男性或女性，都会遭受性别刻板印象的压力。不过，各项研究显示，女性的压力要比男性大。

英国研究人员发现，无论是正在工作的母亲或是祖母，都比男性所承受的压力大。这是一项对六千人进行的调查，发现有压力的女性比例为百分之六十三；而有压力的男性比例仅百分之五十一。工作的母亲感到压力的比例更大，高达百分之六十七。即使到了生命的晚期，女性的压力也比男性大，有半数以上的祖母感到带孩子有压力；而老年男性感到有压力的比例仅有百分之三十八。即使是工作狂的年轻人希望事业有成，他们感受到有压力，女性有百分之六十四，男性有百分之五十五。男女间的差别可能是对任何事情，女性比男性更渴望做得更好更完美。

纽约一家研究所，进行关于生活压力的一项多国调查，范围涵盖美、欧、非、亚四大洲三十多个国家中的三万名妇女，她们的年龄在十三岁至六十五岁之间。整体而言，此项世界性研究报告指出，妇女的生活压力均大于男子，特别是子女未满十三岁的全职妇女。研究人员发现，子女在十岁以下的全职妇女中，近四分之一（24%）的人，几乎每天都感受压力，她们最常抱怨的问题包括家庭、工作与金钱。同时，研究分析指出，不管在哪一个经济和社会阶层,妇女比男子感受到的压力总要大一些。下面是单身、已婚、寡居、鳏夫、离异、工作等男女感受压力的不同比例:①单身妇女比单身男子更容易感受到强大的日常压力是百分之十七比百分之十二;②已婚妇女比单身男士更容易感受生活中的压力是百分之二十一比百分之十七;③在已婚夫妇中,百分之二十四的妇女说她们每天都面临压力,男子有此感受的只有百分之十九;④寡居的妇女比鳏夫的男士更容易感受到压力是百分之二十一比百分之十;⑤担任主管人员或专业人士的女士比男士更容易感到压力是百分之二十三比百分之十九;⑥白领女士比白领男士更容易感受到压力是百分之二十一比百分之十六;⑦蓝领女士比蓝领男士更容易感受到压力是百分之二十四比百分之十七;⑧分居或离异的妇女与同类男士相比,感受压力的差异为七比五。

香港是一个高度商业化社会,女性居于要位的情况非常普遍,女权极高,但根据调查指出,她们无论是否居于要位,有工作的女性均有以下的压力:①未婚者易卷入办公室恋情中,备受同事的压力;②已婚者要兼顾工作与家庭的平衡,香港生活指数日高,女性工作不一定是为了打发时间,而是要负责差不多一半的家庭经济,精神压力方面不比男人低;③生理调节比较麻烦,不少有经痛的女性,每到经期前即呈现情绪不安。一个月中有三分之一时间被生理问题困扰;④美丽的女性员工容易招惹其他女同事嫉妒,若工作有点成绩,往往被认为是卖弄美色,否定了她本身的才干。长相平庸或不太讨人欢喜者,工作方面每每遇到不合的人,无论如何努力,均被人批评;⑤与男上司感情融洽的女员工,往往被传与上司关系不寻常,使女性员工诸多顾忌。此外,女人较为敏感,若被调职或任何变动,即感到不被重视或含有他意。

上述的见解,不但指出香港女性工作压力大于一般男性,而且也指出女性在职场和家庭的压力异于一般男性。

美国学者描述美国四种有关女性经济角色的迷思,如果我们作更深层的分析,不难发现这也是她们的压力源:①全美国拥有财富的人口中,只有三分之一是女性,这些女性通常年龄较大时才获得财富,且多半是由于寡妇的身份才拥有,甚至很多女性拥有财产只因男性为了脱产目的而做的安排。明显地,在经济上大多数的妇女有压力;②认为女性不值得雇用,因为对她们所投入的训练和投资,都将随着结婚、怀孕或离职而消失,虽然她们愿意从事与其学历不相称的工作,如大学毕业女性做一些不费心思的工作,即使与男性做得一样好,但是雇主还是喜用男性。明显地,她们有就业被拒(被歧视)的压力;③女性时常会请病假和缺席,因生理构造与男性有差异,不得不如此。事实上,根据研究资料显示,男性因病请假不但不少于女性,且有超越现象。一项研究指出,男性由于慢性疾病而请假的,在一年中平均有五点四天,而女性只有五点三天。明显女性有不被信任的压力;④女性缺乏强健的身体,难以从事很多高技巧、技术性和需较多体力的工作。这种刻板印象历来难以涤除。明显她们要背负这种男人大沙文主义的压力。

工作上的性骚扰,事实上男性和女性都有。然而,女性经历被骚扰困扰的机会比男性多得多,特别是年轻刚进入职场的女子。有调查发现,有百分之七十五的美国妇女遭遇过性骚扰,这使她们感到尴尬、自贬身价、具有胁迫性。金农指称,性骚扰会产生各种不同的影响,例如,她们可能遭到开除或暂缓晋升,或觉得有罪恶感,并怀疑自己是不是举止不恰当。也有很多人自觉无助。有百分之七十八的人认为自己的情绪和心理受到明显的影响。

由于社会道德行为标准的要求,性行为不可随便,中外古今皆然。因此,男女的性压力始终存在。根据一项调查,以婚外性关系为例子,几乎有二分之一的已婚男性有过至少一次的婚外性行为,而有百分之二十至百分之二十六的已婚女性有过,但后来再问他们有关婚外性行为的态度时,有百分之九十八的男女表示反对他们的配偶与他人从事性行为。这表示他们有需求也反对的矛盾、压抑。在这项调查中,已婚女性的婚外性行为比男性少的原因,我们不能说她们没有似男性那样具有原始攻击性特征,而是社会文化道德压力所致。电影里的"查莱泰夫人"故事风靡世界,欧洲中古时期的妇女性压抑,也成为文人笔下赚钱的工具;弗洛伊德更将人们的性压抑认为是发展的必然。

第八节 压力与年龄

压力,任何年龄层的人都有,只是质量、种类、强度不同而已。然而,压力之于各阶段的人,既是一种反应,也是其根源,且互为表里。

一、儿童期的压力

布鲁姆等认为,儿童压力的心理反应,在情绪方面,正向的有兴奋,负向的是生气、焦虑、抑郁、低自尊、悲伤、哭泣、害怕、打架、恐惧、过度谦卑、闷闷不乐、做噩梦。在思维方面,做白日梦、容易分心、学业成就低、无法分辨方向、混乱、阅读技巧差、成绩不好、无法集中注意力、问重复的问题。在行为方面,完全不顺从、行动缓慢、欺凌弱小、游荡、逃学、偷窥、揶揄、常常责罚、小丑行为、退缩、依赖、外观不整洁、容易冲动、退化、不耐烦、缺席、过度礼貌、躲藏等。

有学者指出,儿童的压力有三大领域,如下。

(一)自我关切导致者

1. 能否达成个人目标的自我关切。如成人对儿童过高的期望,让儿童害怕无法符合、达成这些成人的期望。
2. 伴随自尊的自我关切。如感觉没有足够的机会可以成功。
3. 与价值改变的自我关切。如自认重要的事,是否会为成人所赞同。
4. 以社会标准为中心的自我关切。如不同年龄和社会要求皆有不同,难一一顾及。
5. 伴随个人竞争力的自我关切。如对自己年龄缺乏信心。
6. 自己特征的自我关切。如与其他人比较,发现自己有所不同。

(二)家庭状况导致者

父母不睦、低社会地位、父母犯罪和身心异常。父母给予老师压力,也会使儿童感到压力。家庭过度强调成就与表现,而排斥其他特质,这种态度对儿童影响深远,甚至成长之后仍会感到压力。

(三)学校教育导致者

儿童对学校焦虑恐惧,不只限于学校内环境,也与校外因素相关。老师的行为常是儿童的压力根源,其中最容易造成压力的是制造竞争,这与自尊有关。测试得出焦虑和成绩表现成反比例,而考试的压力最大。校外社会干扰对儿童也形成一种压力。

此外,其他的研究者曾以简单图解(如图7-6)概括学生压力的来源与显现。

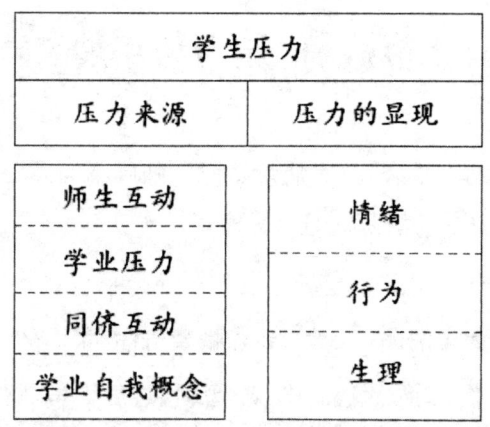

图7-6 学生的压力源

上述学生压力显现在情绪方面是感到挫折、混乱、难过、紧张、生气、想哭;行为方面则是和他人打架、和老师顶嘴、挑剔别人、对别人大叫、扮小丑等;生理方面则包括头痛、胃痛、肠胃怪怪的等。在这些情形下,师生距离感增加,而且学业成绩差。

有关儿童压力的研究,各学者也提出不同模式。

根据芭芭拉·寇萱研究指出,孩子形成的自我概念与价值系统,大多来自父母,自我概念与价值体系两者,足以影响孩子对压力情境与事实所受的威胁的诠释。很多父母无意中将其承自上一代的概念与价值体系,同样传给下一代。芭芭拉·寇萱强调,如果父母用下列词语、观念、价值对待孩子,必使他们产生压力,可以说这是压力的铁律。

1.你不如别人,永远不如。
2.不是问你怎样比赛,是输或赢了?
3.你不可忘了任何一件事,即使是向长者请安也一样。
4.我可以做得到,他可以做得到,你也应该做得到,应该和他们一样。
5.你看!这个世界一无是处,可有可无。
6.你应该得到和享受世界上最美、最好的东西。这是理所当然。

问题思考——附栏:课业重、情绪差、自伤减压

十二岁的小娟小学毕业后,进入一所强调升学率的中学,结果适应不良,被老师言语刺伤。有一天,情绪失控在家里以头撞墙。

就读某明星初中的小薇,上课时不知何故,以美工刀在自己的手臂上划上纵横交错的刀痕;不少同学则有样学样,用尖锐器物划手臂。

就读小学的小武,原本各科成绩优秀,但升上初中后,有一次数学考试,面对试卷不知如何下笔,情急之下猛扯头发,一撮撮飞散的头发,吓坏了全班同学。

这种自伤情形,不论成绩好坏、人缘好不好都可能出现,成为集体现象。一个共同的原因,是难以承受的课业或情绪压力。

讨论话题——附栏:美国八岁小天才心理出了状况

2002年2月3日,纽约时报头版揭露一个轰动全美的故事,其实这个故事的发生是在多年前了。

主角是年仅八岁的旷世神童查普曼。三岁时参加国际象棋比赛,此时参加智力测验有多项破纪录,五岁入学网络函授高中课程、六岁选修纽约罗切斯特大学课程、七岁时测得的智商是两百九十八,数学成就测验达满分八百分。

天赋异禀的小查普曼,经媒体报道后举世瞩目,纽约州长帕塔基还特别到罗切斯特大学会见正在该校选修物理课的他。英国BBC电视台针对他制作天才儿童专题报道,他也受邀发表演说,谈他心目中的英雄爱因斯坦,并与听众讨论政治和科学,还忙着拍广告,参加多项会议。有心理学家测试查普曼的智商后,对新闻媒体说:"查普曼是超天才,可能举世少见。"查普曼一时被视为天之骄子。

然而，2001年秋天查普曼随母亲迁至丹佛市，情绪即开始有些不稳，九月母亲将他送往当地一所优质中学，起初尚不错，但到了十一月，问题开始出现，他拒绝上课、脾气愈来愈大，并把学校墙壁踢了一个大洞。有一次，他看电影《哈利波特》时精神崩溃，大喊头痛，医生给他止痛药，当晚就服用过量企图自杀。他还对社工人员说，他想死，不愿再活下去。

2001年11月18日，妈妈发现他身边有个Motrin（治小孩感冒发烧药片）空药瓶，立刻将他送医，小查普曼对医生说，他想做另一个人。院方随后将他送至专治儿童情绪躁动的医疗中心。医疗心理评估写道：小查普曼"没有机会发展他的自我"，也"没有能力满足世界对他的期望"；自杀未遂则显示："他没有能力继续让他母亲派给他的人生。"当地社会福利机构立即暂时监护他，并控告他妈妈"怠忽职守""过于干涉儿子的心理治疗，想将他从医院带走，同时安排密集的演讲，展示他的天才，使他身心俱疲，造成显著伤害"。

事实上，这个天才都是他那位二十九岁的单亲母亲捏造的，她向纽约时报坦诚，小查普曼的智力测验，是她硬要他将答案背下参加应考；学力测验是将别人的成绩输入电脑，改写成自己孩子姓名的；还有很多网络函授考试，也由她代劳。

现在，这位天才妈妈坦诚认错了，吐露真相，只是希望还能挽回孩子；测试造假绝非有意伤害任何人。

二、青少年期的压力

青少年是人生中最困难的时期，也是充满压力和不安的阶段。此刻，他们从父母的庇荫中慢慢独立起来，但对自己的怀疑和自卑与日俱增，社会压力也在此时到顶点。

新一代的青少年，接触到各种不同的资讯，常和很多成年人的信仰和价值观背道而驰，在成长的环境中，充满暴力与狂言。但有人将这些暴力、狂言视为正义、公理，他们分辨不清，要不要跟着去伸张，他们面对着一个未知或没有前途的未来，世界各地都有纷争，且成为生活的一部分。人类被毁灭的威胁从来没有间断，如从媒体看到的暴力、爆炸、污染，以及其他令他们担心的问题，结果他们只有寻欢作乐来逃避这些威胁，以求纾解。寻欢作乐之余，也带来更多的压力。

青少年的压力类型，部分是儿童期的延伸，如性格、家庭、学校和社会等，而部分却是青少年期独有或较为明显的。综合学者的研究，提出以下较为普遍的几种，如：

（一）独处

青少年需要有充分的独处或和同侪相处的时间，与家人的关系渐行渐远。他们对父母的态度，不像过去孩提时那样信任。做父母的不能适应这种改变，常常希望回到过去的生活,这对青少年来说,父母便是他们的压力。

(二)厌恶受压,却喜施压

青少年对年长者的建议或批评,虽不喜欢听,但有时不得不接受,因为内在的不安全感被挑起,所以变得很敏感。由于缺乏自信,自我认识不够,成年人的建议、批评、忠告之类的语言,会被他们视为统治。虽然他们反对及厌恶被别人控制,却喜欢操控别人,例如要求别人听他的。

(三)反叛

反叛心理及行为表现,是青少年的特征,当他们的安全感增加时,反叛心理和行为表现就会相对降低。换言之,愈缺乏安全感的人受压愈大,反抗的程度愈烈。

(四)交友

青少年期会将他们的忠诚和负责任转向同侪团体的同性或异性朋友,一方面是喜欢,而另一方面他们又是自己的压力来源,为了喜欢他们,就得诸般迁就与牺牲自己。还有一方是来自父母,孩子与朋友来往增多后,通常给父母带来很多忧虑,例如,晚上他和朋友会花不少时间聊天,要求多一点时间与朋友在一起,还有其他活动等,可是父母常常看不惯而有所批评,虽然说是关心,但对青少年而言却是一种压力。

(五)迁徙

父母搬家,往往是碍于工作,不得不这样做;可是对青少年而言,却是一种压力,这是一般人所始料不及的。因为他们非常珍惜老朋友的情感,对交新朋友缺乏兴趣,而且对新朋友、新环境必须花更多时间去认识,因此对搬家或变换环境会感到莫大的压力。

(六)怕被轻视

青少年不喜欢被人轻视、被人家拒绝,也不喜欢自己看上去笨手笨脚的。这种不喜欢,就是害怕,害怕就是一种压力。权威性的人物也会给他们造成压力。

(七)完美主义和不知究竟

青少年除了寻求自我外,对事物常抱着过多的完美主义,仿佛这个世界为他们准备似的,结果造成更多失望和愤怒。因为对事情的看法有自己的一套,对那些不合己意之事,包容度很小。他们对事的态度和价值观几乎天天在变,到最后不知究竟为的是什么。

(八)失落

青少年想从依赖父母的关系中努力挣扎出来,成为独立自主的个人,在这个挣扎过程中,就会被"失落"的感觉所困。而这种失落感,完全来自自己的困惑,忧郁之情油然而生。

(九)吸毒

青少年吸毒原因很多,表面上看是纾解压力,事实上又会带来更多更大的压力。

(十)性行为

青少年性行为,多出于对性好奇、幻想和试探。但结果却带来创伤和后遗症,寝食难安。

(十一)疏离

有很多青少年常和他人保持相当距离、疏远他人、懒散,事实上是怕交往失败,所以,远离一切会使他们感到失望的事,宁愿孤立自己,也不要、不愿被人拒绝。

三、成年人的压力

这是指正在负担家计以及不得不在这阶段面对种种挑战的人。根据调查发现,十一大项形成压力的生活事件(见表7-2),多与家庭、职场、人际等息息相关。也可解释为成年人的压力。

表7-2　形成压力的生活事件

1. 夫妻关系问题	订婚、结婚、离婚、分居与配偶死别
2. 亲子关系问题	成为小孩的双亲、与小孩间的纠葛、小孩生病
3. 其他的人际关系问题	与朋友、同事、上司不和、朋友生病
4. 职业上的问题	调职、转职、辞职、失业、无法适应学校
5. 生活环境问题	搬家、个人安全遭到胁迫、移民
6. 经济问题	收入不足、经济状态变化
7. 法律问题	逮捕、拘留、诉讼
8. 发达期的危机	生命周期的转折点……如青春期、迈入成年期、停经期、五十岁关卡
9. 身体疾病或外伤	生病、事故、外科手术、流产
10. 其他心理、社会的压力	天灾、人祸、虐待、意外怀孕、强奸
11. 家庭内重要原因(小孩及青春期)	与双亲间沟通不良、家庭内的精神病、双亲指导欠佳、不正常的家庭状况、邻里环境、养成教育等

成年人在职场中的人际关系,往往决定一生的命运,在一项研究中显示,个人在公司里人际关系不佳、工作不顺利时,感到极度疲乏,压力强度最强,达被访问者的百分之四十九。这意味着人际关系的重要性,也是压力的主要因素。

学者弗里德曼等人的研究指出,压力与个体的客观情境和主观因素密不可分,如下。

(一)人生缺乏意义

这类人,对他自己所做的事,感到厌倦。的确,他不知所为何来,人生的意义究竟在哪里?为的是什么?一个人感觉人生无意义又不得不活下去时,就会产生压力。

(二)工作不稳定

工作不稳定,经济收入自会拮据,也可成为压力的主要来源。由于工作不稳定而导致人际发展困难,以及情绪上不能自然流露,这不只是产生压力,对一个自尊心较低的人也会引发极大的抑郁。

(三)期望过高

这种人对自己或对其他人,都有不切实际的期盼。这样的期盼,往往造成一种依赖,也时刻注意别人对他的反应,这就是压力所在。

(四)角色冲突

自觉目前的地位和才能很不相称,感觉自己像在一个圆洞内滚来滚去的小木块。

压力项目(顺序依照频率高低)如下。

1. 公司人际关系或工作不顺利时,感到极度疲劳。
2. 处于陌生的团体中感到紧张与疲累。
3. 极力克制自己不发怒、不反抗。
4. 工作时出现极端的罪恶感。
5. 在意自己的存在是否造成别人的不快。
6. 他人对自己存有恶意,因为自己敏感所以知道。
7. 无法去除慢性的紧张感,情绪经常不稳。
8. 不幸的事情经常清楚地浮现在眼前。
9. 担心的事情接二连三地涌现,情绪低落。
10. 焦急就胃痛、一点小事便冷汗直流、心悸强烈。
11. 工作上无法信任属下或同事。
12. 感觉自己细心、敏感。
13. 心境从未平静安泰过。
14. 经常梦想自己能够抛开一切、过喜欢的生活。
15. 害怕他人看透自己不成熟、懦弱。
16. 深信人性本恶说,认为很多人欲加害自己。
17. 担心对方对自己的看法。
18. 与他人交往时感到紧张,恐惧世间的漠然。

19.若能松弛疲倦的内心,即使放弃现实生活也无所谓。

20.认为他人不幸是自己不幸的前兆。

21.自己受到他人关心,引起许多人嫉妒。

22.想到同事与朋友关系全被抹杀,便觉恐惧。

23.没有逃避的去处,经常感到束缚。

24.只要置身空想,心灵就觉得获救。

25.假日无法平静,焦虑不已。

26.常想着不被生下来就好了。

27.与公司同事或上司相处感到痛苦。

28.没有消除肉体疲劳的方法与心力。

29.非常怯生,独自外出便感痛苦。

30.完全看不见未来的光明。

(五)在期限内工作

从事有时间性的工作,一刻不能停留,身心疲乏,压力最大。

(六)工作负荷过重

通常这种事是自己惹出来的,主因是他不相信别人会把工作做好,只好自己揽过来做。另一原因是认为别人会比自己做得更好,妒忌他人的成功,或他虽是我的部下,恐会"功高震主",不愿大权旁落,自然将工作留给自己做。

(七)不会放松自己

有些人就连只花十分钟坐在椅子上去完全放松自己都觉得困难,脑子里转个不停,一直压迫自己。

(八)混淆的人际

对友情或婚姻关系的看法很不确定,常常不知道他的配偶快不快乐,或是他的配偶会不会离他而去等,这些不只对他本人形成压力,还可能导致危机的发生。这种心理压力会迫使他常用有色目光看生活中的每一件事。

(九)不完整的自尊

过度骄傲,是掩饰其内心的自卑;而过度的谦卑,实则代表他的无能。个人的自我肯定和自尊,若建立在无能的基础上,也会有紧张和压力的感觉。

(十)不知己知彼

对一个正常发展的人缺乏了解,会造成对自己、他人和很多事物不正确的看法,因而造成压力。

(十一)复杂与单调的环境

一个人所处的环境和压力的产生有很多关联性,单调的环境,缺乏刺激,没有变化,令人窒息;一个复杂的环境又具有高度竞争性,致人应接不暇,而喘不过气来,两者都会形成压力。

(十二)完美主义

凡事设立超高标准,时时会使人感受到失败和挫折。完美主义者,个人常没有安全感。一个完美主义者,碰到事情不是如先前所料时,会对自己感到失望,也将导致忧郁。

(十三)缺乏耐性

对别人缺乏耐心的人,对自己也一样没有耐心。做事没有耐性,不会有成功的希望,前途事业无望,压力油然而生。

(十四)刚愎自用

没有弹性、完美主义和缺乏耐性等三者紧密相连,都与僵硬的脾气有关,这种人常是刚愎自用,死不认错,不愿接受别人的建议和意见,好辩而不明理,到最后是众叛亲离。

(十五)缺乏幽默感

在日常生活中没有一些新鲜的感觉,但生活中充满自负却又自责;一派正经且不言不语,却又有过多期许,内心充满矛盾。

(十六)喜爱比较

不管衣、食、住、行、育、乐、工作、职位……都喜欢与别人比较。殊不知人比人气死人的警世名言。不过,不可讳言,竞争可以促使进步,但总是如此计较,过于竞争,就会造成压力。

(十七)缺乏自信

过于自信的人,胆大妄为,终会有大意失荆州之时。但缺乏自信的人,信心不足,必定是凡事不敢轻易尝试,或者存着失败的念头,做起事来畏首畏尾,又不得不去完成时,结果必定是失败多,成功少。这样造成事前事后都是压力。

讨论话题——附栏:一位超理性、求完美者的死!

一个超理性、凡事讲究完美,背负亲情和财务双重压力的人,执行其一项完美死亡计划,先杀害子女三人,然后夫妻俩自焚。

当事人是在2001年9月5日被人发现留言自尽。在遗书中说:"十多年前续弦至今未得家人谅解。可恶的是双亲,为了一点私利,离间我们夫妻与孩子的情感,在亲戚朋友面前说出及做出不当的言论与举止,令人无法生存下去……"

原因是惨案发生前两三个月,在当事人住家附近的市场出现一张大字报,写着他抢弟弟的财产,引起邻居议论纷纷。其实这是一场误会,但他的母亲常在市场放话,谈当事人的不是,说这是事实。

从他责怪母亲的口气,家庭失和及邻里的闲言闲语,似乎是寻短的主因。他的朋友也认为,以当事人平时爱面子的性格,当然受不了亲友乡里在背后冷言冷语,加上当事人个性孤傲,凡事讲理,所谓祖产是他因事业有成,清偿父亲三百万元债务,故自认为继承是合理的,但父亲也表示反对。十八年前,妻子载三名幼子上学车祸丧生,当时他有意续弦娶小姨子,但外界却传说他为了保险金谋害妻子,使他心情大受影响而作罢。他觉得既然无法与外界沟通,干脆潇洒面对传闻。不过据警方的调查,当事人尚有财务困扰,向银行借贷两亿六千万元、民间地下钱庄还有数目不清的借款,明显有周转不灵问题。

认识当事人二十多年的友人指称,当事人做事认真,个性求完美、超理性,只要认为是对的,谁也改变不了他;一旦有错,就很难回头。这反映了他极端的一面。

四、老年期的压力

老年人的压力来自多方面、多层次。首先出现在生物老化,头发变白或脱落,眼睛混浊、身高降低、牙齿脱落、皮肤变粗、皱纹增加、体重减轻,感觉器官、内脏器官、消化系统机能、循环系统、呼吸系统等障碍或退化……致使无法承受往日劳力或劳心的工作,因而产生行将就木、无法改变的焦虑与恐惧。

社会文化变迁,导致角色改变,挽回乏力,徒叹奈何!

政治经济变好,老人受益不多。变坏时,则灾劫难免。

从职场退休后,想想从前是门前车水马龙(虽然不是人人如此,但会拥有某些值得缅怀之处),而今则是门可罗雀(虽然某些人一向如此,而今会觉得凄凉)。不禁自忖时不我与!

死亡恐惧之情挥之不去。眼看亲友一个个被送进加护病房、殡仪馆,子女远离或不孝,老人不免忧虑我将如何?纵有至孝儿媳,但其经济能力有限,自顾不暇,怎有余力照顾我这个老人。尤其行动不便及生活不能自理的老人,更是惶惶不可终日。

凡此等等,本书第二篇叙述老人的种种,均可视为老年期的压力,于此不予赘述。

第九节 压力与身心症

一、概说

所谓"身心症",又称"心身症",泛指因为心理作用而使身体具有易感染性。

事实上,身心症并不完全是心理问题,而是包括心理和生理(身体)两者的问题。它是一种真正的疾病,它有生理上明显的症状,可以被诊断出来。但是,也有不容易被诊断出来的心理成分。

身心症可能是心因性的,也可能是身体性的。前者是情绪压力造成的身体疾病,后者是因身体某些部位生理机能遭到破坏而导致情绪心理上的不安。换言之,是患者感受到的生理上的疾患压力。其实人是一个整体,生理变化会改变心理活动,心理活动也影响到生理的历程。

研究显示,压力是通过影响人体内的生化反应平衡而触发的一系列连锁反应,如果大脑、内分泌和免疫系统无法修复因压力导致的失衡而使之恢复平衡,就会导致疾病的发生。因此,美国斯坦福大学一位学者说:"压力可能会影响那些不知何种原因已处于亚健康状态的机体组织,从而进一步将其推向病变的状态。"研究报告强调,大脑和免疫系统有紧密的联系,当机体面对压力时,两者作为联合抵抗系统会同时作出反应。

美国科学家发现,心理压力会给外科手术病人的康复带来严重的后果。在医学的文献中有大量的建议,只要条件许可,就应该建议病人在手术前保持较低的压力。因为术前的压力、抑郁和焦虑都与术后伤口难愈合有关系。有学者曾在俄亥俄州立大学的行为医学研究中心对三十六名妇女进行研究。每位妇女被要求填写一份压力量表,以测其压力水平,然后研究人员在她们的前臂用小吸管将表面皮肤分离,形成八粒豌豆大的小泡。这一过程基本上是无痛的,但会有一些压力感。五个小时后,研究人员取其中四个水泡中的渗出液进行分析,二十四小时后再取剩余的四个水泡中的渗出液进行分析。另外,研究人员在实验开始时、五小时后、二十四小时后,分别对每位妇女的唾液进行分析。结果显示,在测试前报告压力大的妇女,唾液中的一种名为"cytokines"的激素含量显著降低(这种激素具有能使伤口愈合的效果),而"可体松激素"水平显著升高(较高的可体松激素水平会导致伤口难愈)。这就说明为何有较大压力的患者,在术后伤口难愈了。

二、理论实验研究

在理论上,压力会造成心因性疾病,也会造成身体性疾病,较严重的如癌症。虽然癌症的种类很多,致病的原因不一,但一些研究却认为压力与导致癌症有关。曾有人以带有癌症细胞的老鼠做实验,将它们分成两组,一组是处于压力的情况下,比较结果,在有压力情况下的老鼠,有百分之九十发展成癌症。1950年,研究者发现癌症患者的心理特征比较明显的为:①在被诊断为癌症之前有失落的人际关系;②为保护自己而表达敌意,但常在两者间矛盾、冲突;③觉得自己没有价值,也不喜欢自己;④与父母或父母其中之一有紧张关系。

以上四者,都可说是一种压力,会破坏自体的免疫系统功能而招致患上癌症。

专家们已确信与压力有关的身体疾病,除癌症外还有如高血压、中风、冠状动脉心脏病、溃疡、偏头痛、紧张性头痛、过敏症(气喘病和花粉热)、风湿性关节炎、背痛以及"TMJ"症状……所谓"TMJ"症状是发生于连接上下颚接合处的太阳穴的一个结构复杂部位,这里负责脸部五块肌肉和一些韧带,当接合处运转受到干扰时,而这些干扰多源自心理压力,"TMJ"症状随即发生。症状包括:脸面疼痛、开合嘴巴时发出爆裂声、偏头痛、耳鸣、耳朵痛、头晕,或牙齿敏感等。研究者估计患者人数较多,但一般妇女在二十岁至四十岁之间最容易得到此疾病。导致"TMJ"症状的原因尚有很多,常见的有咬牙、磨牙等,大多源自压力。

三、压力造成的异形异觉

在日常生活中,压力会造成个体各种异形异觉症状,此类患者以及一般民众却不知所以然,等被医生诊断证实或读到这类新闻报道,才恍然大悟,这是压力惹的祸。

(一)长不高

1991年10月,美国密西根州立大学医学中心小儿科报告,一位九岁男孩,因为长期处于严重的情感压力下,以致生理发育完全停滞,医生发现他的心跳速率、血压和骨骼架构竟然都还停留在三岁小孩阶段。另外,小男孩同时也有易怒、智商较同龄小孩低、口齿不清和食欲不振等现象。

这种现象的小孩,是受到虐待、情感创伤导致的"心理成长延迟症"(PGD)的结果,连带影响到生理成长。这种情形也常常发生在父母离异、父母精神异常、父母过度保护和溺爱小孩的家庭。医生指出,如果发现小孩每年的身高增加不到五厘米,有做噩梦、失眠、不安和做出一些与年龄不相称的举动,都应注意。另外,一些矮的小孩是先天染色体少了一个X或Y所致。

(二)愣小子

有研究发现,孕妇若工作负荷量重、压力大、情绪又不稳定,将来生下低体重的宝宝机率大,发生早产、胎盘早期剥离的机率也比一般孕妇高,同时小孩子长大后的EQ也比较差。

还有研究发现,一岁以下婴儿若与母亲分开时间愈长,长大后会较笨,因为与母亲分开会产生压力,造成脑门细胞磷酸化(CREB)功能下降,影响智力发育,长大后较会有情绪障碍问题,这项研究也证实,即使是胎儿,若母亲有较大压力,小宝宝出生后的智力与免疫力都较一般婴幼儿差。

该研究同时证实,胎儿也受到来自母亲压力影响,若孕妇悲伤过度,或承受很大压力,生下来的婴儿脑内单一细胞磷酸化功能会比较弱,因为脑内细胞磷酸化的功能,关系到学习与记忆力功能强弱与否,与智力发展呈正相关。相对地,没有压力或情绪稳定者,生出的宝宝比较聪明,免疫力也强。

压力对儿童的智力发展影响多大,有研究证明,家庭中若有较大的压力,或因压力处理不当,都会减损儿童的智能;若能控制压力,则可以增加儿童的智能。布鲁姆等也有同样的看法,生活压力不利于儿童学业成就,主要原因是压力对记忆有损害,进而限制了解决问题的能力。

此外,专家们早已提出警告,大压力对人的伤害极大,甚至会使人变笨。研究指出,一个人若长期处在压力下,再加上饮食不均衡、不运动或无暇享受休闲生活,很容易发脾气,或是无法集中精神,脑细胞也会加速老化,不但影响学习和记忆,智力也会相对退化。

企业家总是要求员工努力一点、多做一点、上班时间长一点,以为这样就会创造出更多的价值。其实,效果正好相反。专家发现,长期下来,员工所能达成的成就反而更少,压力导致员工更迟钝,生产效率和效能大打折扣。处在压力之下做事是毫无建设性的,没有充分的休闲时间,创意不会源源而来,并且显得笨手笨脚,致错误百出。

(三)男不举

根据估计,现代医药广告最热门的卖点,当推"男壮阳"与"女美容",这显示出男女在生活精神压力下的现象。研究人员指出,日本人疯狂工作,能使国家在海外市场竞争力上升,但在其国内则可能使日本男人失掉性趣,雄风不再。

日本爱媛大学医学系副教授吉村曾以十只雄性和五只雌性老鼠做实验,观察压力对这种啮齿动物性行为的影响。实验设计是以每两只雄鼠和一只雌鼠为一组,而这些都是正在发情的老鼠,全部放在同一个笼里。实验进行前,所有雄鼠皆与雌鼠正常交配,但是被关在笼里后,经过了一番斗争,能与雌鼠交配的雄鼠只有两只,同时,交配的时间与平均次数也减少。

吉村说:"老鼠的行为显示,雄鼠为争夺领导地位的斗争,与人类社会的竞争压力无二致。"这些老鼠证实了他的观点。

"医生,我最近老是力不从心,在紧要关头老是泄气!"这是一位患者向泌尿科诊所医生的怨诉。患者在看诊时,神情沮丧,可是,此时的他正值壮年,十年来的婚姻生活一向美满,夫妻间的配合也十分默契。

医生问他行房时想些什么。

"也没有什么啦!"患者有些尴尬地回答。并说:"前一阵子公司改组,承办的业务较以前增加了许多,且很多事都不顺利,再加上这几次老举不起来,我愈想努力,情况愈糟……医生啊!会不会我以后都不行了!"

医生指出,面对压力时,往往都会影响表现,在工作上如此,夫妻的性生活也是如此。这位患者先前的工作不顺心,使他在房事上无法和以前一样放松享受;之后,又加上几次老举不起来,一再努力,仍无起色,多次下来,每日忧心忡忡,不知如何是好,自然提不起"性"趣了。

中医指男不举是肾亏所致,原因很多,也伴随着心理恐慌、压力,使肝气郁滞,连带造成血气不畅,恶性循环下就难以勃起。

肾亏是指男子生殖、生长发育基本功能不足。《黄帝内经》及《难经》两书记载,"肾者,作强之官,使巧出焉",是体力与智力的基础。现代人压力大,体智两方难以负荷,想举实难。

(四)女不来

妇女月经,顾名思义,每一个月会来一次。但很多女人有迟迟不来的情形,苦苦等候它的到来,一颗心七上八下,可真恼人,它有生理上的病因,也有心理上的缘故,后者主要是在压力。

控制女性月经周期的神经中枢是"下视丘",对任何身体上或情感上的压力都非常敏感,压力将导致其障碍,因此,女性会有月经不规则,一个月甚至半年月经"不见了"的现象,此种情形的妇女也时刻想着"何日经再来"的期盼。这是生殖荷尔蒙被压力干扰所致。

短期的压力,会暂时扰乱月经;长期的压力,会导致妇女不孕。同时,据研究指称,妇女不孕的原因不明者,几乎可归因于压力,这类妇女占不孕症妇女的百分之十五。美国哈佛大学医学院的一项不孕症妇女研究发现,十周内教导她们运动、营养知识,并以瑜伽、冥想为纾解压力的技巧,结果有百分之三十六因而怀孕。研究人员认为,心理压力及焦虑会影响卵巢功能,也影响子宫里受精卵着床的能力。

问题思考——附栏:浪漫之旅有助不孕症

一对夫妇,太太拥有自己的律师事务所,先生是著作等身的作家,个人生活里的大小事务都自己选择,可是结婚七年了还没有小孩。

或许由于个人工作忙碌,也许是另一方有不孕症,他俩警觉到婚姻褪色了。于是抛开一切度假去。

夏威夷的浪漫之旅,把两人晒成糖蜜色,太太甜蜜地感到与丈夫的关系再度闪烁发光,更令人意外的是她怀孕了。丈夫的喜悦,更不可言喻。

(五)下巴掉了

有一则新闻指出,一名男子嘴巴张不开,当他张开时却合不起来,说他是下巴掉下来了。这是压力搞的鬼。令人感叹的是,压力连嘴巴都不会放过。

本书在前面讨论过所谓"TMJ"症状,这就是在太阳穴的下方、耳朵正前方,有一个嘴巴开合时会随之起伏的"颞颌关节"和一块上下咬合牙齿时会鼓起的"咬合肌"。这两个部位若联合出问题,不是肌骨酸痛、嘴巴张不开、吃东西或张嘴时有"卡卡"声,就是"乐极生悲"笑"掉下巴",搞得吃下去还兜不回来的窘境。

这个毛病是因为颌骨发生变形、发炎或受压迫而使关节运动困难;咬合肌收缩太强时,也会压迫关节产生异位,导致诸多毛病。

过去颞颌关节出问题,多半是牙齿不健康、咬合关系不好或磨牙习惯造成,而今无缘无故嘴巴张不开的大有人在。原因无他,就是压力惹的祸,当压力来临,情绪紧张,很多人会不自觉地咬紧牙关。压力也会促使睡觉时磨牙,因而造成"齿裂症"。

(六)咳不停

临床医生指出:你是否老是咳个不停,却没有类似感冒的症状?可能是心理压力造成的文明病,尤其是紧张的人,最容易有这个毛病。有医院统计该院因咳嗽就医的病人中,百分之五十以上均是心理压力所造成的干咳,而非上呼吸道感染所引起。尤其是临床上常见许多小学生在考试前即咳嗽不止,考试后不药而愈。心理因素引起的习惯性干咳,通常不带痰,而且心理紧张时,由于气管和肌肉收缩,引起喉咙不适,病患即不由自主地咳个不停。许多病患就寝前,担忧第二天要做的事,便开始咳嗽,因而影响睡眠品质及生活起居。一些紧张型的患者,在与上司或客户洽谈时,也借咳嗽掩饰内心的紧张。

同时,精神官能症疾病有时会以咳嗽、头痛等症状出现,尤其是紧张型的病人,常有借抽烟舒缓压力的习惯,咳嗽更是难免。而这一类病患因久咳不愈,且在找不出病因的另一层压力下,常形成恶性循环,咳嗽更严重,甚至咳到喉咙、胸口疼痛。

(七)咽不下

一位患者说,大约六个月前,觉得咽喉结下方位置,一直有异物梗塞感,但吞咽食物并不会有困难情形。陆续至耳鼻喉科求诊,均开"抗生素"治疗,但吃了数月均未改善,而后陆续做了内视镜、上消化道造影及鼻腔镜检查,未发现有异状。此种症状一直维持,带来非常大的不安与困扰。请问是何原因?

此症状与"喉咙癔症"非常相似。患者老是觉得自己喉咙不适,但吞咽不受影响,检查也没有特殊发现。喉咙癔症可能与压力过大、情绪不稳、睡眠不足或者胃酸过多有关。

综合临床医生的看法,喉咙中常觉得有异物梗着,多半是吞咽肌与咽部的环咽肌过度紧张造成,可能是生理性因素引起,也可能是受情绪、压力影响。不管哪一种原因引起,通称为"喉部神经紧张症",当找不到生理原因时,便是心理压力作梗。

喉球症的症状,除了喉咙有异物感外,还有干涩、烧灼、声音沙哑等,所以常见这些人多有轻嗽不停的现象。

(八)抖不止

中国人有句俗语:"男抖穷,女抖贱。"通常一个人处在发怒、害怕、疲劳、紧张、天冷时都会发抖,这是因肾上腺素分泌过多,交感神经系统兴奋造成的正常生理现象。但有些人却是长年手脚抖个不停,他们也知道这些动作是不大雅观的,可是却怎么也停不下来。虽然不至于危及生命,但是对于年轻患者会造成社交及就业上的困扰,对于老年人会造成许多生活上的不方便等。下面是在医院中见到的一些典型案例:

讨论话题——附栏:不管怎样他还是抖个不停

案例一:一位三十岁左右的青年,正值创业阶段,每天需要面对无数的客户,有说不完的话、写不完的报表,当他忙里偷闲为自己泡杯香浓咖啡,正要端起来享受时,右手却不听话地抖了起来,咖啡也溅了出来。不明事理的老板还认为他办事不稳重,给他造成很大的困扰,找医生做过抽血检查,还是找不出原因。

案例二:一位正在准备考大学的高中女生,每当考试前都会有手抖、手心流汗、心悸的现象发生,这种情况愈来愈严重,连平时休息时都会发生,师长们也一直安慰她要放松点,不要紧张,然而,任凭她使用各种方法,手仍然是照抖不误。

案例三:一位五十多岁、身材微胖、待人和蔼可亲的商超老板,每天忙进忙出地努力工作,最近清晨起床总是感觉手脚有些僵硬,在工作的时候还好,一放下手边工作想稍事休息,右手却有如数钞票似地抖个不停,逐渐地两手两脚也开始不灵活起来,脸部也慢慢地没有表情。

为什么手抖个不停?种类不同,原因很多,但主要的有心因性与生理性两大类。心因性起因于焦虑紧张、心理压力……如案例一,最后经神经科医生诊断,是属于焦虑紧张性手抖,为工作压力造成。

生理性的手抖,出于甲状腺机能亢奋,如案例二,经医生抽血检查得知她是甲状腺机能亢奋合并手抖,当然,考试压力亦是原因之一。案例三,最后经神经内科医生诊断患有帕金森病,如数钞票般非常有规律地抖动,伴随着肢体的僵硬感,脸部缺乏喜怒哀乐的表情变化。还有一种老年人手抖,与帕金森症的不同点是脸部和手脚没有僵硬现象。

除上述外,还有所谓家族性颤抖,为一种原发颤抖,以及肝功能异常,酒精戒断、脑基底病变所致的颤抖,而本文所注重的是压力情绪所致的颤抖。

(九)跳不歇

"左眼跳财,右眼跳灾",偶有眼皮跳动的人常以此俗语预测自己的命运,这当然是没有科学根据的迷信。但是,如果眼皮跳动经常反复发作,就不是正常的现象,极可能是患了"眼睑痉挛症",此症的诱发与精神压力有极大的关系,如睡眠不好、疲劳、寒冷、精神紧张时最易诱发。患者无疼痛、麻木等主诉,但心理负担很重,形成一种压力,可以说眼睑痉挛因压力引起,眼睑痉挛又造成压力,两者互为因果。临床医生指出,眼睑痉挛症终会发展到一侧脸部、眼睑、口角、面部甚至颈部同步间歇性地不自主频繁抽动。抽动频率极高时会形成僵直状态,一侧面部整个牵向耳朵,形成"面肌痉挛症"。

问题思考——附栏:老板怎么了?

一位大企业的中层主管,半年前开始出现左眼上下眼睑轻微地间歇性跳动,三个月后逐渐延伸到整个左脸颊,抽动频繁,眼睑痉挛,并伴有乏力、心烦、食欲差、失眠等症状。

此患者正处人生事业的奋斗期。工作时间长、业务压力大、自我期许高,加上应酬多、饮食不正常,就极易患此症。

另一位政府主管一次正在讲话时,此症突然发作,听众的注意力即从他的发言转而盯着他"挤眉弄眼"的面部,使他感到十分尴尬。

还有一位商界人士,当他正在参加商务谈判时,突然面肌痉挛发作,不得不以手掩面,对方误以为受到奚落,遂拂袖而去。

眼睑痉挛症和面肌痉挛症的心理基础,压力为罪魁祸首;而其生理基础,中医认为是由于"肝风内动或血虚生风,上犯脑部,扰乱面部经脉,气血循环失常所造成"。西医的观点有不同的说法,有人提出原发性面肌痉挛症是由于面神经近脑干部位受到血管的压迫;有人认为损伤后的面神经各分支之间形成假突触或面神经运动核的兴奋性异常增高可导致面肌痉挛症。继发性面肌痉挛症的原发病可见于面神经炎;脑干疾病所致者多伴有其他颅神经症状。

(十)看不见

据报道,某公司一位陈姓中年职员,平时很容易紧张,因经济不景气,公司裁员传闻频出,他工作卖力,但压力很大,突然觉得右眼模糊,看东西觉得光线太暗,两眼焦距好像对不在一起。另一位王姓商人,在只许成功、不许失败的心理作用下,常常工作超时,最近他发现自己视力变差,看报字体变小,甚至有些变形。

眼科医生指称,上述两人是"中心性浆液性脉络膜视网膜病变"的患者,他们的症状主要是单眼突然看不清楚,视力变模糊,常觉得光线不够,有时还会出现字体变小、扭曲的情形。常发于三十岁至五十岁的中年男子,此时正值冲刺事业的重要阶段。A型性格的人特别容易患"中心性浆液性脉络膜视网膜病变",因为这种人做事急促、非常好强、事事要求完美。

压力大,不但会使人罹患"中心性浆液性脉络膜视网膜病变",也会使人患"青光眼"。眼科医生指出,某些青光眼的确是受到情绪的影响而引发出来的,尤其是"隅角闭锁型青光眼"。常发于个性比较多愁善感、情绪容易紧张、兴奋、发怒的人身上,尤其女性以及工作压力大者都是高危险群。另外,冬季、寒带、日照不足或灯光昏暗处等,都会影响人的忧郁情绪,也就容易引发"隅角闭锁型青光眼"的急性发作。

其实,会受到情绪等心理因素影响的,不只青光眼一种,例如有一种"虹彩炎"病症,也容易受到心理因素影响,患者会在压力增大或工作疲惫的情况下发作。还有一种会造成视力突然模糊,颜色看起来昏暗不鲜明,甚至东西看来有点扭曲变形的"中心浆液性视网膜炎"(CSCR),以三十岁至五十岁之间,工作压力大、生活作息不正常的男性居多。

(十一)掉光光

一种俗称为"宇宙秃"的莫名其妙的毛发脱落,短短几星期内,可以使人头发、眉毛、腋毛、体毛全部掉光光,患者心情会跌到谷底。皮肤科医生认为,这与压力大有关。

据报道,一位三十岁已婚女子,原本当会计,失业后一直找不到工作,担心坐吃山空,可能因焦虑过度,头发开始大把大把地掉,连眉毛、睫毛、腋毛和体毛都愈来愈少。仅仅一个月,九成九的头发都掉光了,远看就像一个大光头。

另一位读研究生的二十五岁青年,被考试逼得很紧,他求胜心切,夜不安枕,没多久,自然落发,头顶光溜溜,眉毛、小胡子和腋毛也不见了。

医生分析,很多人对挫折和压力的忍受度低,使得免疫系统失调,影响毛根毛囊,很容易发生俗称"鬼剃头"的头顶秃。像这两名患者"秋风扫落叶"般掉毛发的方式,是鬼剃头的升级,称之"宇宙秃",大概就是取其掉发程度"宇宙无敌"的意思。患者是面临考试的学生和失业者居多,以上两个案例就是典型人物。

(十二)拔毛癖及皮肤病

"拔毛癖"是一种长期通过拔去毛发降低压力的强迫性精神疾病,是法国皮肤科医生在1889年发现的。患者一再拔自己的头发,在他们拔发之前,会有紧张的感觉,虽然企图抵抗,但仍然抑制不了这股冲动。拔发之后,会有一种愉悦、满足的解脱感。

一项针对大学新生所做的研究显示,约百分之三的女性及百分之一点五的男性具有拔毛的倾向。至于为何女性比男性多,有人认为相对而言,女人求医意愿较男性强,所以报告出来的数字比较多。另外,有人认为男性因为胡子可以拔,拔了之后剃掉掩饰,所以未被发现。曾有女患者拔头发怕被发现而改拔阴毛,拔光了自觉羞耻而不敢接受妇产科检查。

曾有人认为患者的痛觉较不敏感,但经研究证实,与一般人无显著差异。临床上发现,患者常因无法承受某种无法以言语宣泄的心理压力,才通过拔毛产生的皮肉之痛,暂时取代锥心之痛。

临床心理医生指出,除了拔毛癖外,破坏指甲、烧割皮肤等自虐行为也都有类似的病理机制。当患者是儿童时,仔细评估患者的家庭功能,有助找到真正致病的原因。

压力下容易产生的皮肤疾病,一直是现代工商社会无可避免的文明病,市井小民也不能幸免。

职场上一种普遍的现象,工作不认真,轻则降职、加薪无望,重则被"炒鱿鱼";工作太认真,除自己超时超量工作,加重负担外,也会招致同事的排挤与不悦,因为你太认真,相形之下他们不认真,与其说是嫉妒,其实是一种职场文化。总之,认真与不认真工作都是一种压力,因而招致皮肤瘙痒症。

就有一个这样的案例,一位公司里的小主管,工作时,为了满足上级的要求及化解同事下属的反弹,烦得浑身发痒,愈痒愈抓,晚上经常抓得睡不着,又由于市场萧条,在业绩的压力下,更是痒得像活在臭虫窝里。吃、擦遍了所有的止痒药物都没用,痒加失眠,弄得他骨瘦形销,经医生诊断和了解案情,发现是压力所致。

另有一位三十岁的小姐,事业有成,尚未结婚,家教严谨。二十八岁那年,与一位比她小五岁的男士建立情感并发生关系。对方曾要求共结连理,但她嫌男方年纪太小,怕被人嘲笑,从此使她陷入矛盾痛苦的深渊,她常怕家人知道其一夜情,终日焦虑不安,夜夜噩梦连床,心中充满罪恶感。

一年后,她感觉肛门周围奇痒无比,看过皮肤科和泌尿科,效果不明显;也曾抽血作生化检验,结果正常。最后被转至精神科作进一步诊察,经医生缜密仔细会诊后,认为她所患的是"肛周瘙痒症",原因是压力情绪困扰及人格偏差所致。

精神科专家分析肛周瘙痒症,按弗洛伊德理论,是患者于幼年时,对父母的严厉大便训练,同时产生顺从和反抗的矛盾情感,无法顺利通过"肛门期",致成年后形成所谓"肛门性格"。此种性格极富攻击冲动,且很在意"脏与不脏"的问题,对自己的是非善恶要求很高,致有许多内心欲望、情感,不易被自己接受,乃产生各种心理防卫机制,如患者采取"反向作用"时,在潜意识中对权威者表现温顺及奉承;采取"外射作用"时,以自己的想法去推测别人的想法,故变得多疑且觉得别人时常在批评他;采取"内射作用"时,会在潜意识中将外界的事物,如爱与恨予以象征化的方式加诸自身,往往会抓皮肤,此乃自我惩罚的一种潜意识表征。

压力对于皮肤的致病机制,主要有四项:①精神压力大时,中枢神经系统会分泌所谓"类鸦片"的神经传导物质,其本身作用为止痛,但同时也会引起皮肤瘙痒;②压力会促使周边神经释放组织胺或炎症介质,同样也会引起痒的感觉;③压力也会改变皮肤的血流、温度以及汗腺的分泌,可使皮肤发痒加剧;④压力可能影响自体免疫系统和内分泌系统的作用,进而造成皮肤上的症状,使得原本的皮肤疾病恶化。

压力所引起的皮肤疾病,临床上常见的有七种:①全身性或局部性皮肤痒。找不到病因的皮肤瘙痒感,通常无明显的病因,有些人是全身性,有的人则发生在局部,以头皮与生殖器附近最常见;②慢性荨麻疹。全身性或局部性的皮肤瘙痒。若持续下去,反复发作超过六周以上,则成为慢性荨麻疹;③秃头症。患者醒来后,突然发现头发在一夜之间掉了一块,原因可能是身体免疫系统突然间不认识自己的头发,把头发视为身体的敌人,因此攻击毛囊,形成脱发的情形;④终止期落发。个体的全部头发中,百分之八十五至百分之九十属于生长期,百分之一至百分之二属于退化期,百分之十至百分之十五属于终止期。若因免疫或分泌系统发生变化,而造成超过百分之十五的头发进入终止期,则会导致广泛性的落发;⑤心因性紫斑。由于血管的通透性增加、红细胞渗出进入结缔组织里,在皮肤上出现水肿、瘀血、感觉异常等症状,除了焦虑、压力等原因外,亦可见于强迫症的人身上;⑥干癣复发或恶化。症状为红色突起的大小斑块,其上布满银白色的脱屑,有些人会有痒感,有些人则没有,但大多数会想将脱屑抠掉,使得面积迅速扩大,甚至发展为全身性的;⑦异位性皮肤炎复发或恶化。为一种伴有剧痒的皮肤炎。所谓"异位性"是一种过敏性体质,过敏或免疫功能异常是致病主因。

(十三)考必吐

一名高中女生,得了一种呕吐的怪症,一紧张就吐,一天要吐好几次。碰到学校考试,就吐得更厉害,大考大吐、小考小吐。家人还以为她装病不想上学,所以,不管她吐得怎样难过都要她去上学,她只好随身带几个塑料袋"备战"。后来她到精神科求诊,医生告诉她,这是压力造成的身心症。

压力是身体的克星,持续在压力笼罩的情境下,容易刺激肾上腺素的分泌,免疫力降低,此时,什么怪病都可能发生。

(十四)塞车慌

住在大都市的上班族,平时上班恐怕塞车迟到,遇上铁面无私的"打卡钟",一年下来扣分记点,年终考勤奖金缩水,也影响日后的升迁。即使是主管、老板,也怕塞车延误商机。

塞车也成为一种心理压力,常使人烦躁不安,坐立不定,甚至想丢下车子拔腿就跑。塞车常会诱发"恐慌症",病人突然发病,有呼吸短迫、心跳加速、乏力等症状。严重时,患者有不敢出门的现象。

精神科医生指出,此症与生理因素有关,通常会在急迫、拥挤的情境中发作,所以,塞车是一种引爆的压力,患者会有大祸临头、胸闷、坐立不安、恐惧、呕吐的感觉,有人把车子扔下就跑,旁人看来莫名其妙,实不足为怪。

这种是现代文明病之一,根据研究者表示,近年来这种病人较过去增加十倍,欧美国家估计每一百人中就有十人患此症。

(十五)拉再拉

一位张姓小姐一出门就紧张,因为肠胃老是不听话,常常没事跑厕所,万一找不到厕所就糟大了。因此,尽量不出远门。

一位林姓先生,常有应酬饭局,每每饭吃到一半人就不见了,原来是到厕所拉肚子。

林太太是一位二十五岁的职业妇女,在公司里有开不完的会、处理不完的业务,回到家又有忙不完的家事,可是最令她苦恼的是多年来反复发作的腹部胀痛。每次发作时,总是伴随着排便不顺,常常好几天才排一次,排出来的粪便如羊屎般细硬。排便时,腹部及肛门疼痛不适,好不容易排完,却又觉得内急欲重排,完全没有如释重负之感。起初以为是便秘,经大量喝水、吃青菜后依然如此,看过很多医生,检查、吃药,效果有限,以为是得了癌症,情绪大受影响。其实她所患的是一种肠胃功能异常引起的"大肠激躁症"。

很多人都会因参加考试造成焦虑引发腹泻,这种考试压力造成的肠胃机能失调是暂时的,通常在该考试压力消除后就很快纾解。但若是长期的慢性压力,就会发展至"激躁性大肠症候群"(简称大肠激躁症)。它之所以称症候群,表示它是由许多原因所造成,它也可以表现出很多症状,它是一种肠胃功能失调的疾患,会造成不同程度腹部不适感,却找不到器官实质病变,也不会造成其他严重疾病。症状包括腹痛、胀气、排不完、粪便有黏液。根据研究显示,大肠激躁症患者有肠道活动功能异常的现象。

再者,调查发现,在美国平均五个成人中有一人受大肠激躁症所苦,患此症的比例女性是男性的三倍。其实在所有地区此病都是相当常见,其盛行率约为百分之十至百分之十五,每年发生率约为百分之一至百分之二。于西方国家估计,来看胃肠科医生的患者中,约有百分之四十至百分之五十是这一类的疾病。在美国,大肠激躁症是在职人士请病假的最主要原因之一,仅次于感冒,估计美国医疗保健每年用于此症的直接或间接花费高达三百亿美元之多。

综合各临床医生的意见,认为大肠激躁症与工作生活压力有关。但是不是单一的因素,有医生认为,此类患者有较多比例的焦虑或抑郁的情形,且它的症状确实会随着紧张焦虑而更加严重。

从中医来看,这是由于情绪性的紧张与压力、烦忧与躁郁导致肝气郁结无法正常疏泄,直接造成脾胃功能失衡,使运作受制,升降失常。只要情绪一紧绷,跟着就是腹痛、胸胀、气闷,急有便意而暴泻。这是指一种情绪性的腹泻,而其症候与大肠激躁症候几乎是异曲同工,都有腹胀、胸闷等症状,只是一个拉不出,一个暴泻,而其归因都脱离不了情绪压力。

(十六)屁不合宜

中国人有句俗话:"管天管地,管不了老子拉屎放屁。"这是对官府衙门酷吏的讽刺。事实上,客观方面有些限制,因为它会发出奇异的怪声,令人侧目,会发出恶臭,令人捏鼻,对当事人都是十分尴尬的事。压力颇大,往往又不能不放。这是一种生理现象,哪有不放屁的人,不放屁的,才是真正有病的人。只是在某种场合不宜肆意随便放而已。当然,最希望的是在天时、地利及人和情境中完成一次绝响。

研究显示,放屁与压力有很大关系,心情的波动、压力的累积都会对身体各处造成影响,其中以对消化器官的影响最大。如果肠子的蠕动一旦减缓,胃酸和肠液的分泌也会减少,如此一来,肠胃里面的食物就会迟滞不动,容易滋生细菌,也容易产生多余的气体——屁。

压力大的人,不但肠胃蠕动不正常,而且常常借着抽烟、喝酒、咬槟榔、嚼口香糖及暴饮暴食等方式纾解压力,殊不知此举会吸入更多的空气,此时,上气接下气,呵成一气,在得不到天时地利的状况下,一忍再忍,结果也造成压力,屁也随之而来,成为不合时宜的屁。此时的屁更大更响。

(十七)咽气怨气

当你喝完汽水或啤酒,甚至饱食后,都常有打嗝的现象发生。这是因横膈膜痉挛而将胃中空气经由食道急速排出的一种反射动作。不过,也有相关的问题存在,例如,一位家庭主妇,因经常腹胀和打嗝,找遍了中西名医,并接受胃镜及上消化道X光造影,但却得不到一个满意的解释,故而造成满怀怨气。门诊医生怀疑她得了所谓"空气咽下症",是一种因紧张、焦虑的情绪,于不知不觉或进食时吞食了大量的空气所致,埋怨也没有用。

研究人员指出,一些神经质的人常由口中吞入大量空气,若这些气体不以打嗝方式排出,就会进入小肠、大肠,有时这些气体会堆积在结肠左、右弯曲的部分而引起某种症状。若积存于右侧结肠时,即变成肝曲综合征,会有右上腹肿胀甚至疼痛的感觉,可能会被误认为肝胆方面的疾病;若废气是堆积在左侧结肠弯曲的部位,就会造成脾曲综合征,而呈现出来的是左上腹发胀或疼痛,甚至会有胸闷、呼吸困难或心悸,因而被误认为狭心症。

空气咽下症是一种机能性疾病,但也会引发某些器官性疾病,包括食道、胃、小肠,甚至大肠等。这些都与情绪和压力有关,所以医生建议,患者要适当调适压力,生活规律,减少紧张,消除焦虑的情绪。

(十八)过度通气

据报道,一位十七岁正值青春期的女生,常会突然头晕、呼吸短促、流汗、发抖、心悸、手脚发麻,每次发作时间数分钟到数十分钟之久,家人一直以为是青春期心理调适不良所致。有次发作看似非常严重,几乎昏迷,而被送到大医院急诊。医生一看,二话不说,拿起大塑料袋往患者头上一套,着急的家属看到医生如此不人道的处理方式,正要找医生理论时,患者却已经恢复意识,手不再麻、头不再晕了。原来她得的是所谓"过度通气综合征"。

何谓"过度通气综合征"?这是一种呼吸通气太快引起的疾病。正常人的呼吸每分钟十至十五下,每次呼吸时吸进氧气吐出二氧化碳,身体的酸碱度由此得到平衡。但过度通气综合征的患者每分钟呼吸可达三十至四十下,因为过度通气的关系,血中二氧化碳浓度急速下降,血液碱性增加、脑血管阻力增加而使脑血流降低,出现头晕,合并手足发麻、呼吸急促、流汗、发抖、心悸等现象。

何种原因导致"过度通气综合征",医生认为,忧虑或情绪异常会引发过度通气症,这当然与压力有关。发作年龄以年轻、青春期女性为主。不过,并不是所有的呼吸短促都是过度通气综合征。脑血管疾病,特别是脑干中风,也会出现过度通气的症状;气胸、气喘、呼吸道异物、肝肾衰竭、酒精中毒等都会有此情形。

医生建议,最初治疗得此症患者的方法,就是减低患者的忧虑、压力,要不然是让患者套塑料袋呼吸,但不可太久。

(十九)暴食与厌食

曾几何时,英国传出黛安娜嫁作王妃后,苦于繁文缛节,抱怨一天二十四小时都在"作秀",无法享受真正的居家生活。

成婚四年后,黛安娜接受一家杂志访问表示,对嫁作王妃后所受到的种种限制感到不满,希望脱离这种限制。

不久,又传出黛安娜患有"暴食症"。其在接受电视访问时曾坦白承认。

与夫婿离婚后不久,伦敦的《太阳报》报道,黛安娜患上了"暴食与厌食"。她因婚姻破裂而郁郁寡欢,据她的闺友说,黛安娜一直受到罕见的肠胃问题困扰。这都是嫁作王妃后才发生的。

根据研究,暴食症患者与其家族成员的关系,多半充满仇恨、矛盾、争执,由于病态的家庭功能,常让其有被遗弃的感觉。黛安娜就是这样的女人。

同时,日本也传出女星宫泽理惠因厌食而形销骨立。仿佛美女与贵夫人都与暴食症与厌食症脱不了干系。其实不然,任何人都有可能,不过这两位个案特别耀眼而已。

"暴食症"与"厌食症"的一个重要病征,就是与现实脱离,以及功能的障碍。患者对饮食行为有失控感,在吃之后,往往会跟着一些不正常、扭曲的感觉,认为自己被重视了,或者有被拥抱的满足感,但随后又有罪恶感,于是用尽各种方法催吐。

根据西方的统计,暴食症患者占总人口百分之二,厌食者约为百分之一。暴食症患者的年龄,以三十岁至四十岁人居多,也有些是二十岁至三十岁这个年龄层的人。

另一项研究报告指出,暴食症患者,除了暴饮暴食外,还经常需要以酗酒、嗑药、吸毒等方式来自我抚慰,其偷窃与自杀率也比一般人高十倍。

从各种角度分析可以发现,诱发暴食症或厌食症患者的不良饮食行为,归根究底源自外来环境的压力,是其主要原因。

(二十)异食症

电视广播里的报道,有一位妇人专吃黄泥巴,另一位男子以吃青草度日,此二人长年下来并未发现身体异状,不曾生病,令人啧啧称奇。

吞食异物在精神医学上是一种所谓"异食症",又称"乱食症",是"强迫性"精神病的另一种表现。按《DSM-IV》的解释,乱食症有三个条件:①持续的吃食非营养物质,为期至少一个月;②此吃食非营养物质行为就其发展水平而言并不合宜;③此吃食行为并非一种文化认可习俗。

有吞食电池的"异食症"患者,这是一位精神异常的男子,因受到吵闹、刺激,在情绪躁郁下吞食十一颗干电池,经人发现被送至医院。医生从X光片中发现十一颗电池卡在他的胃中,隔天后逐渐分别往小肠、大肠移动。医生表示,因电池非利器,未穿破肠胃,因此并无大碍,将让其自然排出。该患者是住在一家疗养院中的精神病患,住院已十一年,看护人员表示,他曾经在情绪不稳定出现躁郁时吞食异物,如针、小玩具等,但都自行排出,并未发生过危险。这次吞食电池,患者自己表示,是不满院中伙食及心情郁闷,才以开水吞食电池。但院方表示,患者是因受到吵闹、刺激而病发所致。

(二十一)冷冷冷

压力也会使人觉得"寒冷",不可思议,但确有此类患者,在医学上被称为"畏寒症"。

所谓"畏寒症",是指对寒冷的一种强迫、持续且不符事实的极端害怕。精神科医生指出,这种人合并有歇斯底里性人格障碍。他们每逢遭遇挫折或压力,同时又失去依赖的对象时,即有此种情形出现。

研究显示,患"畏寒症"者,多半是独子、长子或幼子,且缺乏良好的"父像"以资认同,幼时常被母亲过度保护。常有歇斯底里性人格或强迫性人格倾向,完美主义、消极攻击性,且极度神经质,易发生社会退缩。

从理论分析,畏寒症患者有退化行为出现,甚至退化至婴儿期心态,经由怕冷症状,表现出心中对母亲从前给予的温暖、无微不至的保护的怀念,而今也对死亡怀着恐惧。

(二十二)涂涂抹抹

日本提倡化妆治疗法,借以纾解妇女的压力。所谓女为悦己者容,不无道理。但物极必反,若过分依赖化妆,将会有对化妆欲罢不能的"上瘾"心理,无疑是增加一项长期的自我虐待。本来化妆有纾缓压力的效果,却因过分依赖化妆,因而变成一种压力。

报载澳洲著名心理学家兼医学美容顾问利奥·丝荣开设一家心理诊所,专门协助因化妆导致心理疾病的女性解脱病痛。她说,大部分女性患者完全是因为对化妆的依赖过于严重而发病的。她们几乎不愿意让人见到没有上妆时的自己,更严重的是,她们上妆后不允许自己流汗、流泪或淋雨,以免破坏了妆容。她们时时刻刻,甚至每分每秒都苛求自己要保持姿态的完美、化妆的完美及一切的完美。在该诊所治疗的近两千个患者中,令人吃惊的是,病情最严重的女性常常是先天条件最好、学历最高、容貌最美的。

在丝荣看来,这些重症者中的绝大多数即使不化妆,她们的美貌也足以让任何男人倾倒,可是她们的病情严重得却令人感到害怕。

丝荣分析认为,这类女性患者,由于通常对自己要求过高,她们的潜意识里一直在不懈地追求完美。可能是因为对社会或生活中的某些不完美而感到失望,所以就将注意力转移到自己身上,似乎是想利用自己的完美来弥补社会和生活上的不完美,即所谓"补偿心理"。因此,她们对任何一件与自己有关的,即使是鸡毛蒜皮的小事,也会过分认真,一丝不苟,容不得自己半点马虎。渐渐地,她们便从自尊、自爱、自我要求转化成为自恋,若长此以往,就会从自恋变成一发不可收拾的自恋狂。

依上述分析,女性化妆上瘾、成癖,她们一刻不能不化妆,否则,惶惶不可终日,终将化妆演变成为一种官能症,甚至到了谈化妆色变的地步,因为化妆与不化妆都是她们的一种负担、一种压力。

第八章 情绪疗愈与心理治疗的区别

第一节 概说

一、情绪疗愈的含义

此词是一种涉及两个人的,其中一个人协助另一个人的过程,帮助者称为情绪疗愈师;接受协助者称为当事人。再者,情绪疗愈师是帮助当事人的能力得到适当的发展,故此,情绪疗愈师涉及三个范围:①当事人对目前生活的想法与感觉;②当事人想要过的生活与感觉;③如果上述①与②之间有所差距时,如何计划减少这些差距。

情绪疗愈师的重要特征是:①主要服务于带有一般情绪问题的人;②强调个人的力量与价值;③强调认知因素。

情绪疗愈师与心理咨询师界定如下:①情绪疗愈师可视为辅导陪伴的过程。一般将情绪疗愈师定为一个陪伴学习的过程或习惯纠正而非教育来访者。在此历程中,受过专业训练的情绪疗愈师运用其专业技能,在与当事人直接面对面或网络实时的情境下,根据当事人的需要,协助其了解自己,认识环境;在消极方面能助其澄清观念,解除心理上的情绪困惑;在积极方面能助其以自身条件为基础,确定未来方向,从而引导个人在积极人生路上获得充分的发展。②心理咨询师可视为心理治疗的历程。一般将心理咨询师定为一个再教育的纠正历程,在此历程中,受过专业训练的咨询师,运用其专业能力,对生活适应困难或心理失常者给予适当的帮助,使之改正、重建,从而恢复其健康的人生。

二、心理治疗的含义

心理治疗是个较为含糊笼统的术语,包括各式各样对器质性或非器质性心理障碍的治疗技术。就狭义和通俗的说法,是指治疗者应用的是一套心理学的方法,以区别其他生物的、化学的治疗方法。从广义而言,凡是运用心理学的原则和技巧,通过语言、文字、表情姿势、行为以及周围环境的作用,对患者启发、教育、劝告和暗示,提高患者的感受和认识,改善患者心理障碍行为方式及由此引起的各种躯体障碍症状,都可以认为是心理治疗。

心理治疗有很多不同的方法,因其所根据理论不同和所治疗的对象与目的各异,在诸多方法中并没有所谓"最有效"的方法。

三、情绪疗愈与心理治疗的分界

从情绪疗愈与心理治疗的含义中,可以体察到两者有明显的不同,也有很多难以区别之处。研究者领悟到,当情绪疗愈师与心理治疗师在同一工作小组中有相似或相同的职能时,更易混淆不清。不过大部分的专家均认为两者都是一种连续性的服务,情绪疗愈师处理的是有一般情绪问题的人,这些人的问题具有发展性;心理治疗是处理那些具有缺陷的人。情绪疗愈师关心正常的个人,着重于意识的知觉、问题解决、教育、支持及情境等。心理治疗则关心人格的重建,强调深入探索、分析潜意识,特别是精神病患者和情绪问题。

曾有学者提出三方面区别情绪疗愈与心理治疗的不同,分别是:支持;顿悟、再教育;顿悟、重建。前两种为情绪疗愈师最常用,后一种是心理治疗常用。

情绪疗愈:情绪疗愈通常用以帮助当事人处理有关现实问题,克服成长中的种种障碍,期使个人获得最适宜的发展;心理治疗则注重于内在人格冲突,或严重的心理失常,其主要步骤在于消除破坏性行为方式,而代以建设性的、健全的行为,同时使个人趋于自我坚强,借以应对外界情况。

情绪疗愈与心理治疗的异同,若再加阐述,可以给人清晰的印象是两者同为助人的专业,但在处理对象、协助者与被协助者的关系、处理重点与方式等方面有以下不同之处。

(一)就处理对象而言

情绪疗愈所处理的是一般情绪问题的人,即能对自己行为负责的人。所处理的问题亦属社会性的,如人际关系、职业选择等,故情绪疗愈所处理的重心是"人"。

心理治疗者则将当事人视为有心理疾病之人,处理的问题亦属内心冲突的个人问题。故心理治疗处理的重点是"症状"。

(二)就协助者与被协助者的关系而言

情绪疗愈主要角色是催化者,协助当事人,是伙伴角色。心理治疗者则以专家的姿态与当事人接触。

(三)就处理问题重点而言

情绪疗愈偏重于发展性、教育性与预防性。心理治疗则着重于适应性、补救性和治疗性。

(四)就处理问题方式而言

情绪疗愈重视当事人之现在与未来,以此时此地为主,内容以当事人意识所能察觉为主,不涉及人格方面。

心理治疗则着重当事人的过去及其问题之影响,故处理方式为深入分析,触及当事人潜意识层面。

(五)就与当事人的关系而言

情绪疗愈与当事人的关系,强调平等地位;心理治疗者则易因"共情"关系而发展出权威者的影像。

(六)就处理问题技巧而言

情绪疗愈所用技术较富弹性,绝不将自己的价值观强加于对方,但也不隐藏并提供有价值的信息,最后仍由当事人抉择。

心理治疗则以一套既定的技术达成事前预定目标。往往将社会认为正当的价值观加诸当事人。

(七)就历程目标而言

情绪疗愈较注重行为改变,内在的"顿悟"则在其次。

心理治疗不但要使当事人行为改变,更促进内在之"顿悟",方为痊愈。

情绪疗愈与心理治疗虽然有所不同,但也有相同之处,如:①基本上两者目标相同,均在协助当事人自我探索、自我了解,乃至行为的改变;②两者都强调协助当事人发展、增加作决定及计划的技巧;③在实施时,两者都重视与当事人的关系;④两者都在协助当事人成长、解决问题、获得健康。

第二节 情绪疗愈师沟通技术

一、建立友好关系技术

情绪疗愈师第一次和当事人见面或者第一次在平台上跟当事人聊天必须给予一种信任的感觉,增进彼此了解,拉近距离,表现出一种温暖、接纳的态度。以下的方法,都有利于建立友好的关系。

寒暄：亲切地叫他的名字(唤名不冠姓,甚至呼小名),以及一般性礼貌用语,均可使当事人有一种温馨的感觉。

谈话主题：可先以当事人所感兴趣的话题激起共鸣。

座位舒适：咨询室的硬件环境均予妥善安排,可以降低当事人内在焦虑感。

态度：通过轻松自然的接触、交往、沟通；也可让当事人知道会谈内容是绝对保密,让他有一分安全感。

二、场景构成技术

场景的构成,是在疗愈开始初期使用的,这与情绪疗愈师关系的建立有关,情绪疗愈师未正式进入主题时,我们务必使当事人确切知道如何实施,可以期待些什么,而当事人要做些什么、我们的角色任务是什么等,都应让当事人一清二楚,以利情绪疗愈的进行。

三、接纳技术

接纳技术可用简单的句子,如"嗯"来表示,意味着可就原主题继续下去,简单的接纳技术有：①面部表情及点头；②声音的高低、顿挫变化；③座位距离适中；④对当事人所涉及家庭、社会,或同侪的不满或言谈幼稚时,不加以任何价值批判或耻笑,并无条件地接纳。

四、情感反映技术

情感反映是将当事人所表明的情感由情绪疗愈师加以把握,并反映给对方。包括语言和非语言的。例如：当当事人在表情或动作上,表现出对于生存都感到厌烦时,此时,疗愈师也应表现沉重,好像他也觉得自己已经失去生存活力一样,予以反馈给对方。

五、沉默技术

沉默在咨询过程中是经常会发生的现象,往往是疗愈师的回话传达给予当事人时,而当事人沉默不作回应,会谈中断数十秒或数分钟。

沉默具有治疗上的意义。疗愈的初期,如果当事人陷于沉默,表示胆怯与抗拒；如双方皆沉默,表示冷淡与隔阂。在疗愈师与当事人关系已经建立的情况下,短暂的沉默不是尴尬的事。相反地,当事人可借此整理思绪,以不同言辞表达情感,这是一种肯定、积极和接纳的沉默。一般而言,沉默代表下列各种意义：①在情绪疗愈师所提出的问题中,当事人观念模糊不清无法肯定地回应；②当事人整理自己的思绪或情感时沉默；③等待情绪疗愈师回答问题；④拒绝或抗拒疗愈师的论点；⑤话题已经谈完；⑥觉得很厌倦、疲乏；⑦当事人已陷于混乱,忘了自己所谈过的事,需要再回忆一下。

处理沉默的方法：①疗愈初期尽量避免沉默情况的发生,在谈话的内容上留意,不要谈那些易陷入僵局的问题,逼得对方手足无措。等过了一段时间有了进展后,沉默并无不可；②沉默时间不宜太长。如何拿捏,应衡量当时疗愈的主题而定,普通在半分钟内为宜；③沉默发生时,情绪疗愈师要耐心等待,不可有焦躁、不耐烦的态度；④沉默发生之际,可以喝茶或折叠文稿、整理案卷,以保持自然愉快的气氛。

六、观察技术

疗愈过程中,疗愈师要留神观察当事人某些行为反应讯号,了解他是否有神经质、羞愧、紧张等情绪。例如：不安、东张西望、眼皮频频跳动、脸上肌肉痉挛、抽搐、频频搓手、手心冒汗、脸红耳赤、眼中含泪、目光不敢正视、口吃、发抖、咬指甲等,这些行为符号都可能代表某种意义,而需设法了解,使疗愈情景向不具威胁性的方向移动发展。

七、引导技术

使用引导应注意的事项：疗愈关系未建立之前避免使用；引导必须是以当事人现在的接受度为基础,引导须富于变化,如下例。

疗愈师可用两种方法引导（直接的和间接的）：

"为什么？"（直接的引导）

"你能不能说得更清楚一点？"（间接的引导）

引导语的使用很重要,下面是一些可供参考的引导语。

你觉得……你的意思是……

你似乎……我觉得你……

根据你的观点……可能你觉得……

依你的经验……我不敢确定,你的意思是……

你想……我得到的印象是……

你相信……这是你的意思（感觉）吗？

八、恢复信心技术

恢复信心又称再保证,可以减轻疗愈时的焦虑,并针对某种行为给予鼓励。不过,若使用不当,反而增加当事人对情绪疗愈师的依赖。

保证有三：①保证问题并非与生俱来,接受情绪疗愈是对的；②保证当事人可以用和现在不同的方法来解决问题；③保证可以凭自己的能力去解决问题,达到目的。但不管哪一种保证,情绪疗愈师必须在当事人的心目中是这方面的权威专家。如果所作的保证是真实的,则疗愈必然收效;如果只是一种慰藉、虚构,则易引起当事人的不信任与反感。

恢复信心技术,是接近疗愈的终结时使用较多的技术,案例如下。

当事人:"我想天天和他闹意见也不是个办法,既然他是我的继父,要生活在一起,恐怕我得改变我自己的态度。"

疗愈师:"你认为改变自己的态度才有助于解决问题,这是很好的想法。"

九、澄清技术

当事人陷于极度的困扰中,谈话与思想常不够清晰明确,此时,疗愈师就要使用澄清技术,将当事人所说的、想的、未明确表达的感觉说出来,使双方沟通更为顺利。但往往两人间的接触不够深入,疗愈师亦可能未尽然了解当事人困惑的地方,所以,澄清时疗愈师应使用较弹性的语气,让当事人有否定或肯定的余地,如下例。

当事人:"我唯一清楚的是我现在一片混乱,我想试试,可是又不能。我想坚强一点,可是又表现得那样软弱。我想要自己下决定,可是结果又是让别人牵着鼻子走,真是一塌糊涂……"

疗愈师:"你似乎很清楚自己的矛盾,你知道自己所做的都不是自己想做的。"

澄清与解释在字义上似乎相似,但在疗愈技术的应用上两者不同。疗愈师在澄清时,仍以当事人的参考架构为依据,并没有加添自己的想法或立场,而解释则不同。

十、面质技术

这是疗愈师基于对当事人的感觉、经验与行为深层了解之后所作的反应。就当事人行为中的矛盾、歪曲及逃避部分,协助他了解,疗愈师不接受当事人任何借口,如下例。

当事人:"我将设法去做。"

疗愈师:"你说过你要去做,那你什么时候开始?"

十一、摘要技术

这是疗愈师将当事人所说过的内容(所表达出来一种零乱、含糊的情感、想法或是很重要的资料,值得更进一步去探讨),整理后将类似的讯息合并,再以简单、明了、确定的方式表达出来。

十二、终结技术

某一次的疗愈活动,时间将至,不得不停止,这时候的终结方法如下。

提示时间,如说:"时间已经差不多了,下次什么时候再来?"

归纳要点，如说："让我们回忆一下，今天我们所谈到的……"

谈论未来，如说："下周晤谈我们还在同一时间和地点好吗？"

动作暗示，如看看腕上的手表或望着窗外的落日或整理桌上的案件、杂物。

简要记录，如停止发言，开始伏案记录、写字。

提出课题，如说："在你回去之前，我想提出一个问题，回去后想一想。"

即将终结的数分钟前，逐渐减低对当事人的刺激，使当事人心境平和下来而满足地离去。

全部治疗进程已经接近尾声，已达到预期目标，宣示结案，疗愈即行终止。标准有四：①从自我实现的观点，当事人的人格已有良好的变化；②当事人所说的症状或苦恼等外在问题已获得解决；③对内在人格变化与外在问题解决的相关性有充分了解；④疗愈师与当事人就上列三点能够互相交谈，有所了解，并确认疗愈任务业已达成。当事人已经恢复信心、感到有朝气，或婉转地对疗愈师表达谢意。

还有最重要的就是情绪疗愈师可以通过自主研发的平台线上给当事人做实时疗愈，毕竟我们忙碌的都市人需要最便捷的方式可以找到专业的人士来解答或者解读他此时的情绪问题。在平台上我们以快速的短程治疗的方式帮助老百姓解忧，从而减少因情绪积压而造成的心理疾病，共建和谐社会。

THOUGHT 学员感想

  在心理学的角度,情绪是一个短期态度的体现;我个人的角度看,情绪是我们最大的资源,因为有情绪我们才发现我们的底线,并能更好地做出决策;情绪疗愈课程中,让我能够回溯到幼年时的情景,让我更能够接纳和欣赏这顽强的生命力,感谢教育机构给了我们机会去学习,让我们可以多一份有价值的认证。

——心理咨询师 Ady Chin 毕业于2017年5月

  每个人每天有很多情绪,这些情绪影响着我们的心情,左右着我们的判断。在情绪控制下做出的选择所产生的结果又会产生出新的情绪,周而复始,不断往复。可见,不同的选择形成不同的行为,产生不同的结果。每个人都希望任何事情能有理想的结局,虽然不能事事圆满,但总不要太糟糕。可是,我们却常常在失望中自苦,无法自拔。由此可见,及时了解自己的情绪,并能追根溯源,明白情绪的来源,用合理的方式释放不良情绪,引导激发积极的情绪,将事情导向正向发展,改善可能产生的结果,提升自我认知,获得犹如重生般的幸福感。这就是情绪疗愈师课程的魅力。

——有声后期 思源 毕业于2020年8月

  情绪是每个人最率真又不能离弃的朋友,它时刻跟随我们,并左右着我们对待事物的看法和行为。因此,怎样和这位朋友愉快地相处将是人一生面临的挑战!作为一个教育工作者,当我学习完情绪疗愈师的课程后,好像眼前打开了另一扇窗,让我不仅了解自身真实的情绪状况,还学习到了情绪的自我处理方法,并在不断地体会、感受和反思中,明白了不同年龄段孩子的教育、情绪、与家庭的关系。让我能更清楚亲子育儿中的困惑及如何正确解析情绪调节的方法!

——拓天教育集团董事兼上海分公司总经理 胡红梅(Amy) 毕业于2018年3月

  2019年11月开启情绪疗愈师的课程,对我是一种幸运,心理学对于我一直是向往又不知道如何去开启的一个高门槛学科,4天的课程,循序渐进,老师带着我去体验,包括心理发展不同阶段,家庭情绪体系,家谱图等,萃取精华,干货十足,也践行了什么叫一门老百姓听得懂的心理学。目前我已经在心理咨询行业从业3年多了，情绪疗愈师的学习，启动了我的心灵奇旅，也让自己的生活更加顺利，运用学到的理论知识，帮助了更多了人。

——23年上市公司资深市场从业人员 心理咨询师 邬靖 毕业于2019年11月

现在的你，是你的认知+你的家庭、朋友、同事等共同影响下的你，也许你自信的外表下有着自卑的影子，也许你内向的外表下有着一颗渴望热闹的心，学习情绪疗愈，让你重新正视自己，了解自己，分离并减少不良情绪对自己的干扰，同时可以更好地感受他人所感受的，疗愈自己，疗愈家人，疗愈周围的人，努力活出精彩的人生！

——资深客服 袁勇 毕业于2020年7月

在没有接触情绪疗愈师这门课程之前，我是一个我行我素、非常固执、胆小害怕、不敢讲话的人。在学完课程以后，我改变了自己，我愿意接受别人的意见和建议，及时改变自己。从性格内向拘谨变成一个性格外向完全放松的人。同时，我学会了跟父母、老公、子女如何相处，如何及时解决问题。

——二娃妈妈 韩艳 毕业于2018年11月

学习、复训，每一次进入情绪疗愈师的课堂都会有不一样的收获与体会。日常生活中我们只会用"开心""不开心"来表达自己的情绪。而认识情绪，了解情绪，用情绪的词汇准确表达出自己的感受其实非常重要。接纳自己的情绪，才能和自己舒服地相处，与自己成为朋友，并且爱自己。当我们懂得和自己自在相处时，才能更好地处理我们身边所有的关系。

——二娃妈妈 陈诚 毕业于2019年5月

我从事养老行业，在工作中，我发现很多老年人会因为情绪而做出决策，其中不少还是明显对自己不利的选择。

带着这样的好奇心，我加入了课程的学习，在老师的讲解中，我了解到情绪在人生长河中的重要性，也慢慢理解老人们的选择及其背后隐藏的原因。同样，这些知识也帮助了我更好地理解我自己。

——养老行业 程亮 毕业于2020年7月

我是位二宝妈，在接触情绪疗愈师之前，我最大的挑战是怎么懂孩子，怎么跟我青春期的大女儿和解。自从2020年12月接触到情绪疗愈师的学习，帮助我厘清了我们家的三角关系，让我们学会切割和和解。课程从脑科学出发，让我们了解到了很多心理的底层原因。同时也明白要想孩子好，我们父母首先要更好，我们自己先要疗愈，然后才能更好地帮助家人们。因为这个课程，我们家真的发生了翻天覆地的大改变，获益很大。现在我姐姐在国外，在出发前，我特地用了情绪疗愈师学到的内容，和孩子们一起画家谱图，在孩子心中种下家国情怀的因子。我也一直在督导学习，孩子出国了继续用学到的帮助她，跟她和解。这个课程讲的真科学，讲老百姓听得懂的心理学，感恩接触学了这个课程！

——鼎航源家族办公室创始合伙人 孙丹莲 毕业于2020年9月

"疗愈生力量"，误打误撞来到情绪疗愈师课程，学习的第一个重点便是"自我分化"，犹记得当时感叹如果"早知道"，是否不会陷在情绪泥淖里，少走点冤枉路？可惜人生没有后悔药，往者已矣，在那之后我觉察与改变，个人生命轨迹乃至家庭与家族关系都在潜移默化中往正向发展。推而广之，如果家家户户都能有一位情绪疗愈师，绝对能起到安定社会的作用。只想说，情绪疗愈师课程，是上天给我最美丽的遇见！

——苏州焕岂社会经济咨询服务有限公司负责人 蔡迎杉 毕业于2019年5月

在我们的生活中，情绪与我们形影不离，无处不在；开心的、沮丧的、快乐的、生气的……每天每时每刻，不同的环境各种的情绪都会影响着我们的工作、学习与生活。学习情绪疗愈后，让我学会包容别人也更了解自己。适时地调节自己的情绪，赶走负能量，更积极地面对工作与生活，在通向情绪疗愈师的路上，不断提升自我，帮助他人……

——商场管理 吴航虚 毕业于2018年3月

身为职业讲师，情绪疗愈师的学习立即而直接地优化了我的教学内容。当我以情绪为轴心，讲授职场沟通、生涯规划等主题时，不论是在企业内训或者公开班，都得到相当好的评价！这不仅是自助和助人，更是一门为专业加值的课程！

——企业高级培训师 张庆玉 毕业于2018年11月

我们一出生就开始有情绪，但我们却没好好认识、学习关于情绪这档事，当我们遇到事件发生，习惯迁怒于周遭人，而往往伤害最深的便是我们身边最重要的家人。情绪无所不在，无论好与坏我们都需要学习拥抱它、正视它，你准备好了吗？来一趟情绪疗愈之旅吧！

——芳疗师 许允菲 毕业于2018年11月

我总是被情绪所影响，不管工作中还是家庭中，不管好的坏的，而不好的情绪总是积累和叠加，我无法让自己更好地解决。在情绪疗愈师的课程中学习到应对情绪、调节情绪的专业知识，在了解情绪的过程中提高自我调节情绪的能力，学会各种情绪危机的处理方法，并应用在日常生活中、工作中，尽量避免情绪带来的不利影响。

——设计经理 吴岚 毕业于2018年11月

打出娘胎开始，没有人教就知道饿了哭、痛了叫、高兴笑，似乎与生俱来；在渐渐长大中，更是五味杂陈，却从来没有人教应该如何和这些陪伴我们一生的感觉相处，也没有想过这是需要处理的问题，希望通过这些课程，能带给大家更平和的人生。

——心理咨询师 陈静如 毕业于2017年10月

我们个体每时每刻都有情绪，我们所面对的个体同样如此。情绪无关年龄、性别、经历等客观或主观的因素，一直伴随着我们，一直不会消失，而且情绪是一个很容易受伤的孩子，会因为任何原因发作起来，所以学习情绪疗愈，不仅能很好地了解、体察别人的情绪，也能很好地安抚自己的那个小孩，让它可以幸福满满，感谢情绪疗愈课程给予的力量。

——一位妈妈 许伟君 毕业于2018年5月

高压的工作环境，紧张的人际关系，情绪压抑的烦闷，直接影响了身体能量和代谢的能力，因而在身体上导致劳损、肩颈僵硬疼痛，难眠多梦等；即使休息仍无法恢复体力，同时在心理上无法保持轻松愉悦的心情，进而情绪低落，严重引发身心的疾病。很高兴学习完情绪疗愈的课程，已运用在工作上，通过倾听、咨询、访谈、陪伴，看着当事人带着笑容开心结束疗愈，对我而言那份感动，那份成就感，是无法用语言表达的。

——北京奥伦达PNI心理情绪咨询导师 陈宜孟（Maggie） 毕业于2017年12月

如果细心觉察自己的内在，你会发现批判别人的地方，是来自于你对自己的批判，这是没有接纳自己的部分。

——澳洲花精疗愈师 卢宝珠 毕业于2017年11月

情绪，是生命的礼物，它帮助我们在人生当中做选择、做决定，了解自己的情绪是我们毕生的学习。情绪疗愈师，帮助更多人了解自己的情绪，做出人生正确的选择与决定。

——马来西亚天使花园心灵工作室创办人 陈汶樱 毕业于2017年5月

学习情绪疗愈，已然成为紧张生活工作的必备技能，在遇到问题的时候，我们都能知道控制好自己情绪的步骤并从中获得能量。它就像是一朵生长在你心中自救的莲花，能救你于危难时。

——深圳市百裕丰企业管理 张玛利 毕业于2017年5月

大多数人提到的心理治疗似乎离自己都很远，仿佛那是精神病院的事情。可是我们从小到大的伤痛都在那存留没有疗愈，这个社会人人都需要疗愈，就像我们的身体需要保健一样。于是我来到了情绪疗愈师的课堂，通过理论的学习，我的内在更加清明，很多时候能够觉察到我情绪是如何运作，如何影响我的，这时候我就不再用情绪来折磨自己和他人。在情绪疗愈师的课堂上，学会了那些情绪疗愈的技术并在实际中运用，我发现那些所谓的负面情绪不会僵化在那里影响我们，而是像山涧溪流般流淌过去，滋润着在生命旅途中的每一段旅程。

——深圳市天翊瑞霖智能科技有限公司副总经理 刘艳红 毕业于2018年3月

曾经的我是一个非常情绪化的人。情绪不稳定，经常处于心理冲突状态而不能自我平衡，非常痛苦，学完情绪疗愈，让我有了正确的自我主观意识，能很好地把握自己，使我浮躁的心态归于平静。情绪疗愈，滋养生命的最佳营养。

——浙江木之居总经理 施淑萍 毕业于2018年12月

是人，都会有情绪的。事件发生时，如何面对处理，造成的后续效应、结果难以想象。

学习完情绪疗愈师课程，近则从己出发，学习自己调适，远可及人，陪伴渡过低谷。自学开心，助人为乐。

——心理咨询师 张容嫣 毕业于2017年8月

你与情绪的自由只差一个懂你的情绪疗愈师；在生活里我们有着各种情绪，而情绪疗愈师让你认识情绪，更好地跟情绪共处，这门课程提供我们与情绪相处的多样方式，在生活里跟家人朋友也有更好的情绪发展。

——Access Consciousness全球高阶课导师 薇琪 毕业于2017年8月